在线文本数据挖掘

算法原理与编程实现

刘通◎著

电子工业出版社
Publishing House of Electronics Industry
北京·BEIJING

内 容 简 介

为了满足大数据环境下网络运营与管理的需求，本书详细而系统地介绍了有关文本分析的核心技术与方法。本书基于统计分析、数据挖掘、机器学习等计算机技术，介绍了如何对在线环境的文本内容进行建模与分析，同时介绍了文本分析技术的具体应用场景。本书并非是纯粹的技术类书籍，而是一本教授读者如何更好地应用技术的实践手册。

本书分为 13 章，内容主要包括 3 个方面：①文本分析概要，包括概述、预备知识；②文本分析的基础类方法，包括文本建模、文本分类、文本聚类、序列标注；③文本分析的应用类方法，包括信息检索、文本摘要、口碑分析、社交网络分析、深度学习与 NLP、实证研究。

本书内容丰富、详略得当，结构清晰、系统。阅读本书需要读者具备一定的统计学知识和与数据挖掘相关的基础知识。本书特别适合对文本分析技术感兴趣的学生、科研工作者，以及数据分析类职业的工作人员阅读和参考。

图书在版编目（CIP）数据

在线文本数据挖掘：算法原理与编程实现 / 刘通著. —北京：电子工业出版社，2019.8
ISBN 978-7-121-35632-2

Ⅰ. ①在… Ⅱ. ①刘… Ⅲ. ①数据采集 Ⅳ. ①TP274

中国版本图书馆 CIP 数据核字（2019）第 011025 号

责任编辑：张　毅　　　　特约编辑：田学清
印　　刷：三河市鑫金马印装有限公司
装　　订：三河市鑫金马印装有限公司
出版发行：电子工业出版社
　　　　　北京市海淀区万寿路 173 信箱　　　邮编：100036
开　　本：720×1000　　1/16　　印张：22　　字数：388 千字
版　　次：2019 年 8 月第 1 版
印　　次：2019 年 8 月第 1 次印刷
定　　价：88.00 元

凡所购买电子工业出版社图书有缺损问题，请向购买书店调换。若书店售缺，请与本社发行部联系，联系及邮购电话：（010）88254888，88258888。

质量投诉请发邮件至 zlts@phei.com.cn，盗版侵权举报请发邮件至 dbqq@phei.com.cn。

本书咨询联系方式：（010）57565805。

前　言

在大数据时代，数据的价值开始被推上各行各业的舞台。人们更注重从海量的数据中挖掘感兴趣的信息，以实现丰富的技术应用，进行科学的管理决策。在互联网环境中，数据的分析与利用尤为重要，尤其是数值类型数据的分析和文本类型数据的分析。其中，文本类型数据的分析比一般数值类型数据的分析复杂，文本类型数据是大数据 4V 特征的具体体现，其相关技术也更具难度。尽管如此，文本类型数据在整个网络中的信息占比仍十分庞大，且对用户的各种在线交互、活动及购买行为也有着不容小觑的影响。因此，网络中的文本类型数据具有十分重要的分析价值。本书将重点对当今文本类型数据的重要分析技术进行详细、系统的介绍。

在应用方面，文本分析技术在大多数互联网运营工作中具有重要的实践意义。基于文本分析技术的应用包括管理类应用和技术类应用。在管理类应用中，文本分析可以有效提取用户在线交互和在线行为的重要信息，帮助管理者更好地掌握用户、产品、市场的信息，从而进行科学的建模与决策；在技术类应用中，文本分析可以充分从在线社区、平台、数据库大量的文本数据中提取、解析、创造用户感兴趣的信息与知识，为在线用户提供内容服务。本书既介绍了与文本分析密切相关的理论、模型、方法，也介绍了文本分析在管理类应用与技术类应用等具体场景中的实现。

文本分析是一门综合的学科，其核心技术是文本挖掘技术。文本挖掘技术与传统的数据挖掘技术一脉相承，是数据挖掘在语言学领域中的应用。从事文本分析的数据分析者不仅需要掌握丰富的数据处理、建模及挖掘方法，还需要掌握语言学知识、社会学知识，也需要充分理解语言产生的背景、应用和使用语言信息的用户对象。文本数据比一般的数值数据更容易体现人类的感情与行为，其相应的技术也具备更高的智能化程度，因此，在任何领域，掌握文本分析技术对数据分析者来说都是一个不小的挑战。

近些年，随着整个信息社会对文本数据重视程序的提升，以及计算机软硬件技术的飞速发展，文本分析领域的研究成果形成井喷式爆发。由于篇幅所限，本书虽然无法全面讲解文本分析的所有前沿技术，但是仍然尽可能地将所有经典的、有代表性的研究成果展现给大家，使从事文本分析的工作人员、科研人员及文本分析技术的爱好者能够高效而系统地对整个文本分析领域有一定的了解。阅读本书后，希望读者能够具备基于文本分析技术的能力，从而解决工作中的各种文本分析问题，并能深刻地认识到文本分析为互联网领域及整个社会带来的实践价值。

本书特色

1. 内容丰富，系统全面，详略得当

本书内容涵盖了当前大部分主流的文本分析技术与方法，笔者按照自身的知识体系对其进行了细致的归纳与梳理，并由浅入深地向读者进行了系统的介绍。本书内容详略得当，突出了知识的重点、难点。书中内容依托于数据分析技术，但不拘泥于技术本身，在介绍相关技术理论时注重向读者教授核心的方法及思维方式，帮助读者掌握技术的核心理念，从而使读者做到灵活应用、深入思考、举一反三、即时实践。

2. 行文通俗易懂，随意而不失严谨，有利于读者快速吸收理解

本书在介绍知识时，尽可能地用通俗易懂的语言对技术细节进行描述，而不是生硬地对学术文献中的定义、规范和公式进行搬运。对于很多技术难点，笔者均赋予了自身的思考和感悟，并用生动而接地气的语言进行了转述。

本书中所有方法和理论都具有翔实可靠的学术依据，是科学而严谨的，所介绍的方法和技术也都得到了学术上的广泛认可和接受。本书还在特定的位置附注了关键知识点的学术来源，以供感兴趣的读者进一步进行知识的补充、考证。

3. 图文并茂，配备实例，有趣生动

本书虽是一本技术类书籍，但在排版风格上力争做到图文并茂，以增加读者的阅读兴趣，提高读者对于知识的理解效率。一图胜千字，本书中很多文本分析中重要的技术流程采用了示意图的表述方式，这可以有效地对知识点进行串联与总结。

此外，对于很多分析方法，本书还介绍了其具体应用场景，以及具体技术实现。这样，读者不仅掌握了知识的核心理念，根据具体实例也知道了如何运用知识。本书在知识结构上，可大致分成基础篇和应用篇，基础篇重点讲述理论方法，而应用篇偏向于知识在具体场景中的技术实现。本书在知识点设计方面更加生动灵活，有效地保证了文本分析技术的落地与推广。

本书内容及体系结构

第1章 概述

本章详细谈论了大数据时代下互联网公司的机会与挑战，介绍了在线文本分析技术在网站运营中重要的战略性地位。本章还基于大数据背景，从 4V 角度介绍了文本分析的主要技术特征。本章内容可以帮助读者更好地了解在线文本分析总体的知识框架和体系。

第2章 预备知识

本章引入了与在线文本分析密切相关的理论知识。首先，介绍了文本挖掘的主要任务，并介绍了与其相关的一些重要理论知识，如文本语义分析与语法分析、文本的结构化分析与标准化分析。其次，介绍了机器学习的基本概念，阐述了机器学习与深度学习的关系。对于机器学习，本章涉及的技术要点主要包括概率图模型、判别式模型、产生式模型、机器学习模型求解，以及模型过拟合。

第3章 文本建模

本章介绍了文本分析的基本任务——文本建模，即科学而有效地将非结构化的文本类型数据转换为可以直接进行数据分析与挖掘的数值类型数据。本章介绍了文本建模的主要应用场景，并从语言学建模和统计学建模两个主要方面对相关技术进行了详细介绍。

第4章 文本分类

本章所讨论的文本分类方法主要是对文档对象进行分类。本章从文本分类的基本概念、应用场景及分类特征优化等方面对文本分类的技术进行了系统的介绍。本章介绍了三类重要的分类模型：朴素贝叶斯模型、向量空间模型、支持向量机模型。

第5章　文本聚类

本章介绍了对文档对象进行聚类描述的主要技术方法，主要涵盖了扁平式聚类和凝聚式聚类两大基本问题解决思路。本章还介绍了如何对聚类结果进行分析，以及对聚类的特征进行优化等相关内容。对特殊文本对象的聚类技术的介绍也是本章的重点内容，具体包括半监督聚类、短文本聚类及流数据聚类。

第6章　序列标注

序列标注是特殊的分类问题，很多文本分析任务都需要抽象成序列标注问题进行解决。本章介绍了当前三类重要的序列标注基础模型，即隐马尔可夫模型、最大熵马尔可夫模型及条件随机场。本章还介绍了各模型的主要特征、优点和缺点，并提供了具体的应用范例。

第7章　信息检索

本章介绍了如何根据用户的特定信息需求，从在线环境中有效地提取重要的文本对象并进行反馈。除了介绍信息检索的重要应用场景，本章还讨论了三类主流的模型方案：基于空间模型的信息检索、基于概率模型的信息检索、基于语言模型的信息检索。

第8章　文本摘要

本章介绍了如何基于已有文本内容对信息进行压缩，并从中提取有价值的、关键的文本要素。文本摘要技术包括关键词提取和关键句提取，前者是本章介绍的重点。本章还介绍了很多经典的对词汇的关键词进行量化评估的指标，同时介绍了当前主流的基于图模型的关键词提取算法。

第9章　口碑分析

本章介绍了如何从在线平台的用户评论文本数据中提取有价值的产品信息。一方面，本章讨论了如何通过词典或语料集合对在线评价对象进行提取；另一方面，本章介绍了如何在不同的粒度水平上挖掘用户对于产品或服务的情感态度。

第10章　社交网络分析

社交网络是重要的互联网应用场景。本章介绍了很多社交网络上的文本分析任务及具体的技术方案，包括社交网络的虚拟社区发现、用户影响力分析、情感分析、话题发现与演化，以及信息检索。本章还介绍了如何将社交网络的多属性特征和图结构特征有机地结合到文本分析技术框架中。

第 11 章　深度学习与 NLP

本章介绍了当前热门的深度学习技术在文本分析中的应用。深度学习以神经网络为基础模型。本章分别介绍了基于多层感知器模型和循环神经网络的深度学习文本分析技术。对于循环神经网络，本章特别介绍了词嵌入模型和机器翻译技术。

第 12 章　实证研究

本章介绍了文本分析技术在互联网领域中的管理类应用，讲述了如何通过实证研究来挖掘在线平台上的用户行为，并结合研究结果有针对性地提供管理决策建议。本章还介绍了文本分析技术在互联网医疗中的具体应用，以真实的场景、数据为依托，为从事互联网运营相关工作的读者提供了有价值的解决问题的思路。

第 13 章　总结

作为结束语，本章简要回顾了全书的核心内容，并为文本分析领域的工作者提供了若干条有价值的实践经验。

本书读者对象

- 从事数据分析、文本分析相关职业的技术人员、网络运营人员；
- 所学专业与计算机技术、互联网技术、语言学相关的本科生及研究生；
- 计算机科学、自然语言处理等领域的大学教师及科研工作者；
- 其他对文本分析有兴趣爱好的人员。

目　录

第 *1* 章

概　述

　　随着互联网技术的迅速发展，越来越多的在线应用相继出现，这极大地满足了人们生产生活等多方面的需求。与此同时，对于互联网公司，在线市场的竞争环境也变得越发残酷和激烈，网络产品已经不能构成资源上的垄断，公司成功的关键更多地取决于网站的运营环节。

　　本章首先，详细谈论大数据时代下互联网公司的机会与挑战，同时介绍在线文本分析技术在网站运营中重要的战略性地位。其次，基于大数据背景从 4V 角度介绍文本分析的主要技术特征。最后，给出了文本分析的知识概要和内容框架，从而帮助读者更好地理解在线文本分析的总体知识体系。

1.1　网络运营与文本分析

1.1.1　互联网运营的战略思维

　　随着 IT 技术的成熟和发展，互联网应用开发技术的门槛越来越低。计算机方面的人力资源十分充沛，软件产品的人力开发成本逐渐降低；同时，互联网应用的开发流程日益标准化和规范化，程序设计的管理成本也在大幅下降；此外，由于在线应用核心技术日益标准化和模块化，许多技术组件可以大规模地复用，不少网络产品的开发已经发展出简单便捷的"拼接"过程。

　　基于上述讨论，可以认为互联网行业是基础性投资要求较低的创新行业，该行业的竞争者非常多。网站建立后，由于存在许多竞争者，产品或服务仍然很难吸引消费者的关注。因此，对于互联网公司，成功的关键不仅在于开发阶段，还在于网站的运营环节——以优质的运营服务"争夺"广大网民有限的上网时间。整个互联网行业的基本特征决定了任何互联网公司的发展都会面临先易后难的成长局面。

　　大多数互联网公司的网站应用都具有非常强的网络外部性特征。网络外部性，是指连接到一个网络的价值，取决于已经连接到该网络的其他人的数量。因此，作为一个平台产品，互联网应用的主要价值是由用户的在线活动创造的。其中，参与到平台的用户越多，网站价值越大，越能够吸引新用户加入。

　　由于存在网络外部性，对于任意给定的互联网应用市场，市场竞争的最终结局大多是剩下一两个"行业巨头"形成行业垄断，而其他大多数在线产品只能在夹缝中求生存，甚至消失。但任何互联网企业都不会稳坐"第一"，在线应用的低技术门槛和其对用户极度依赖的属性使得任何优秀的网络公司随时都面临着"新生者"的挑战。

　　因此，处于任何发展阶段的网络公司都应当重视网站运营重要的战略意义，不断了解自身的网站、用户及市场，从而在飞速变化的外部环境中时刻保持竞争力、创造更高的价值。

　　综上所述，网络公司的管理者不应当将网站的开发过程与运营过程看作互相替代或者互相争夺企业资源的过程，而应当认识到二者是互相补充、互相促进的关系。一方面，网站的运营可以为网站开发提供改进建议和思路；另一方面，网站开发是网站的运营在线上环境的最终具体体现。互联网公司应当充分理解网站运营的经济意义，重视网站运营环节，保障网站可持续发展，最终在市场中保持竞争优势。

1.1.2　网络运营与大数据文本分析

　　提到互联网运营就不得不提其与大数据的关系。当今社会大数据已经成为非常热门的技术名词，任何行业、任何事物只要与大数据这个概念相联系，就会给人耳目一新的感觉。因此，大数据已成为许多产品或服务的重要标签。大数据有很多经典的定义，其最为核心的思想就是用数据"说话"——用科学理性的决策代替感性冲动的决策；是用精密的统计模型，而不是用主观的情绪来预测数值。

互联网运营工作者应当从大数据的视角去观察网站、管理网站、运作网站。网站运营，可以说是基于大数据理念的最典型的应用场景。互联网的网络外部性导致在线市场竞争异常激烈，要想获得强大的市场竞争力，就需要在网站的运营环节加大功夫，不断完善网站的功能、服务，同时对网站上的在线活动和用户进行有效的设计与管理。

对互联网公司来说，用户的时间就是价值的源泉，是要重点进行竞争夺取的宝贵市场资源。一方面，用户耗费在网上的时间增加了网站本身的价值；另一方面，在线活动本身会创造经济价值。网站运营工作的本质就是满足用户需求，增加用户的上网体验，提升用户使用网站功能感知的效用。

但是，在大多数场景中用户不会主动提出自己的具体需求。在信息爆炸的时代，用户几乎没有任何耐心去提出其想从网络上获得什么；甚至，用户多数时候自己也不明确自身的需求——用户的需求并不是本来存在的，而是被外界信息激发的。

面对用户需求不确定的情况，就需要借助大数据来提供解决思路。在大数据时代，信息的存储成本变得低廉，信息的处理速度也得到大大提升。利用网站的服务器可以实时记录网站用户的各种行为数据，而这些数据蕴含着丰富的关于用户需求的信息。基于这些有价值的用户行为数据，采用大数据的统计分析法对数据进行有效的挖掘与分析，就可以进行科学的网络运营，提供有内容的服务，做出精准的管理决策。

在网络环境中，用户生成的数据具有各种各样的形式。其中，大体分为结构化数据和非结构化数据。结构化数据以数值的形式或很容易转化为数值的形式出现，可以直接用于统计分析。在线的结构化数据主要包括：

- 用户的访问频率。
- 用户的年龄。
- 用户的性别。
- 用户的点击率。

- 用户的在线购买率。
- 用户给卖家的打分。

　　······

　　非结构化数据有很多类别，包括文本类型数据、视频类型数据、音频类型数据等。其中，大多数网站都包含大量文本类型数据，大多数用户在线活动也通过文本类型信息来表现。对文本类型数据进行分析与处理，对于开展高效而科学的网站运营工作十分重要。因此，本书介绍的重点主要是探讨分析文本类型数据对网站运营的作用，同时向读者介绍核心的、前沿的文本分析技术与方法，为文本分析的相关工作者和学者提供重要的知识基础和实践思路。当前，网络环境中的文本数据主要包括：

- 社交平台上的用户交流记录。
- 产品在线口碑中的用户评论。
- 搜索引擎的用户搜索记录。
- 网站上展示的产品介绍内容。
- 用户发表的微博、博客等自媒体内容。
- 网站上公开的学术资料。

　　······

1.2　文本分析的 4V 特征

　　在在线网络环境中，文本类型数据的分析技术符合典型的大数据技术的基本特征，即耳熟能详的 4V（Volume，大量；Variety，多样性；Value，价值；Velocity，时效）特征。因此，在线文本分析是大数据的重要技术体现。下文将从大数据基本特征的视角对在线文本分析技术的基本概念进行全局的讨论，同时将进一步给出进行在线文本分析的重要建议。

1.2.1　Volume 特征

　　大数据分析方法强调用数据的全集对事物进行分析并得出结论，避免由于样本采集过程的偏差得出片面或错误的结论。过去人们对数据的获取能力、存储能力、分析能力都很差，因此，倾向于采用从数据的全集中抽取数据样本的方法来观察数据的基本特征。当抽取的样本有代表性时，基于抽样的数据分析方法效果就会很好。但是，由于实际抽样过程中总会存在误差，所以基于抽样的统计方法得到的结论不够准确。

随着大数据技术的发展，数据的获取、存储和分析等相关技术都得到大幅提高，这使得对数据的全集进行分析成为可能。对数据全集进行分析有利于获得更加客观、准确的统计模型和分析结论。当对数据全体进行分析时，就要求数据集合的规模十分庞大，即要符合 Volume 特征。

特别是对文本数据进行分析时，其数据规模更大。人类语言的内涵十分丰富，因此，对文本数据进行分析时需要对内容有十分精准的理解。为更好地区分不同词汇、词组、句子，以及其他各种文本要素组合的语义、语法上的差异，需要对大量的文本内容进行统计学习，从而对文本对象进行精益的建模和量化。

在实际操作过程中，考虑到对计算资源的占用及分析结果实时性的要求，一般情况下不必基于数据的全集进行分析，采用一定程度的样本过滤即可。例如，在有条件的情况下，可以获取数据的全集进行分析；而在考虑资源约束的情况下，可在尽可能提高抽样比例的情况下选取部分数据进行分析。

1.2.2 Variety 特征

大数据技术基本特征之一是处理内容的种类多样性。在互联网环境中，数据的多样性特征更加显著。在线环境中包括结构化数据和非结构化数据，非结构化数据分为文本数据、音频数据、视频数据等。数据种类的多样性要求根据不同类型的数据设计不同的数据分析方法。

对结构化数据进行分析，可以直接采用统计推断分析法、机器学习方法、深度学习（Deep Learning）方法进行处理，这些数据分析方法的相关理论及技术应用当前已经发展得非常成熟。然而，当前非结构化数据分析相关技术的发展阻力却较大。尤其文本类型数据的复杂性、变化性都很高，当前技术仍主要是将文本类型数据转化成结构化数据，再通过传统的数据挖掘方法进行处理。

文本类型数据的核心是人类社会的语言内容，语言则是人的情感及行为的综合体现。因此，文本类型数据本质上就带有大量人为的复杂性因素，其分析难度远远大于一般的结构化数据。将文本类型数据转化成结构化数据时需要一系列复杂、烦琐的技术环节，这导致文本分析技术相对于数据挖掘技术的发展滞后很多。文本分析技术在未来仍具有充足的探索空间。

此外，数据的多样性也要求分析文本数据时需要设计符合其基本特征的算法，这要求数据分析者要关注文本数据的产生过程和具体应用场景。文本类型的数据会涉及不同的知识领域、不同的场景，同时以不同的表达方式呈现给用户。这些特点，都是文本类型数据多样性的具体表现。

当考虑数据的多样性设计文本分析方法时，需要根据具体问题、场景有针对性地设计符合领域特征的特定方法，不能一概而论。正是由于这种原因，文本类型数据与结构化数据相比，分析难度更大，分析者往往需要不断地设计对实际问题适应性强的方法、算法。为解决实际问题，分析者要对实际问题具备深入的理解，也要对与文本分析技术相关的算法和原理具备强硬的理论基础。

1.2.3　Value 特征

大数据应用场景下，数据的价值密度非常低，需要从给定的大规模数据集中不断对已有数据进行"提纯"，以获得有价值的信息。价值密度低一方面在于可用的信息量（Informativeness）不足；另一方面在于基于原始数据进行分析时，数据经过不断的归约、抽象，最终可以呈现的信息量非常稀缺。该特征在文本数据处理中更加突出。

首先，文本类型的数据，尤其是互联网环境产生的数据，通常含有很多干扰信息，许多文本信息与文本分析任务相关性很低，甚至很多文本信息本身并没有意义。网络用户在使用网站功能产生文本类型数据时，可能表现出类似"灌水""虚假""欺诈""抄袭"等无价值，甚至产生"负价值"的在线行为。这些行为增加了数据分析的难度，也要求在对文本数据进行分析时要进行更多的"提纯"操作。

其次，对文本内容进行分析时，通常需要将其转化成结构化数值类型的数据。数值数据在很多情况下比文本数据抽象程度更高。因此，从文本数据转化成数值数据，本质上也是一次数据的简化操作。为了达到与分析数值类型数据同样的结果，一般需要比数值类型数据更大规模的文本数据才能满足分析需求。

综上所述，在实际文本分析任务中应当删除无关的、虚假的、伪造的文本信息，关注高质量的文本数据，强调数据清洗在文本分析中的重要性。另外，分析者需要关注内容的相关度，针对特定的问题有效地抽取真正相关的文本内容。一方面，可提高分析的准确性，防止统计模型对分析问题的过度解读；另一方面，可有效减少后期对文本数据分析处理时计算资源的浪费。

1.2.4　Velocity 特征

大数据环境下，对数据分析的时效要求通常很高。很多信息分析的需求是实时的，只有不断基于最新的数据对网站及市场进行分析，才能提供更有价值的服务内容和运营决策。网站上的文本数据是网站运营者和用户之间各种在线行为的具体体现，是网站活动的动态记录。因此，对文本数据的分析一定需要满足时效性的技术需求，相应的方法也应当具备足够快的处理速度，在一定时间内有效地解决给定的问题。

在时效性要求下，需要设计高效率的算法。对于同样的文本分析问题，不同算法之间的运算效率差异很大。有些算法运算速度很快，但是分析的准确率较低；有些算法运算的速度较慢，但是可以获得较准确的分析结果。在这种情况下，就需要在算法的效率和准确率之间进行合理的均衡，使得在给定设备和资源的约束条件下，采用的算法可以尽可能地在有限时间阈值内提供尽量准确的分析结果。

除此以外，设计的算法应当尽量支持分布式计算的处理方式。分布式计算，是指对于同一个数据分析任务采用多个计算单元同时处理，以提高数据分析的效率。在传统的计算框架下，一个任务由一台计算机做，无论任务多复杂，只能耐心等待；然而，在分布式的计算框架下，同一个任务可以由多台计算机协同完成，可以通过增加计算机的方式提升总体效率。基于数据分析的实时性要求，可以采用分布式计算的策略提高算法性能。对于文本数据分析问题，应当尽量进行分布式计算，并提供相应的技术解决方案。

此外，为了满足实时性分析的要求，数据分析者应当设计易于随时进行更新的统计模型。进行数据分析的统计模型虽然是基于历史记录构建的，但是随着新数据的迭代增加，具体问题的应用场景也在发生变化，此时，所采用的统计模型也需要不断调整。在进行文本分析时，模型的更新应当是实时动态的，即增量式的，这样有利于保证模型的变化可以满足在线环境变化的客观需求。

1.3 在线文本分析应用

　　基于在线文本分析技术，互联网公司可以采取科学精准的运营活动。那么网站的运营工作究竟如何为互联网公司提供价值呢？文本分析技术在这个过程中又承担着什么角色？本节将列举一些具体的情境来解释文本分析在互联网行业中的实践应用，从多个角度帮助读者更好地理解相关技术理论与现实应用的紧密联系。

　　网站运营，是指一切为了提升网站为用户服务效率而从事的与网站后期运作、经营有关的工作，其范畴通常包括网站内容更新维护、网站服务器维护、网站流程优化、数据挖掘分析、用户研究管理、网站营销策划等。总之，所有网站运营工作的核心都是通过线上活动为用户创造价值，让用户愿意在网站上花费宝贵的时间、精力及金钱。

　　用户的思想、情绪、需求可以通过各种在线行为表现出来，相关的数据被记录并存储在网站的服务器上，以供运营者进行各种数据统计分析，其中包括结构化数据和非结构化数据。当前，基于结构化数据对网站进行管理研究的理论和实践工作已经非常丰富，但对非结构化数据的利用仍处在起步阶段。

　　非结构化数据中，比较重要的一大类数据形态是文本类型数据，对文本类型数据进行分析的技术，也称为文本挖掘技术。文本挖掘技术可以和传统的统计分析技术融合使用，以更加全面、客观、具体地描述网站及网站上用户的动态与静态特征，从而更好地为用户创造网站应用价值。在本书中，很多时候也用"文本挖掘"来指代特定场景的文本分析技术。

　　基于文本分析技术对网站用户提供服务的基本方式主要有两种：一种方式是通过文本分析技术和传统统计分析技术的结合了解用户行为，从而更准确地在网站上提供产品和服务，称为在线文本分析的管理类应用；另一种方式是将文本分析技术用于文本信息处理，将处理过的文本内容直接作为在线服务的输出结果推送给用户，称为在线文本分析的内容类应用。

1.3.1　在线文本分析的管理类应用

❑　**用户价值分析**

基于文本分析的结果可以很好地了解用户的需求，向用户进行产品推荐。用户的需求虽然不会明确地描述给网站的运营者，但是总会在用户的日常活动中留下蛛丝马迹。而用户的所有在线行为记录都会被网站的服务器记录，因此，通过分析用户的在线行为记录，可以得到丰富的关于用户需求的重要信息，从而更有针对性地向用户推荐产品和服务。用户的在线行为不仅会留下结构化的信息，还会留下文本类型的信息。

结构化的信息对于用户需求的指代性已经非常明显，而这些信息往往与用户的显式需求相关性较强，如用户是否浏览过某个商品、用户对某个类别的商品的点击频率等。文本类型的信息也蕴含着大量与用户需求相关的内容，这些内容与用户需求的关联比较隐晦，通常与用户的隐性需求更加相关。在很多情况下，用户通常还没有对某种产品或服务产生具体的购买需求，但已经形成比较鲜明的消费偏好信息。网站可以根据这些偏好信息对用户进行产品或者服务的个性化推荐，激发出用户对产品或服务具体的购买欲望。

❑　**产品定价**

除了用户对产品和服务的偏好信息，基于文本分析还可以知道用户需求意愿的具体强度，能更有效地判断整个产品市场的总体需求状态。数据分析者可以更好地确定每种产品对用户的保留价格，更加精准地制定产品的销售价格。

基于文本分析对市场需求判断的管理类应用在"体验性"商品的应用方面尤为突出。"体验性"商品往往是独一无二的，在进行市场定价时很少有完全同质的商品可以进行参考。因此，可以通过用户在线产生的文本内容对用户对于特定内容的偏好进行分析，从而确定某件商品的市场潜力，以进行科学合理的定价。当前在线应用比较典型的场景有旅店的定价、娱乐项目的定价、飞机航班的定价、图书及音像制品的定价、电影票价的折扣措施、制订卖场产品的促销计划等。

❑ **需求预测**

分析用户对产品的偏好信息有利于了解某种产品或服务的市场潜力。这项调研工作不仅有利于对产品进行定价，也有助于对某种价格的产品的市场需求大小进行预测。基于该项工作，可以更好地管理并控制产品的供应链及产品的库存水平。

根据在线平台的社交文本，商家可以挖掘出不同地域空间的产品需求，更好地管理各个地域的产品库存，甚至提前规划某个区域的产品物流任务，缩短物流配送时间。尽管对于个体层面的需求的预测比较困难，但是从用户整体的角度看，个体的不确定性在一定程度上会被抵消。基于社交媒体的文本数据进行市场预测仍有很大技术应用潜力。

广义的需求预测还包括金融产品需求预测，如股票。当前很多网民会在金融论坛对上市公司的股票信息进行交流、探讨，这些内容蕴含了大量二级市场中股民对于公司本身及公司相关的金融有价证券的情感态度。这些情感信息在宏观层面上可有效反映用户对公司未来发展的市场预期，从而影响公司股价的供需关系及未来走势。金融主题社交平台的文本分析工作对于股票的分析和预测具有很重要的实践意义。

❑ **产品研发和改良**

在线社交媒体中，用户经常会对产品或服务进行评价，这些评价内容通常被称为在线口碑。对在线口碑的文本内容进行分析，可以获得用户对产品或服务的主观情感态度信息，这些信息对于了解用户对当前产品的偏好极为重要。通过对在线口碑的文本内容进行分析可以清楚地知道产品哪些特征是用户感兴趣的、哪些特征是多余的、哪些特征对用户的体验起到负面的作用。

基于对在线口碑文本内容进行分析的结果，产品研发部门可以更好地对当前产品进行综合客观地评估，提出改进产品的有效建议。一方面，可以增加消费者有强烈需求的产品特征；另一方面，可以去除那些既消耗生产成本又不能增加消费者消费体验的产品特征。在线平台的口碑文本如图 1.1 所示。

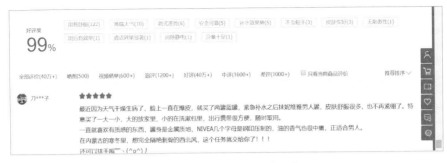

图 1.1　在线平台的口碑文本

❑　**客户关系管理**

通过对用户的在线口碑文本进行分析，数据分析者还可以了解当前用户对产品或服务的总体情感态度。用户的情感信息可以帮助网站运营者，以及进行在线销售的商家及时发现用户对于当前产品的负面情感，更好地对在线销售前、中、后环节出现的问题进行危机管理，尽可能地消除用户的不满情绪，提升市场上用户的综合体验。这样，可以及时降低基于网站或产品的用户流失率，有效保持网站和商家的市场竞争力。

上述的网站运营工作也被称为客户关系管理（Customer Relationship Management，CRM），其关键任务在于通过在线文本分析了解用户关注的主要问题，以及主要问题的严重程度。同时，基于文本分析也可以对在线口碑文本中的主要问题进行量化，研究其与客户流失率及用户购买转化率等在线平台关键运营指标的关系，从而更有针对性地对在线市场的销售活动进行管理。用户投诉相关的在线口碑文本如图 1.2 所示。

图 1.2　用户投诉相关的在线口碑文本

1.3.2 在线文本分析的内容类应用

❑ 搜索引擎

信息检索（Information Retrieval，IR）是当前重要的文本分析应用。在线平台上存在大量的文本信息，搜索引擎可以帮助用户更有效地获取需要的信息。搜索引擎的本质是降低用户对信息进行检索的时间成本，高效准确地为用户提供信息推荐的服务。用户在进行信息检索时，需要显式或者隐式地提供信息需求。搜索引擎需要对用户提供的信息需求进行分析、处理，然后在数据库中寻找用户可能最感兴趣的文本信息并将其反馈给用户。

在线文本分析技术一方面处理用户提供给搜索引擎的文本信息；另一方面处理数据库中大量的文本记录，其核心任务是：理解用户需求、理解数据库中的信息、根据用户需求推荐信息。在用户使用搜索引擎时，搜索引擎通常需要进行多次交互与反馈的循环迭代过程才能提供用户最终想要的信息集合。在这个过程中，用户对搜索引擎工作性能的要求很高，因此搜索引擎至今仍是十分前沿的文本分析科研领域。搜索引擎功能示例如图 1.3 所示。

搜索引擎的在线应用一方面要求系统反馈的内容与用户需求相关度较高；另一方面要求搜索算法具有较强的运算效率。后者对用户使用搜索引擎的体验感有很大的影响，是对搜索引擎进行设计和优化重点关注的技术问题之一。

图 1.3　搜索引擎功能示例

❑ **内容推荐**

当前,很多主流的在线平台可以对用户进行内容推荐。从用户的角度,内容推荐分为主动推荐和被动推荐两种方式。主动推荐,是指在线平台通过分析用户的信息主动为用户提供其感兴趣的在线内容;被动推荐,是指用户主动提供信息搜索需求,并要求系统反馈特定的信息集合,典型的被动推荐系统是搜索引擎。

通常所说的内容推荐是指主动推荐,即系统主动向用户推荐有价值的信息。系统向用户推荐的内容形式较多,主要包括信息、产品及用户对象。这些推荐应用可以有效地基于在线文本分析技术得到很好的技术支持与功能优化。图 1.4 为百度搜索引擎中自带的内容推荐。

主动推荐内容不需要用户显式地描述需求,这对在线应用的信息分析能力有较高要求。当前大多数在线应用都具有内容推荐的技术模块。例如,资讯类网站对新闻的推荐、某些网站打开时内嵌的产品推荐广告弹窗,以及社交网站给用户推荐的"可能认识的好友"等。

图 1.4 百度基于历史记录自动推荐新闻

在线应用对用户进行内容推荐时,需要了解用户的基本需求,因此需要对用户的历史在线行为进行分析,以从中提取用户的需求信息。进行需求分析的数据包括用户行为所产生的结构化数据及文本数据,其中,文本数据的内容更丰富充实，因此在线文本分析技术对内容推荐应用具有十分重要的实践意义。开放性问答社区的用户推荐如图 1.5 所示。

图 1.5　开放性问答社区的用户推荐

用户的在线活动会产生大量有价值的文本信息，如用户在微博或博客上发表及评论的内容，用户在搜索引擎中进行搜索的关键词，用户的在线评论内容，用户在论坛、贴吧等社交媒体的聊天内容，等等。这些信息都蕴含着用户对产品或服务的偏好，了解这些信息有利于网站运营者进行用户画像、对用户进行管理、有针对性地进行个性化的推荐服务，以及有效地展开在线市场活动。

❑　**信息甄别**

在很多情况下用户获得的信息并不都是有价值的，因此需要采取一定的方法对原始信息进行过滤，提取真正有用的信息。信息检索任务属于有用信息识别的范畴，即从海量的数据库中提取满足用户信息需求的文本内容。另外一种比较常用的信息甄别应用是对"垃圾信息"进行过滤。例如，对手机中诈骗短信、骚扰短信的自动识别，对电子邮件中的广告邮件、垃圾邮件的识别等。

文本挖掘可以有效地满足有用信息识别的需求，帮助用户更好地专注于对自己有价值的信息，而不需要为无关的内容耗费精力。另外，相关技术也降低了用户被"骚扰"或被"欺骗"的风险。

有用信息识别本质上是对文本数据进行分类，即将数据分为"有用"和"无用"两个类别。在实际应用中，可以通过计算机技术预先自动对文本内容进行分类，再由用户进行进一步确认。

❏ **关键内容标注**

关键内容标注，是指通过文本分析的手段从文档中自动地筛选出比较重要的内容。在很多情况下，用户需要人工浏览、筛选、确认、管理文本内容。在进行这些文本任务处理时，用户面对的信息处理需求较大。关键内容标注可以有效地提升用户对文本进行处理时的效率，简化用户的操作，使得用户可以很快地关注到文本中最关键、最重要的信息。

关键内容标注按照被标注的对象可以分为关键词标注、关键短语标注、关键句子标注、关键段落标注等，关键词标注是其中最为重要的一类应用。很多在线应用需要信息贡献者人工地提供关键信息的标注，这有利于平台对用户发表的文章进行分类或索引。

人工标注需要很多人力成本，强制要求用户对创造的内容进行标注会降低平台的可用性及体验效果。在很多场合，对用户内容进行人工标注的可行性很差。因此，对许多网站来说需要采用文本分析的技术手段自动地对文本内容进行标注。

❏ **在线内容管理**

在线内容管理是比较广泛的一类技术应用，包括文本的分类、聚类等一系列可以更好地对原有文本内容进行结构化组织和展示的技术手段。对于网络上结构化数据的内容的组织和管理相对容易，只需要采用一般的统计方法就可以很容易地进行操作。但是，对于文本内容的组织和管理就会相对复杂，需要预先按照对内容的管理需求，将文本内容转化为数值型的结构，再进行深层次的信息处理。

在线内容管理比较典型的应用有对搜索引擎反馈的结果进行聚类，对平台上用户发表的博客进行分类展示，对社交媒体上用户对某一话题的观点和态度进行总结、汇总，等等。

❏ **智能系统**

智能系统属于在线文本分析技术比较高级的应用范畴。前面所述的大部分文本分析内容都在于信息的变形或管理，而智能系统的主要任务是信息的创造。用户在阅读很多文本内容时，往往可以对知识进行总结、思考，从而做到举一反三，创造出新的知识。类似地，对于计算机来说，理论上，只要其"观察"的数据足够多，同样可以做到人类能做到的创造知识的工作。

创造知识是一件困难的技术任务。很多平台号称自己在做"智能系统"的工作，但实际只是在完成基本的信息检索功能。讨论什么是智能或许超出了本书的范畴，但仍然要强调智能系统和一般信息检索系统的概念边界。笔者认为：智能就是基于对已有知识的学习而创造新的知识，是信息从无到有的过程；而信息检索是对知识的简单加工和输出，是信息从有到精的过程。

当前，智能系统的文本分析技术主要以深度学习为核心理论，通过人工神经网络（Neural Networks，NN）从大量数据集合中发现数据"产生"的规律，并在特定的条件下进行数据"产生"的复现。

1.4　本章小结

文本分析技术对于网站运营具有很重要的意义，无论是管理类应用还是内容类应用，都有很多具体的案例支持。本书讨论的文本分析技术主要是指用计算机手段来对文本类型数据进行处理，也可以理解为文本挖掘技术。通过文本挖掘技术可以有效解决很多现实中的网站运营问题。

本书的目的一方面在于提出文本挖掘技术的现实应用价值；另一方面在于从技术角度让读者学习到这些核心技术的原理，帮助相关领域的技术工作者进行算法研发与产品设计。同时，本书也致力于帮助管理者更好地建立前台业务线条与后台技术开发工作的纽带，使二者相互支持。

文本挖掘技术和数据挖掘技术是一脉相承的，很多文本数据的处理只需对传统数据挖掘技术做适当改动就可以实现。读者可以先阅读一些有关数据挖掘的书籍，再开始对本书进行研读。具有一定数理基础的读者完全可以直接从本书开始学习有关文本分析技术。

文本分析技术涉及很多领域，可以从不同的方面展开介绍。总体来看，文本分析技术主要可以从抽象的数理模型层面和具体的技术应用层面进行划分。因此，本书的内容主要分为两部分：一部分是基础篇，从数理模型的层面来解释文本分析技术可以解决的若干基本问题；另一部分是应用篇，从具体技术应用层面说明文本分析在具体案例中的实现。

基础篇主要包括：文本建模（第 3 章）、文本分类（第 4 章）、文本聚类（第 5 章）、序列标注（第 6 章）。其中，第 3 章文本建模主要介绍如何将非结构化的文本类型数据转化为结构化的数值类型数据，这个步骤完成后，就可以在其基础上采取各种经典的数据挖掘方法来对文本进行分析。第 4 章至第 6 章的内容是传统的数据挖掘技术的重点话题，即机器学习领域中的分类、聚类与标注三大类基础问题，这些章节尽管与数据挖掘方法有所重叠，但也考虑了处理文本数据的特殊要素。

应用篇主要包括信息检索（第 7 章）、文本摘要（第 8 章）、口碑分析（第 9 章）、社交网络分析（第 10 章），以及深度学习与 NLP（第 11 章）。此外，本书还介绍了文本分析算法在实证研究中的应用（第 12 章），为管理类运营工作者提供了科学的解决问题的思路。需要强调的是，本书仅罗列比较热门的几个应用大类，并没有涵盖所有应用场景，现实中文本分析技术涉及的应用范围是十分广泛的。

第 2 章对本书涉及的一些重要概念进行了预备铺垫，其中主要涉及文本挖掘的基本理论思想，以及书中经常涉及的有关机器学习的内容。希望本书的内容组织结构能够帮助读者对知识的消化吸收。

第 2 章

预 备 知 识

第 1 章介绍了在线文本分析的应用背景，剖析了在线文本分析对于网络运营的重要性，这些内容主要是定性的介绍，业内人士或许更关注在线文本分析的具体技术实现。从本章开始，本书将从技术的角度阐述在线文本分析的主要内容。

在正式的学习开始之前，本书将引入一些和在线文本分析紧密相关的理论知识为学习的准备工作，这主要从文本挖掘和机器学习两个角度进行介绍。

2.1 文本挖掘的主要任务

探讨在线文本分析技术就不得不提到文本挖掘，从某种意义上来说文本挖掘和文本分析是等价的，通常文本挖掘特指用计算机手段自动处理文本的分析任务。本书所述的大多数文本分析方法都是基于计算机的自动化方法，因此，从技术角度看，在本书中文本挖掘是很多问题的讨论重点。在本书中，文本分析主要偏向应用的视角，文本挖掘比较偏向技术的视角，二者本质上没有太大差别。

在文本挖掘这个概念出现之前就有数据挖掘的概念。文本是一种特殊的数据形式，因此，文本挖掘从广义上讲也属于数据挖掘的范畴。由于文本挖掘技术在方法上具有很多特殊性，文本挖掘技术与数据挖掘技术的概念也有所不同：数据挖掘技术是指对结构化的数值型数据进行分析的统计分析技术；

文本挖掘技术是指对文本类型数据进行处理的数据分析技术。

　　文本挖掘与数据挖掘虽然有不同，但也有重要的关联。文本挖掘技术在本质上延续了很多数据挖掘技术的具体方法。在处理文本时，通常先将非结构化的文本内容转化成结构化的数值型数据，再采用成熟的数据挖掘技术进行后续处理。如何将文本数据转化成可以直接进行数据挖掘分析的结构化的数值型数据，成为文本挖掘算法的核心任务。

　　与数据挖掘任务一样，文本挖掘最终要达到的目的无非两种：描述和预测。其中，描述是指针对已有数据进行各种一般的统计描述，帮助用户更好地了解数据的基本结构和特征，以从中获得感兴趣的信息；预测是指基于已有数据构建统计模型，找出已知变量和未知变量的关系，从而在给定的已知变量的条件下对未知变量进行预测。

　　文本挖掘工作通常涉及两类应用：管理类应用和内容类应用。管理类应用的最终目的是针对某种管理学问题提供实践决策建议，这类应用主要服务于网站运营者及在线商家；内容类应用是基于给定文本内容及特定用户需求向用户提供有价值的信息，既可以是数值类型的信息，也可以是文本类型的信息，这类应用主要服务于浏览网站的在线用户。

　　对于管理类应用，数据分析工作者为了有效地对网站进行运营管理，需要知道市场中某些重要变量间的量化关系，即对特定的管理学问题进行实证研究。在研究中，数据分析者需要构建计量模型进行统计分析。在计量模型中只有结构化的数值型信息可以直接进行分析，因此，需要预先用文本挖掘的方法对某些以文本形式出现的变量进行结构化处理。管理类应用中，文本挖掘的任务主要为描述任务特征。

　　文本分析管理类应用技术框架如图 2.1 所示。

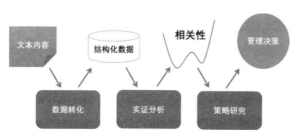

图 2.1　文本分析管理类应用技术框架

文本分析在内容类应用中的形式化比较多样，既有许多描述型应用，也有许多预测型应用，关键是在系统提供信息的过程中是否有人工干预或人工反馈。如果在系统提供信息的过程中存在人工干预，则文本分析系统可以在任何给定输出内容的基础上获得用户的反馈评估，那么文本挖掘技术主要表现出预测任务的特征；反之，文本挖掘技术则主要表现出描述任务的特征。

文本分析内容类应用技术框架如图 2.2 所示。

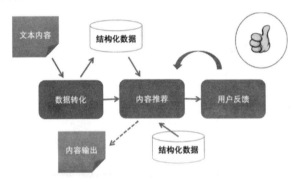

图 2.2　文本分析内容类应用技术框架

2.2　语义分析与语法分析

从技术层面来看，文本分析任务主要分为语义分析和语法分析。有些文本分析任务只有其一，有些文本分析任务则兼具二者的特征。语义分析和语法分析具有截然不同的研究框架。语义分析的主要目的是弄清楚一段文本内容大体上讲述了什么主题；语法分析的主要目的是要弄清楚文本中各个语言要素之间的组成结构关系。

语义分析可以有不同的应用层次，即在分析粒度上的差异。对于一段文本内容，语义分析既可以很细致，也可以很粗糙。例如，对于"上海已经一个月没有下雨了。"这句话进行粗糙的语义分析，可以知道这句话讲的是和天气有关的事情。但是如果进行细致的语义分析，不仅可以知道和天气有关系，还能知道和"上海"这个地方有关，并且关注的是"下雨"的问题，以及持续时间长达"一个月"等很详细的内容。前者只需要观察到"下雨"这个词，就能判断是有关天气的主题，后者则需要了解整个句子的各个组成部分，以及各个部分在句子组成中扮演的角色。因此，如果进行粗糙的语义分析只需要与语义分析相关的技术即可，而如果进行细致的语义分析，就要配合使用用语法分析的技术手段。

本书重点讲述文本语义分析的相关技术，大多数知识内容仅涵盖与语义分析相关的技术要点。语义分析的典型应用情境有如下几种。

（1）判断两个词汇（或两篇文档）的语义相似性。

（2）将文本要素（词汇、句子、文章）进行结构转化。

（3）提取文章中的关键文本信息。

（4）提取文章中的主题信息。

……

语法分析的典型应用情境有如下几种。

（1）判断句子中词汇的词性。

（2）判断句子的语法结构，构建语法树。

（3）判断句子中代表特定角色的词汇或短语。

（4）基于语料库自动构建知识网络（本体或关系数据库）。

……

2.3　文本的结构化分析

文本类型数据是非结构化的数据，无论是管理类应用还是内容类应用，都只能对结构化的数据进行处理。因此，在文本挖掘中非常重要的技术环节就是数据的结构化过程。基于结构化的数据形式，可以进行统计建模分析，并在计算机中进行自动化处理。

文本分析任务需要对文本中基本要素进行结构化处理，因此，需要先对文本数据中的基本要素进行定义。文本分析内容类应用技术框架如图 2.3 所示。

图 2.3　文本分析内容类应用技术框架

❑ 字（字符）

字（字符）是文本内容的最小组成单元。中文的文本分析任务通常是字，英文的文本分析任务通常是字符。字（字符）通常难以独立构成语义，因此大多数文本挖掘任务不以字为最基本的分析单元。但是，当前仍有一些基于神经网络的深度学习方法是在以字为核心的文本特征上构造出性能较好的文本分析模型的。

❑ 词汇（词组）

词汇是由字组成的，是具有特定语言含义的最小单元，因此大多数文本挖掘任务将词汇作为最基本的分析单元。

在中文文档中，词汇之间没有边界，文章直接由一个个汉字堆砌而成。在英文文档中，词汇之间由于通常有空格等分隔符，可以直接辨别出词汇之间的边界。中文文档文本挖掘任务比英文文档文本挖掘任务难度更大，其主要因素之一就是词汇之间边界不确定。

对于中文文本，数据分析者需要设计有效的算法，从而在分析文档之前对文档内部的词汇边界进行判断，该项任务也称为"分词"。本书大多数文本分析方法不对中文文本对象和英文文本对象进行区分，针对两种对象的分析方法的主要差异仅仅在于是否存在典型的"分词"环节，其余技术细节差异不大。

词汇也可以进一步组成词组。在中文文本中词和词组的定义边界比较模糊；英文文本中的词组可以看作是由多个词汇通过空格连接而成的。词组的作用和词是一样的，在文本挖掘领域中通常不区别对待。但是，在对词汇进行词频统计的时候，某些词汇既可以独立出现，也可以作为某个词组的一个部分出现，因此需要对相应的词频统计结果进行审慎的调整，避免重复统计。

❑ 句子（短文本）

句子是由词或词组进一步组成的，具有一定的语法结构，通常在对文本进行语法分析时需要将句子作为主要的研究对象。句子有时候也可以看作长度比较短的文档，是词汇和文章之间过渡性的文本结构。

❑ 文档

文档是由句子组成的，对文本进行分析大多是针对文档进行分析。各个文档包含的主题内容具有较强的独立性，单篇文档包含的信息具有丰富的内涵。文档虽有长短之分，但是长短文档的划分是相对的。

长文档语言内容丰富、结构完整，较易进行分析，而短文档的处理难度较大。对于同样的文本分析任务，文章长短会造成最终分析结果上显著的差异。因此，短文档的分析任务通常需要专门设计文本分析技术来进行处理。

❏　**语料库**

语料库是由很多文档组成的。对语料库进行分析，有利于更好地了解词汇、句子及文章的内容含义。对于给定的文本内容，虽然人可以对其内涵进行有效的判断，但是计算机只是将其作为一般的符号来处理。计算机本身不含有对文本进行理解的先验知识，因此只能通过"阅读"大量的文档来学习和文本有关的知识。

语料库本质上就是计算机学习的文本资料，让计算机通过"阅读"大量语料库里的文章来学习如何去从语义层面和语法层面对特定层次的文本单元进行理解。广义的语料库除了包括文档的集合，还包含任何计算机都可以进行统计学习的知识集合。

语料库通常分为通用语料库和专用语料库。通用语料库与文本分析的具体应用场景无关，通常仅按照语言进行划分，如英语的通用语料库、汉语的通用语料库等。通用语料库通常大而全，只要是某种语言的文本，无论什么内容都会有所涉及。通过对通用语料库进行分析，可以了解某种语言最基础的特征，相应的结论可以用于解决一般的、没有特殊需求的文本分析任务。

专用语料库通常与某种具体的应用场景的相关性较高，与某种特定的文本分析任务密切相关的语料库都被称为专用语料库，其包含的内容五花八门且针对性强，有口语语料库、书面语语料库、方言语料库、在线评论语料库、新闻语料库、医疗语料库等。

考虑到通用语料库不依赖于具体的应用，很多语言专家合力开发了许多经典的通用语料库。当前，对于中文语言进行研究、学习的常用语料库有以下几个。

（1）搜狗实验室 http://www.sogou.com/labs。

（2）语料库在线 http://www.cncorpus.org/index.aspx。

（3）BCC 语料库 http://bcc.blcu.edu.cn/。

（4）哈工大信息检索研究室对外共享语料库资源 http://ir.hit.edu.cn/demo/ltp/Sharing_Plan.htm。

（5）中文语言资源联盟 http://www.chineseldc.org/。

在对文本进行结构化时，需要明确分析对象的基本要素，理解文本分析的根本目的是决定对文本哪个层次的信息进行结构化处理的基础。文本对象在结构化时通常会被转换为数值向量，向量化的文本是进一步分析的基础。广义上，各个层次的文本要素都可以被向量化处理，当前最常见的文本任务是对词汇和文章进行向量转换。

2.4　文本的标准化分析

与文本挖掘技术关系十分密切的另外一个概念就是文本标准化。语言是非常灵活的一种信息形式，这导致其表现形式通常是杂乱无章的，这为文本内容分析带来诸多不便与困扰。因此，在进行文本分析之前，一般需要对其进行标准化处理，增加文本类型数据的一致性、整洁性。对文本进行标准化处理，可以降低后续文本建模、挖掘、分析等任务的难度，并提升结果的准确度。

文本的标准化相当于数据挖掘技术的数据预处理阶段，一般在文本结构化任务之前。对文本进行标准化处理的具体方法很多，其依赖于所分析的文本集合的特征。很多标准化方法是基于丰富的数据处理经验进行设计与构建的，当前常用的文本信息标准化方法有以下几种。

（1）对文本集合的语言进行统一，去除其他语种文章。

（2）去除无效符号、特殊符号，以及网页标记。

（3）简体字与繁体字的统一（中文文本）。

（4）去除文本显示格式信息（如空格、回行等）。

（5）对文本中的错别字自动修复。

（6）构建同义词或近义词表，减少文本特征。

（7）过滤低频（词汇出现次数很低）的文本特征。

2.5　机器学习的基本概念

文本挖掘是数据挖掘的一种特殊形式。在数据挖掘中，机器学习是一大类重要的方法，主要解决统计模型中参数估计的问题。由于在线文本分析任务涉及大量统计建模工作，也经常用到机器学习的分析技术。

本节将对机器学习的基础知识及其涉及的关键问题进行讨论，从而帮助读者更好地展开对文本挖掘技术的学习。

2.5.1　机器学习与深度学习

在文本分析任务中，文本挖掘作为特殊的数据挖掘形式经常会用到机器学习的方法。其中，机器学习广义上又可以分为传统机器学习及深度学习。在与深度学习做对比时，机器学习特指传统的机器学习方法。下面将具体介绍传统机器学习和深度学习的基本概念，并整理归纳各自相关技术的主要特征。

❑　**传统机器学习**

在数据挖掘任务中，需要用统计模型来表示变量之间的关系，从而实现对变量的描述或预测。特别地，若统计模型表示的是观测变量之间的关系，则统计模型的主要任务是对数据记录进行描述；若统计模型表示的是观测变量和预测变量之间的关系，则统计模型的主要任务是对未知数据进行预测。

对于基于统计模型的变量描述任务，通常需要借鉴变量的概率分布。概率分布是某一变量系统的、抽象的、总结的表示形式。基于模型的视角，变量的概率分布可表示为

$$P(x:\theta)$$

其中，θ 是模型中的关键参数；x 是用户感兴趣的变量，通常为高维，有 $x \in R^p$。任意给定观测样本 x_i 可以进一步表示为

$$x_i^{(1)}, x_i^{(2)}, \cdots, x_i^{(p)}$$

在实际应用中，通常需要预先假设概率分布符合某一基本形式，如正态分布或指数分布。基于观测样本集合 $D = \{x_1, x_2, \cdots, x_n\}$，可以对特定模型中的关键参数 θ 进行估计。

对于基于统计模型的变量预测任务，需要构建已知变量 x 和预测变量 y 之间的关系。如果所有影响预测变量 y 的因素 x 都可以被观察到，则可以构建一个映射函数来解释该相关关系。一般情况下，映射函数可以表示为

$$y = f(x:\theta)$$

在实际情况中，由于通常只能观察到一部分影响未知变量的因素，所以无法构建满足等式条件的方程 $f(x)$。因此，映射函数通常需要写为

$$y \approx f(x:\theta) \tag{2.1}$$

或

$$y = f(x:\theta) + \varepsilon(\theta) \tag{2.2}$$

基于公式（2.1），可以直接构建 x 和 y 之间函数形式的关联模型 $f(x)$。在给定模型参数 θ 的情况下，用 $f(x)$ 可以直接对 y 的取值进行预测。

与此同时，基于公式（2.2），可以构造概率形式的关联模型。假设公式（2.2）中的误差项 ε 符合某一概率分布，那么根据 ε 的分布就可以推导出给定观测变量 x 时的条件概率：

$$p(y|x:\theta)$$

该条件概率同样可以为目标变量 y 的预测提供有价值的信息，在变量的预测过程中该条件概率等价于函数形式的关联模型。

在预测任务中，观察样本的具体形式通常为

$$D = \{(x_1, y_1), (x_2, y_2), \cdots, (x_n, y_n)\}$$

基于已有数据就可以对该条件概率分布中的未知参数 θ 进行估计。

无论是描述任务中的 $P(x:\theta)$，还是预测任务中的 $f(x:\theta)$ 和 $p(y|x:\theta)$，解决问题的关键都是基于已有数据获得模型中的关键参数 θ。基于观测样本对模型参数进行求解的统计分析技术就叫作机器学习。

对于概率形式的统计模型，模型参数估计的问题转化为"最大化极大似然函数"的优化问题求解；对于函数形式的统计模型，模型参数估计的问题转化为"最小化损失函数"的优化问题求解。因此，机器学习问题的本质是优化问题，具体细节参考下文。

针对数据描述任务的学习方法叫作无监督学习，针对数据预测任务的学习方法叫作有监督学习。特别地，半监督学习是同时采用有监督学习和无监督学习的综合的数据分析方法，其在文本分析中也具有比较广泛的实践应用。

❏ **深度学习**

深度学习是一种特殊的机器学习方法，与传统机器学习方法相比有许多天然优势。在传统机器学习方法中，需要选择和构造模型观测变量（特征）x，并对统计模型的基本结构进行精密的设计。其中，由于变量 x 和模型结构的确定都是人为干预的，这使分析结果容易受到较大的主观性干扰。

因此，为了降低人工干预的影响，通常建议选择比较原始的变量，而不是经过人工处理或筛选的变量指标作为模型的观测变量；同时，很多数据分析者倾向于设计比较"泛化"的模型结构来探究观测变量与预测变量之间的关系。

当前，符合上述建模思路的统计分析方法，也称为深度学习方法。深度学习方法是传统机器学习技术的发展与特例，以神经网络为基础模型。神经网络结构复杂，是一种足够"泛化"的统计模型，可以表达任意简单或复杂的变量关系。神经网络基本结构如图 2.4 所示。

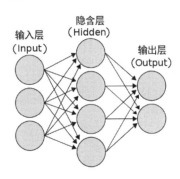

图 2.4　神经网络基本结构

图 2.4 是一个标准的三层的神经网络结构，其最左边是输入层、中间是隐含层、最右边是输出层。一个神经网络模型一般只有一个输入层和一个输出层，但是通常会含有多个隐含层。多个隐含层可以形成深度拓展的层次结构（基于神经网络的模型叫作深度学习的原因之一），含有多个隐含层的标准的神经网络模型也被称为多层感知器模型（Multi-Layer Perceptron，MLP）。

图 2.4 中的每个节点都是一个计算单元，箭头表示各层之间的计算单元的连

接关系，每个节点均可展开。计算单元基本结构如图 2.5 所示。计算单元接受多个输入变量，同时产生一个输出变量。输入变量来自该节点所在网络层的前一层的节点的输出，输出变量一般会传播到下一层网络中，作为下一层节点的输入变量。

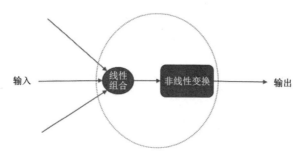

图 2.5　计算单元基本结构

计算节点对于变量的处理包含两个处理阶段：第一个阶段是线性组合，第二个阶段是非线性变换。输出变量是输入变量经过一系列数值变换产生的值，蕴含着输入变量中的有用信息。假定某个计算单元的输入变量有

$$x^{(1)}, x^{(2)}, \cdots, x^{(p)}$$

基于线性组合过程可以得到

$$z = u(x) = \alpha_0 + \alpha_1 x^{(1)} + \alpha_2 x^{(2)} + \cdots + \alpha_p x^{(p)} \quad x = (x^{(1)}, x^{(2)}, \cdots x^{(p)})$$

通过非线性变换，输出变量可以表示为

$$y = g(z)$$

其中，$u(x)$ 是线性函数；$g(z)$ 是非线性函数。对于每个计算节点，都需要知道两个函数的具体形式。$g(z)$ 需要预先选定，而 $u(x)$ 中的参数 $\alpha_0, \alpha_1, \alpha_2, \cdots, \alpha_p$ 是神经网络模型需要进行具体估计的未知参数。

通过非线性函数，可以有效地在线性转化结果的基础上获得全新的、抽象的数据特征，有利于增强模型的学习能力和表示能力。当前，常用的非线性函数 $g(z)$ 主要有以下 4 种主要形式，其函数的主要结构如图 2.6 所示。

（1）Sigmoid 函数：

$$f(z) = \frac{1}{1+\mathrm{e}^{-z}}$$

（2）tanh 函数：

$$f(z) = \tanh(z) = \frac{2}{1+\mathrm{e}^{-2z}} - 1$$

（3）ReLU 函数：

$$f(z) = \begin{cases} 0 & \text{if } z<0 \\ z & \text{if } z \geqslant 0 \end{cases}$$

（4）Leaky ReLU 函数：

$$f(z) = \begin{cases} kz & \text{if } z<0 \\ z & \text{if } z \geqslant 0 \end{cases}$$

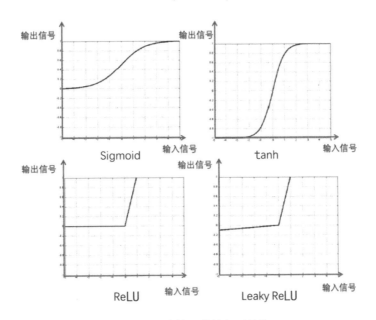

图 2.6　非线性函数的主要结构

考虑神经网络中的某一个隐含层 j，该网络层、该网络层的前一个隐含层，以及该网络层的后一个隐含层包含的计算节点的个数分别记录为

$$M_j \text{、} M_{j-1} \text{、} M_{j+1}$$

那么对于第 j 个隐含层，其本质任务就是将本层的 M_j 个变量转化为下一层的 M_{j-1} 个变量，获得初始数据的另一种表示形式。通过隐含层转换的新的数据表示的抽象程度更高，对应的信息层次更高级，同时对最终事物的判断也具有更直接的逻辑关系。类似地，第 j 层的 M_j 个输出经过下一层的处理也可以用另外 M_{j+1} 个变量进行表示。

关于数据的抽象程度，深度学习的相关理论给出了很好的解释，其指出，任何事物都具有不同的抽象层次。例如，生物学，{细胞、组织、器官、系统、生物……}；语言学，{字、词汇、词组、句子、段落、篇章……}；计算机系统，{电信号、01变量、执行语句、计算任务、程序……}；图像，{像素、基本形状、局部特征、图片……}。对于上述每一类事物，左边的内容是比较底层、基础的部分，而右边的内容是比较综合、抽象的部分。人类的认知过程是具有层次性的，其不断地将低抽象程度的信息转换为高抽象信息进行分析处理。

实践应用中要解决的问题，大多数是抽象程度高的研究问题。然而，由于人类认知的主观性及处理大规模数据的局限性，很多时候需要借助计算机的辅助手段。计算机系统更加适合处理抽象度低的事物内容，所以输入计算机系统的数据通常为抽象程度比较低的信息。结合计算机处理数据和人类处理数据的特点，比较可行的分析策略是对计算机输入抽象程度低的数据，然后让计算机模仿人脑，逐层地将其处理成抽象程度高的数据，最后基于高抽象的信息对事物进行判断。

计算机系统对数据进行的每一次抽象过程，就是神经网络中每一个隐含层对数据的表示进行转化的过程。神经网络可以通过添加隐含层不断地增加给定信息的抽象环节。

神经网络模型擅长通过深度学习逐层地学习事物的特征，不断将基本特征根据数据样本"组装成"复杂特征。这种模式，在图像识别领域得到广泛应用。其中，有一种类似于 MLP 的神经网络模型——卷积神经网络（Convolutional Neural Networks，CNN）。CNN 可以逐层识别图片的基本特征，从像素、基本形状、局部特征到整个图片的内容，如图 2.7 所示。

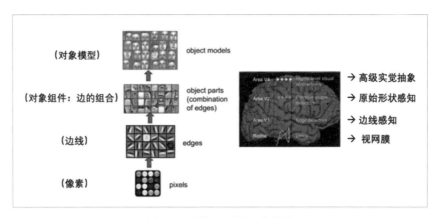

图 2.7   图像识别的层次结构

其中，不同层级的神经网络实际上可以类比人类大脑处理不同抽象程度信息的区域。在文本分析领域，文本内容和图片内容是相似的，也具有典型的逻辑层级关系。因此，也可以基于 CNN 采用类似的方法对相应的内容进行处理，不断提取抽象程度更高的文本信息〔实际上更常见的模型是 RNN（Recurrent Neural Network，循环神经网络）〕。

神经网络的计算单元层除了可以起到获得数据的另外一种高抽象程度表示的作用，还可以理解为构造一种新的指标的过程。该任务比较接近于人工构造指标的过程。在传统的机器学习方法中，指标的构造通常由数据分析师根据个人经验来完成，具有很高程度的主观性特征。

在基于神经网络的深度学习过程中，指标的学习由算法根据可观测数据集的特征来自动地学习并得到结果，相应的结果也具有更高的准确性和客观性。如果将神经网络中的每个节点看作生成新指标的工作单元，那么在节点的线性组合中，$u(x)$ 中的各参数对应于每个初始指标对新指标的贡献权重。

此外，在计算单元中，非线性函数 $g(z)$ 的作用主要是让神经网络模型具有非线性的表达特征，即观测变量 x 和预测变量 y 之间复杂的非线性关系。如果节点中不加入非线性函数，则每一层的输出内容仅仅是上一层输出内容的另外一种等价表示。在最终的展开项中：

$$y = a(x) = a_1(a_2(a_3(\cdots a_j(x))))$$

这只是一个多元线性回归模型的基础线性结构，不包含高次幂的函数项。实践中，大多数神经网络的应用将 ReLU 作为较好的非线性函数选择。

基于神经网络拟合已有的数据集合，得到的模型可以用于数据的描述或预测任务。基于神经网络的深度学习模型和其他传统的机器学习模型在本质上没有差异，其目标仍然是求解模型中涉及的各种未知参数。神经网络的基本结构是多种多样的，本小节给出的例子只是其中最经典、最常用的一类网络模型，即 MLP。当前，为了适应各种技术需求，不断有"奇异"的网络模型被设计出来，这引发了一波又一波有关深度学习技术的研究热潮。

MLP 可以通过反向传播算法（Back-Propagation，BP）进行参数估计，该算法进行适当的修改后也可以用于其他复杂结构的神经网络模型中的参数估计。BP的具体技术细节此处不详述，其参数估计的原理遵循传统机器学习算法中参数估计的基本理念——将优化问题作为参数估计的根本问题。

当前，许多经典的深度学习平台支持神经网络算法，用户只需要了解有关神经网络的基本原理，就可以对所需的网络结构进行类似于"积木拼接"式的快捷的数据建模与数据预测，不用具体担心 BP 的具体实现。图 2.8 从平台的稳定性、精度、开源类型、分布式支持、开发团队和编程语言方面对各深度学习平台基本特性进行了详细的比较与描述。

	稳定性	精度	开源类型	分布式支持	开发团队	编程语言
TensorFlow	高	较高	Apache 2.0	支持	Google	Python\C++
Keras	中	高	BSD	间接支持	Francois Chollet	Python
Maxnet	高	高	Apache 2.0	支持	DMLC	Python\C++\R\Julia
Theano	高	高	BSD	间接支持	蒙特利尔理工学院	Python
Deeplearning4J	高	高	Apache 2.0	支持	Skymind	Java
Caffe	高	中	BSD	支持	贾杨清	Python\C++
CNTK	高	中	开源MIT	不支持	Microsoft	Python
DIGITS	高	中	---	不支持	NIVIDIA	Python\C++
Chainer	高	中	开源MIT	支持	Preferred Networks	Python
Lasagne	中	中	开源MIT	不支持	Sander Dieleman	Python
Torch	中	中	BSD	不支持	Ronan Clement	Lua

图 2.8　各深度学习平台基本特性

传统机器学习和深度学习技术特征对比如图 2.9 所示。

图 2.9　机器学习与深度学习特征对比

2.5.2　机器学习的基本要素

如上文所述，在整个机器学习过程中有很多人工介入的过程。一般来说，人工介入的过程越少越好。尽管基于深度学习的方法可以在一定程度上降低学习过程中人工介入的程度，但是人工介入仍然无法完全避免，只能尽可能地保证"完全用数据说话"的客观原则。机器学习在估计模型参数时，仍然有一些关于统计模型的基本要素需要预先进行人工设定，主要包括属性和基础模型结构。

图 2.10 展示了机器学习的基本要素。首先，人们通过观察现实世界，抽象出其研究问题的属性和建模采用的基础模型结构。其次，数据分析者把这些内容代入数据集合中，基于观测值得出具体的统计模型。最后，数据分析者可以将模型结果用于现实的在线应用以解决实际问题。一般来说，上面所指的具体模型主要是模型参数，是通过数据集合学习获得的；但是模型中的属性和基础模型结构则是人定的，因此，任何机器学习方法都不可能完全摆脱人工干预。下文将详细描述属性和基础模型结构这两个关键机器学习要素中的人工角色，以及如何尽量减少人工的干预。

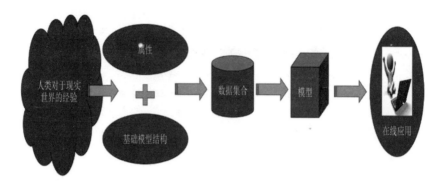

图 2.10　机器学习的基本要素

❑ **属性**

在进行数据分析时，尤其对于预测性任务，通常可用的数据属性很多。对于传统的机器学习方法，一般是人工基于经验筛选或构造一些关键指标用于预测分析，这个过程是比较典型的人工介入环节。

为了避免指标筛选和构造过程的主观性，可以采用深度学习方法，把所有原始数据代入模型进行分析，让模型自动筛选有用的属性，或基于已有属性通过隐含层的数据转化环节自动构造抽象程度更高的综合指标。

当然，即便是采用深度学习模型，在某些情况下也不能完全解决属性的主观性问题。事实上，数据的收集和存储过程也是存在很大的成本开销的。在进行数据分析时，仍然需要人工地判断服务器中应当记录哪些"有潜在价值的"用户数据或丢弃哪些"价值含量低或没有价值的"用户数据。

❑ **基础模型结构**

无论是机器学习还是深度学习，都需要对模型的基本结构进行一定的假设。相较而言传统的机器学习的模型结构较简单，模型假设更强。例如，需要确定模型属于多元线性回归模型还是 Logistic 回归模型，分类算法采用决策树还是支持向量机（Support Vector Machine，SVM），数据属于正态分布还是指数分布，等等。

深度学习模型结构很复杂，对模型的假设约束较少，模型的具体结构可以通过学习给定数据形成。但是，对于神经网络，仍然需要设定一些基本的结构参数。例如，在神经网络中往往需要确定神经网络的层数、每层的节点数、激活函数、神经网络的参数估计算法等。

在进行数据分析时，数据的属性及基础模型的结构都是不确定的，所以对数据进行分析在技术层面上有许多具体的方案可以选择。但是，实际中数据分析者并不清楚哪种方案的结果是最好的，因此需要进行不断的尝试。在这种情况下，就需要引入有关数据集合的三个关键概念：训练集（Training Set）、验证集（Validation Set）和测试集（Testing Set）。训练集是直接产生模型的数据集合，而验证集和测试集都可以对训练集的效果进行验证。其中，测试集仅仅对模型进行测试，而验证集可以对模型进行选择和确定。

上文提到，基础模型结构是不确定的，需要人工设定，人可以根据经验确定可以选择的基础模型结构的范围，但仍不知道哪个具体的基础模型结构是最好的。其中，在每种基础模型结构的备选方案下都可以用训练集中的数据"学习"一个统计模型，而验证集中数据的作用就是对各个模型的性能进行评估，并挑选出最好的模型作为最终的模型输出。因此，验证集在本质上是起到"挑选"模型的作用。

相比来说，测试集的意义就比较纯粹，只是用于对最终的模型进行评估，进一步验证模型的效果，作为模型最终的评定。采用测试集进行评估时，即便模型的性能有所下降，也不轻易修改模型。特殊情况下，测试集中的结果如果确实具有非常大偏差（和验证集相比）时，必须回到上一个阶段重新选择验证集，同时重新对基于各基础模型结构产生的具体模型进行挑选。

在实际操作中需要人工预先将数据集合（已经标注过的）划分成训练集、验证集、测试集。一种方法是先将训练集划分出来并固定，然后对训练集和验证集进行划分；另一种更常用的方法是不对训练集进行划分，将业务应用中真实的、新的数据样本作为训练集——将在线应用获得现实环境的真实反馈作为测试数据。

训练集和验证集的划分一般采用交叉验证（Cross-Validation）法。交叉验证法，是指在给定基础模型结构的情况下选择一部分样本作为训练集，并将剩余样本作为验证集，该过程要重复多次并取平均。交叉验证法是让所有样本都充当过验证集的一种综合客观的验证方法。交叉验证有两种具体形式：K-折交叉验证（K-fold Cross Validation）和留一验证。

K-折交叉验证：将初始采样分割成 K 个集合，保留一个单独的集合作为验证模型的数据，其他 K-1 个集合用来训练。交叉验证重复 K 次，每个样本集合验证一次，平均 K 次的结果或者使用其他结合方式，最终得到一个单一估测。这个方法的优势在于，同时重复运用随机产生的子样本进行训练和验证，每次的结果验证一次，在实践中 K 通常取 10。

留一验证：只将原本样本中的一项当作验证，剩余的则留下来当作训练数据。其本质原理和 K-折交叉验证一样，只不过每次划分出来作为验证集的不是 N/K 的样本，而是 1 个样本。

2.6　机器学习的重要问题

2.6.1　概率图模型

任何机器学习模型都可以表示为包含观测变量和预测变量的联合概率分布。联合概率分布中有许多分析者感兴趣的需要研究的具体变量，这些变量之间的逻辑关系不同，其对应模型的基础模型结构也不同。因此，要获得特定的统计模型来描述数据，就要对联合概率分布的基本结构进行构建，设计变量之间的逻辑关系，确定哪些变量的取值会影响其他变量的取值；或者说，哪些因素决定了其他一些因素。

人们一般会用一种标准化的图形来描述需要进行研究或构建的事物。就像盖一座建筑物需要工程设计图一样，搭建统计模型也需要用标准化的图形来表示，以帮助业内人士进行交流及技术工作开展。概率图模型（Probabilistic Graphical Models）就是用于描述统计模型中变量基本逻辑关系的标准化图模型。很多机器学习算法更容易从联合概率分布的角度给予数学的、标准化的定义。其中，概率图模型又可分为：有向概率图模型和无向概率图模型。

概率图模型中通常不指定变量的属性及哪些变量是需要预测的，一般只会区分可观测的变量和不可观测的变量。不可观测变量有时候也称为者隐变量（Hidden Variables）。概率图模型和传统的图模型的结构一样，是由节点和边组成的。节点表示变量；边则表示变量之间的相关关系。

有向概率图模型：又称为贝叶斯网络（Bayesian Network，BN），节点之间的边是有方向的。图 2.11 展示了机器学习领域著名的隐马尔可夫模型（Hidden Markov Model，HMM）的有向概率图模型。深色圆圈表示可观测变量，空心圆圈表示隐变量。图 2.11 的含义是：每一个隐变量都仅由前一个位置的隐变量决定，并决定对应的可观测变量。

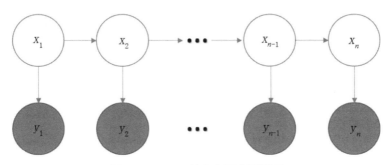

图 2.11　HMM 的有向概率图模型

概率图模型的逻辑结构通常可以由条件概率分布的乘积表示，条件概率可以很好地用概率语言来说明变量之间的逻辑依赖关系。基于图 2.11 中的有向概率图模型，可以直接写出包含所有观测变量和隐变量的联合概率分布：

$$P(x_1, y_1, \cdots, x_n, y_n) = P(x_1)P(y_1 \mid x_1) \prod_{i=2}^{n} P(x_i \mid x_{i-1})P(y_i \mid x_i)$$

上式和有向概率图模型是等价的。通过对比可知，联合分布可以写成所有变量与指向它的节点对应的变量的条件概率的乘积。在描述变量之间逻辑结构的时候，不需要完整地写出上式，可以直接采用一个概率图模型对其进行描述。关于 HMM 的具体知识内容将在下文引入的时候进行详细的解释说明。

无向概率图模型：又称为马尔可夫网络（Markov Network, MN），节点之间的边是没有方向的。图模型中的边无法指定说明到底是哪个变量决定了哪个变量，而只是能解释哪些变量之间是有关联性的。马尔可夫随机场（Markov Random Field）是很重要的一类马尔可夫网络，二者一般不做区分。

马尔可夫随机场包含三个重要的性质：成对马尔可夫性、局部马尔可夫性、全局马尔可夫性。通过证明可知三个性质是等价的，这些性质的宗旨与有向概率图模型还是比较类似的，即只有在图模型中被边相连的变量之间才有相关关系。一种典型的无向概率图模型如图 2.12 所示。

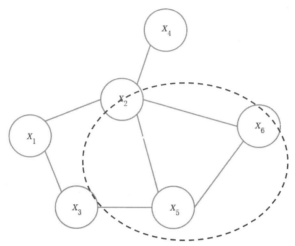

图 2.12　一种典型的无向概率图模型

和有向概率图模型类似，根据无向概率图可以直接找到对应的联合概率分布的解析式——多个"变量模块"的乘积。在有向概率图模型中，这些"变量模块"是联合分布涉及的各变量的边缘概率分布或条件概率分布；在无向概率图模型中，这些"变量模块"是变量组合的函数。

为了更好地解释在无向概率图模型中的图的结构，首先定义"团"（Clique）。无向概率图 G 中，任何两个节点均有边连接的节点集合称为团。若 C 是无向图 G 的一个团，并且不能再加进任何一个 G 的节点使得 C 变成更大的一个团，那么称 C 为最大团（Maximum Clique）。在图 2.12 中，$\{x_2, x_5, x_6\}$ 是一个团且是一个最大团，该图中很多由两个变量组成的结构也可以称为团，如 $\{x_1, x_3\}$、$\{x_1, x_2\}$、$\{x_3, x_5\}$ 等。

根据概率图模型，可以将图对应的联合概率分布表示成其最大团上的随机变量的函数的乘积形式，该过程也称为无向概率图模型的因子分解（Factorization）。假定对于图 G，C 为其中的最大团，Y_c 表示 C 对应的随机变量。那么，图 G 中所有变量的联合概率分布可以表示为

$$P(Y) = \frac{1}{Z} \prod_C \psi_c(Y_c)$$

其中，$\psi_c(Y_c)$ 是根据团 C 上的变量定义的函数；Z 是规范化因子（Normalization Factor），使得所有联合概率之和等于 1，因此有

$$Z = \sum_Y \prod_C \psi_c(Y_c)$$

其中，$\psi_c(Y_c)$ 通常是可以任意定义的，但是一般为一个恒为正值的函数，也经常被称为势函数（Potential Function）。

2.6.2　判别式模型和产生式模型

在对数据进行分析时，每一条数据记录都包含很多属性。数据的属性可分为两类：数据分析者感兴趣的属性和其他属性。预测任务的根本目标是，基于其他属性对感兴趣的属性进行预测。在实践中，数据中的其他属性与已知的并且可被观测的变量相对应，而数据分析者感兴趣的属性与那些需要预测的不可观测的变量相对应，也称为隐变量或预测变量。

可观测变量和隐变量之间具有一定的逻辑关系，这些关系反映了哪些变量的取值决定了其他哪些变量的取值。如果某个统计模型中是可观测变量决定了隐变量，那么这类模型被称为判别式模型（Discriminative Model）；反之，如果隐变量决定了可观测变量，那么这类模型被称为产生式模型（Generative Model）。

在求解未知的隐变量时，判别式模型对应正向推理的逻辑过程，产生式模型对应反向推理的逻辑过程。根据可观测变量和隐变量之间的逻辑关系，几乎所有的统计模型都可以被划分为判别式模型或产生式模型。

在设计机器学习模型的基本模型结构时，无论采用哪种结构，首要的问题就是理解隐变量和观测变量到底是谁决定了谁——确定模型应当属于判别式模型还是属于产生式模型。确定了这个问题相当于确定了模型最基本的结构特征。判别式模型和产生式模型对应不同的对事物的认知方法。

在判别式模型中：观测到一些属性，然后这些属性可以直接决定我们需要预测的内容。观测到的属性是"原因"，需要预测的内容是"结果"。分析过程基于训练数据集合 D_{Training} 训练 $P(y \,|\, x : \theta)$ 从而对 y 进行预测。

在产生式模型中：观测到的属性不是决定我们需要预测的内容的根本原因，而是那些需要预测的内容——事物的本质。观测到的属性只是那些本质状态的反映。在产生式模型下，我们观察到的那些信息只是需要预测的事物的本质属性释放的一些信号，然后基于这些信号去反推事物的本质。例如，从产生式模型的视角看，我们可以观察到一个动物的属性，如长胡子、有花纹、食肉等，然后，基于这些属性反推这个动物的本质是什么（豹子）。

在产生式模型中，需要基于 D_{Training} 训练 $P(x|y:\theta)$ 来对 y 进行预测。在 $P(x|y:\theta)$ 的基础上，通过贝叶斯公式可以预测隐变量：

$$y = \arg\max_y \frac{P(x|y)P(x)}{P(x)}$$

当前主流的具体统计模型中的判别式模型主要包括感知机、K 邻近、决策树、Logistic 回归、最大熵模型（Maximum Entropy Model）、SVM 模型、条件随机场等。产生式模型主要包括朴素贝叶斯模型（Naive Bayesian Model）、HMM、LDA（Latent Dirichlet Allocation）主题模型等。

2.6.3 机器学习模型求解

机器学习的模型通常有函数和概率两种表示形式。函数形式需要获得函数关系 $y = f(x:\theta)$；概率形式则需要获得联合概率分布 $P(x,y:\theta)$。其中，θ 是两类模型中需要估计的参数；x 是观察到的属性；y 是需要预测的属性。无论何种求解函数形式或概率形式的模型参数，最终都会转化为优化问题进行求解。

对于函数形式模型的参数求解，一般要定义一个损失函数来量化预测变量在模型中的预测值与训练样本中实际观测值之间的差异对应的试错成本。基于损失函数可以构建"优化问题"，该问题的优化目标是，在给定参数设置下，训练集合上的数据基于损失函数计算出的试错成本总和最小，有

$$\min_\theta \frac{1}{N} \sum_i L(y_i, f(x_i))$$

其中，$L(\cdot)$ 代表损失函数；y_i 是训练样本中的实际观察值；$f(x_i)$ 是基于样本属性的模型预测值；N 是集合中所有样本的个数。

对于概率形式模型的参数求解，一般要定义一个极大似然函数来描述在给定模型 $P(x,y:\theta)$ 的情况下，分析者观测到训练集合 D_{Training} 的可能性。极大似然函数可以表示为

$$L(\theta) = \prod_i P(x_i, y_i : \theta)$$

求解 θ 的优化问题就是使 $L(\theta)$ 最大。在实际应用中直接计算 $L(\theta)$ 十分复杂，因此，可以把对 $L(\theta)$ 的优化问题转化为对其对数优化的问题。函数之间的单调性关系可以保证 θ 结果的一致性。最终概率形式模型的优化问题可以表示为

$$\max_{\theta} \sum_i \log P(x_i, y_i \mid \theta)$$

综上所述，机器学习模型可以从函数形式和概率形式两个角度进行设计。优化问题中，目标函数需要包括所有样本集合中数据的变量取值。因此，机器学习的优化目标函数通常十分复杂，其参数的求解对计算资源的要求也比较大。

对于简单函数的优化问题，一般先计算函数一阶导数，然后取令一阶导数为 0 的参数值。但是，对于复杂函数，求解导函数为 0 的等式十分困难，故需要采用梯度下降（Gradient Descent）法来求解参数。

梯度，是指使目标函数取值增加速度最快的参数变化方向。每当确定一组参数取值时，都可以计算对应位置的函数梯度。计算函数梯度等价于计算其导函数，计算梯度的取值只需将选定的参数值带入导函数即可。

对于最小化的优化问题，先初始化一组模型参数，然后不断地计算给定参数下的梯度，让参数值沿着梯度的反方向不断移动，直到参数值达到近似的"最优位置"。梯度下降法得到的结果主要是函数极小值，但不一定是函数的最小值。只有当目标函数为凸函数（Convex Function）时才能保证极小值为最小值。

梯度下降法的形式化表示如下。

输入：目标函数 $f(x)$ 与设定的模型精度 ε。

输出：目标函数极小值 x^*。

Step 1：设置参数的初始值 $x^{(0)}$。

Step 2：计算目标函数 $f(x^{(k)})$ 及目标函数当前的梯度 $\nabla f(x^{(k)})$。

Step 3：当 $\| \nabla f(x^{(k)}) \| < \varepsilon$ 时，停止迭代，输出结果 $x^* = x^{(k)}$。

Step 4：确定参数变化的方向 $d_k = -\nabla f(x^{(k)})$ 及在该变化方向上确定参数变化的步长 λ_k，有

$$\lambda_k^{(*)} = \arg\max_{\lambda_k} f(x + \lambda_k d_k)$$

Step 5：沿着梯度方向及对应步长更新参数，有

$$x^{(k+1)} = x^{(k)} + \lambda_k d_k$$

Step 6：判断更新值的变化是否满足如下停止条件为

$$\| f(x^{(k+1)}) - f(x^{(k)}) \| < \varepsilon$$

和

$$\| x^{(k+1)} - x^{(k)} \| < \varepsilon$$

若满足停止条件，则输出参数结果 $x^* = x^{(k)}$。

基于梯度下降法的目标函数优化过程如图 2.13 所示。

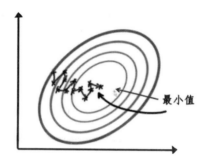

图 2.13　基于梯度下降法的目标函数优化过程

梯度下降法可以解决最小化优化问题，对于最大化优化问题，一般在目标函数前添加负号将最大化优化问题转化为等价的最小化优化问题。

在训练集合比较大的情况下，当考虑所有观测样本数据时，进行优化的目标函数会变得非常复杂。在每一次计算梯度时都需要进行大量的数值计算，参数迭代更新的过程会变得非常缓慢。一种可替代的方法是，在更新模型参数时，每次随机地从训练集合中抽取一个观测数据样本。构造仅包含单个样本的目标函数，计算该目标函数的梯度及下一时刻的参数位置。这种方法也称为随机梯度下降（Stochastic Gradient Descent，SGD）法。

随机梯度下降法对于复杂模型的优化问题优势更加明显，因此该方法对于深度学习模型参数估计具有更广泛应用。此外，还有一种随机梯度下降法的变体算法，其每次不是从训练集合中抽取一个样本进行参数优化，而是选取几个样本作为一个批次来修正参数。分批次的梯度下降法一方面提高了参数优化的效率，另一方面可以有效避免某些"特殊"样本点对参数更新过程的过度干扰。

2.6.4　模型过拟合

过拟合是机器学习领域中十分重要的研究课题，也是在工程领域里经常困扰数据工程师的实践问题。从定义上看，过拟合是指机器学习过程中模型对数据的过度"解读"。

在进行机器学习时，需要指定属性及基础模型结构，从广义上看，属性的选择也可以算作基础模型结构的设计范畴。基础模型结构可以复杂也可以简单，但无论怎样都是基于人工指定的信息构建的，这些信息被认为是先验的。在人工指定信息基础上，通过对训练集合数据的机器学习过程，可以对这些先验的信息进行修正及补充，获得最终的模型结构。

可认为，统计模型大致由两部分内容构成：人工赋予的先验信息和训练集合中的样本数据。也可以认为，统计模型是经验（主观）信息和数据（客观）信息有机结合的结果。

那么，在构造实践应用的统计模型时，到底是人类的经验更重要，还是数据更重要？此外，在整个机器学习过程中，应该如何均衡二者的权重？这是一个无论学界还是业界都长久争论不休的命题，并且这个命题始终都难以达成广泛的一致性。不过，从近年来深度学习技术的发展来看，大众更偏好对数据的依赖。

在构建统计模型时，当数据工程师更加依赖经验时，需要在模型的属性选择和基础结构假设上下功夫，让其背后的逻辑关系更加切合实际；当数据工程师更加依赖数据时，则不需要给模型的属性和结构过多的约束，尽可能地基于数据说话即可。

更加依赖经验的模型构建过程对数据工程师的业务经验要求较高，采用这类方法的数据工程师往往是复合型专家。数据分析者不仅精通与计算机科学相关的理论和技术，对机器学习涉及的具体应用领域也具有足够的知识和经验。

在社会科学研究中，一般更加依赖经验构建模型。首先，数据分析者查阅领域中的重要文献，从文献中抽象出若干对所研究问题的理论假设（经验）。其次，基于这些假设构造模型的结构，选择相应的变量放入模型中。最后，用真实的数据验证假设或丰富、补充假设。

更加依赖数据的模型构建过程不需要了解业务的细节，采用这类方法的数据工程师往往是纯粹的计算机专家。无论是什么领域的数据，他们一般采用同样的标准化的方法对其进行操作，并将其带入一个和领域无关的统计模型中去分析。在大多数场合，这个对具体应用领域不太敏感的建模方法会采用深度学习模型。

在计算机科学研究中，倾向于采用依赖数据的方法分析问题。该类建模方法采用一套近似完全工程化的方法，理性而客观，不需要太多背景知识。同时，该方法有利于高效率地推广先进的数据分析技术。因此，计算机科学近年来的研究一直在向深度学习方法靠拢。

从上述内容看，基于数据的方法比基于经验的方法更加"靠谱"，基于数据的方法不仅操作起来简单，而且逻辑上也更有说服力。那么是否可以认为完全依赖数据进行模型构建和预测是一个全优的策略呢？答案当然是否定的（如果真是这样，就不会有两套方法之间的争论了。数据分析师直接构造个神经网络，把数据丢进去，泡杯咖啡静静等待结果就好了）。

完全基于数据的建模方法的主要缺陷是，在建模过程中无法保证训练集合中的数据可以完全反映数据全体的特征。模型是数据全集的简化版，是用来代表数据全集的。从机器学习的逻辑看，模型是从训练数据集合中获得的，那么只有当训练集合数据与数据全集保持一致的时候，模型的性能才是好的。因此，在基于数据学习模型时，要遵照以下两个原则：①训练集合的数据要足够多；②训练集合数据的分布要与全体数据的分布一致。

在建模时，实现上述两点任意一点都比较困难。对于第一点，训练集合数据的采集和人工标注是有成本的，有时候成本很高；对于第二点，数据的采集过程很难保证完全客观随机，因为在获得数据时，数据的可获得性或可观测性往往会和数据的某些属性存在相关性，这导致获得的样本分布是有偏差的。

如果数据集合不能满足这两点，那么就不能保证完全依赖数据获得的模型是有效的，因此过度依赖数据进行建模时，通过机器学习获得的模型就会被有偏差的数据误导。这种误导现象，就是过拟合问题。

评估过拟合问题最直观的方法就是判断学习到的模型对测试集合的预测效果。如果模型在训练集上的表现很好，但是在测试集合的表现差很多，那么模型就很有可能过度解读数据，并产生误导的结果。过拟合问题引导数据分析者探究在对经验的依赖和对数据的依赖二者之间探求一种折中的建模方案。

2.7　本章小结

本章对在线文本分析涉及的核心基础知识要点进行了系统的介绍，分别从文本挖掘技术和机器学习技术两个方面展开。

文本挖掘是在线文本分析基于技术角度的主要任务，广义上也属于数据挖掘的范畴。大多数文本挖掘工作都是将文本对象转换为数值类型数据，再采用标准的数据挖掘技术对信息进行处理。由于文本类型数据的非结构化特征更强，文本挖掘任务比传统的数据挖掘任务更加困难、复杂。

文本挖掘工作主要包括语义分析和语法分析两大类方法，本书介绍的重点是语义分析技术。文本挖掘中有两类工作十分重要：文本结构化和文本标准化。前者可以将文本对象转换为数值类型，将文本挖掘任务转换为一般的数据挖掘任务来处理；后者属于数据预处理范畴，其方法有效的设计和利用标准化模型有利于降低文本分析任务的复杂性。

文本分析方法大量地采用了机器学习技术。机器学习技术可以在统计模型的框架下实现文本挖掘任务。本章介绍了什么是机器学习，以及机器学习与当前热门的深度学习的关系；介绍了机器学习技术的基本要素，其包括属性和基础模型结构。

本章还介绍了概率图模型，其对理解变量之间的逻辑关系十分重要。对于机器学习，在进行模型设计时，本章介绍了两大类模型，即判别式模型和产生式模型，二者的区别主要在于观测变量与预测变量之间的因果决定关系。基于贝叶斯理论，产生式模型相对判别式模型额外考虑了预测变量的先验分布。

最后，本章还介绍了模型求解的方法，指出了函数形式模型和概率形式模型求解过程的差异，二者的参数求解过程都可以看作优化问题。另外，在确定模型参数时，需要考虑恰当的模型复杂性，防止过拟合现象的发生。

第 **3** 章

文 本 建 模

文本挖掘的主要方法与数据挖掘的方法是一致的，其区别在于在文本挖掘的过程中，需要预先将文本类型数据转化为结构化的数值类型数据，这个过程通常被称为文本建模。文本建模可选择的方法很多，为了便于解释说明，本书将其分为语言学建模方法和统计学建模方法。语言学建模方法更加依赖语言学领域的专业知识经验，而统计学建模方法更加依赖统计模型和算法设计。

当前，语言学建模方法由于缺少足够的领域交叉人才，发展相对缓慢，大多数在线文本分析技术和应用仍然以统计学建模方法为主。本书教学的重点仍然以统计学建模方法为主。虽然如此，本章也会对语言学建模方法进行介绍，对相关理论的深入理解有利于更高级的语言智能技术的发展。

3.1 文本建模的基本概念

对文本内容进行分析是一件非常困难的事情，其主要原因是文本数据本质上是非结构化的数据。所有的数据分析技术只有对结构化的数据才能实践操作，因此，若对文本内容进行分析必须将文本信息转化为数值信息，这个过程就叫作文本建模。

文本建模和对现实世界中其他事物进行建模的原理在本质上是一样的，即用模型来代表关心的事物对象。文本是语言的一种反映，语言是人类社会活动的产物，因此文本信息的内涵十分丰富。

在进行文本建模时，采用任何统计模型都不可能涵盖文本内容全部的含义。因此，文本建模的工作必须有所侧重，构建的模型应当反映数据分析者真正关心的信息。在进行文本建模之前首先要理解文本分析的需求，理解任务需求就是要确定用户感兴趣的内容，从而寻找能够准确描述相关信息的建模方法。

在文本中通常需要分析两类信息：一类是语义信息（Semantic Information），一类是语法信息（Syntactic Information）。语义通常对应文本表述的概念实体，而语法对应语言组织结构方面的内容。对文本进行分析的根本目的是研究语义信息，语义信息有不同深浅程度之分，进行深层次的语义分析通常需要依赖语法方面的信息。无论语义信息还是语法信息，都无法直接从文本中观察到。

图 3.1 表示了文本分析的信息原理。数据分析者需要获得文本的语义信息和语法信息，但只能观察到文本要素的位置信息和元信息。文本挖掘就是基于这些可观测的信息来提取文本数据中不可观测的语义信息和语法信息的。

图 3.1　文本分析的信息原理

文本对象是具有层次关系的，因此文本建模也是有层次关系的，即在字、词汇、句子、文档、语料库层次都可以构建语言模型。底层结构的文本要素可以构成更高层次的要素，在文本要素的组织过程中，底层文本要素之间构成位置关系，这些元素的位置关系可以被观察到，并有效应用于文本建模过程。

建模通常还需要基于文本要素的特征信息。特征信息独立于被分析的文档训练集合，可以在分析数据建模之前获得，包含文本要素各方面的基本属性特征，如词汇的长度、词性集合、概念上下位关系、大小写等。另外，在复杂的文本分析任务中，有时还要依赖外部语料库及知识库所蕴含的概念属性关系。

文本建模方法包括语言学建模方法和统计学建模方法。

语言学建模方法依赖于大量的语言学知识，重视文本中各层次语言要素的语法角色与语义定位。语言学建模方法对文本的语义处理具有高精度及智能化的特点，其技术要求较大且依赖大量人工成本，当前无法大规模在在线应用中普及。

统计学建模方法以计算机的算法设计为主。一旦设计好算法，人工参与程度就会较少。统计学建模方法适合比较标准化的浅层次文本分析问题，该类方法对语言结构的理解及领域知识的掌握要求较低，大多数统计学建模方法对文本的语法分析也没有太高要求。

直接用统计学建模方法处理浅层的语义分析问题已经可以解决大部分在线文本分析问题，故本书的大多数方法和应用案例主要阐述与统计学建模方法的相关技术。尽管如此，笔者仍建议对在线文本分析有更高学习兴趣和追求的读者自学并补充语言学的相关理论，这有利于进一步探索更高精度及更高智能水平的文本分析技术。

3.2　文本建模的应用场景

文本建模是最基本的文本分析任务，通过文本建模可以将非结构化的文本类型信息转化为结构化的数值类型信息，进而可以面向文本内容实现传统的数据挖掘类应用。此外，还有很多技术应用直接以文本建模技术为基础，通过文本建模可以从文本数据中提取大量有价值的信息。下文将从语言学建模和统计学建模的角度介绍文本建模技术的主要应用。

3.2.1　主体角色识别

主体角色识别属于语言学建模的应用，该类应用可以自动地从自由文本中提取出特定角色的词汇或短语对象。例如，在对购物网站的商品口碑文本进行分析时，需要从口碑文本中自动提取用户评价对象以了解用户所关心的商品属性。用户的评价对象对应的词汇事先不可知，因此需要对文本内容进行语法分析，并赋予每个词汇具体的语法意义。最后，根据各词汇的语法特征来判断该词汇是否满足成为评价对象的条件。又如，文本建模技术可以对大量财务公告的文本内容进行分析，从批量的财务公告中提取有关财务指标的信息及指标的具体统计数值，并匹配对应的信息。

综上所述，主体角色识别的本质是把自由文本转化为特定格式的文本。输出的文本格式根据具体应用可以自行定义。语言学建模技术可以把格式中各个角色的词汇通过语法分析识别出来，并将其填充到对应格式的框架中。

3.2.2　语言风格分析

语言风格分析属于语言学建模的应用，该类应用可以自动地解析文章的表达风格及作者的写作风格。所有的文本内容都具有特定的语言风格，语言风格是作者的重要特征，会影响阅读者接收信息和相应的决策行为。语言风格是文本内容中的重要信息，该信息无法从孤立的词汇中获得，需要对文本的语法结构进行分析，从而理解每个词汇的语法角色及句子的语法结构。

通过语言风格分析，可以分析文本内容的主观性特征，探索在在线社区中广告文本内容的主观程度对消费者产品或服务购买行为的影响；另外，还可以对社交网络上用户发布的微博文本信息的语言风格进行建模分析，根据用户的语言风格对用户进行标识并分类，从而对特定的微博用户群体进行识别。

3.2.3　智能系统

智能系统属于语言学建模的应用，该类应用可以通过用户的语音输入或自由文本的打字输入为用户提供需要的信息帮助或服务。对于智能系统，用户不需要严格按照特定的格式录入文本内容，只需要按照日常语言交流的习惯与智能系统进行交互即可。智能系统需要具备很强的语言理解能力，应当可以通过分析用户输入的语言理解用户的意图并给予正确的查询结果反馈。

对智能系统来说，理解用户语言意图的基础是正确地解析用户的语言。用户的语言最终以文本形式体现，智能系统通过语法分析识别用户语言中词汇的语法角色，梳理词汇之间的逻辑关系，从而对用户提供的信息进行解析。

此外，智能系统还可以通过自动地"阅读"大量的文本资料来发现文本中的知识。知识的本质是按照逻辑关系组织起来的概念集合。通过语法分析，智能系统可以识别文本中的概念及概念之间的逻辑关系，并自动将各概念对象进行组织、存储。

3.2.4 文本表示

文本表示属于统计学建模的应用，该类应用用一组数值向量来代表一个词汇、一个句子或一篇文章，从而实现文本内容的量化。文本转化为数值向量后，可以直接对向量空间中的点进行各种数据挖掘分析，也可以十分便捷地实现文本对象的比较及可视化。

用数值向量表示文本内容的方法广义上被称为向量空间模型（Vector Space Model，VSM）。当前，向量空间模型特指针对文档的离散表示，即在向量中每个维度对应一个词汇或词组，各维度上的数值与词汇或词组在文档中出现的频率存在正相关关系。特别地，向量空间模型在信息检索领域被广泛使用。

3.2.5 文本降维

文本降维属于统计学建模的应用，该类应用在对原始文本特征向量进行压缩的同时可以提取更丰富、更隐含的文本信息。根据上文，向量空间模型在最初始的文档向量表示的基础上，每个维度对应一个词汇或词组。现实情况中，词典的规模很大，如果将每个词汇都映射到向量的一个维度，就会使整个向量空间变得非常庞大，这将导致数据矩阵稀疏，造成计算资源和存储资源的极大浪费。

在向量空间模型的基础上可以进一步对文本向量进行压缩，用更少的特征向量来表示原始的文档。常用的技术主要是矩阵降维技术，包括主成分分析（Principle Component Analysis，PCA）、非负矩阵分解（Non-Negative Matrix Factorization，NMF）、隐性语义索引（Latent Semantic Indexing，LSI）等。

3.2.6 话题分析

话题分析属于统计学建模的应用，该类应用从另外一个视角可以理解为对文本对象的降维处理。在降维向量中，每个维度不是对应某一个具体的词汇，而是与一组特征具有特定混合比例的词汇相关联。每个维度可以理解为一个语言话题，语言话题的本质就是词汇混合的结果。例如，在"医疗"话题中，"医生""药品""感冒"等词汇具有较高的混合比例，而其他词汇具有较低的混合比例。

话题是文本内容隐含的信息，但也是文本中更加本质的、有意义的信息，其结果更直观易懂，解释力更强，同时更接近用户的日常行为认知习惯。因此，采用统计学建模技术对文本内容进行话题分析是当前文本分析研究领域重要的方向。

3.3　语言学建模概述

语言学建模方法涉及的应用问题很多，其依赖大量的语言学领域知识来解析文本内容。在语言学的框架下，对数据分析师的文本语义理解要求很高，不仅需要在比较粗的层面上理解文本涉及的主题内容，还需要了解文本中表述的内容细节，即其蕴含的知识、逻辑、规则、公理等方面的内容。

在这种情境下，文本要素变得立体而生动，不仅有语义方面的信息，还有语法方面的信息。只有把关键的语义和语法相关的信息对应到特定的语言学框架中，才能更好地完成精密准确的文本挖掘任务。

从本质上说，语言学建模方法实际是在重复语言学工作者的工作，其区别无非是把"语文老师"手工的任务设计成算法交给计算机完成。因此，基于语言学的文本建模方法也催生了一个相对独立的学术领域——自然语言处理（Natural Language Processing，NLP）。NLP 也会处理完全基于概率统计方法的语言模型，但是 NLP 中的大部分方法还是会考虑文本的语言学特性。

需要强调的是，基于语言学的建模方法和基于统计学的建模方法间并没有明显的界限，在很多情况下前者也需要通过复杂的统计模型来实现，而后者也要求数据分析师对最基本的语言学概念有所理解。本书的划分只是为了便于方法的分类，并非严谨的学术归类，目的是帮助学界和业界更好地进行技术学习与方法定位。

当前主流的语言学建模方法很多，几乎覆盖了 NLP 领域绝大部分内容，相关理论也比较丰富。本书仅介绍一些主要的工作内容，具体细节可以参考 NLP 领域的专业教材。本章将从词标注分析、句法分析、知识库与语义网（Semantic Web）三个方面简要概括语言学建模的相关理论工作。

3.4 词标注分析

在语言学建模工作中比较重要的任务就是词标注。词汇是文本中具有独立语义的最小语言结构，高层级的文本内容都可以从词汇的意义开始推导分析。无论是语言学建模方法还是统计学建模方法，词的分析都是十分重要的工作。词标注比较关键的一点是词性的标注。一个词的词性与其在句子中的语法角色和语义角色有十分密切的关系。当前，语言学主要的词性划分方法有以下几种。

❑ 传统分类法

传统分类法与传统语言学的词语分类是一致的，包括名词、动词、形容词、数词、量词、代词（实词）、副词、介词、连词、助词、叹词、拟声词（虚词），共 12 类。

❑ 《北大标准》分类法

《北大标准》分类法是中科院 ICTCLAS（Institute of Computing Technology, Chinese Lexical Analysis System，汉语词法分析系统）的分词及词法分析模块的参考标准。其中分词的目的是将句子按照词典里包含的词汇划分成词的集合。ICTCLAS 的词性标注方法几乎成为汉语语法处理的标准化模块。

《北大标准》的词性分类标准如图 3.2 所示。

词性编码	词性名称	注　　解
Ag	形语素	形容词语素；形容词代码为 a，语素代码为 g
a	形容词	取英语形容词 adjective 的首字母
ad	副形词	直接做状语的形容词；形容词代码为 a，副词代码为 d
an	名形词	具有名词功能的形容词；形容词代码为 a，名词代码为 n
b	区别词	取汉字"别"的拼音首字母
c	连词	英语连词 conjunction 的第一个字母
dg	副语素	副词性语素；副词代码为 d，语速代码为 g
d	副词	取英文 adverb 的第二个字母
e	叹词	取英文 exclamation 的第一个字母
f	方位词	取汉字"方"的拼音首字母
g	语素	绝大多数语素都能作为合成词的词根，取"根"的拼音首字母
h	前接成分	取英语 head 的第一个字母
i	成语	取英文 idiom 的第一个字母
j	简称略语	取汉字"简"的拼音首字母
k	后接成分	取英文 back 的最后一个字母
l	习用语	尚未成为成语，临时性，取"临"的拼音首字母
m	数词	取英文 numeral 的第三个字母
Ng	名词素	名词性语素，名词代码为 n，语素为 g
n	名词	取英文 noun 的第一个字母
nr	人名	名词编码 n 和汉字"人"的拼音首字母
ns	地名	名词编码 n 和处所词代码 s
nt	机构团体	名词编码和"团"的拼音首字母
nz	其他专名	名词编码和"专"的拼音首字母
o	拟声词	取英文 onomatopoeia 的第一个字母
p	介词	取英文 propositional 的第一个字母
q	量词	取英文 quantity 的第一个字母
r	代词	取英文代词 pronoun 的第二个字母
s	处所词	取英文 space 的第一个字母
tg	时语素	时间编码 t 加语素代码 g
t	时间词	取英文 time 的第一个字母
u	助词	取英文 auxiliary 的第二个字母
vg	动语素	动词编码 v 加语素编码 g
v	动词	取英文 verb 的第一个字母
vd	副动词	直接做状语的动词；动词代码加副词代码
vn	动名词	指具有名词功能的动词；动词代码加名词代码
w	标点符号	
x	非语素字	x 表示未知数、符号
y	语气词	取汉字"语"的拼音首字母
z	状态词	取汉字"状"的拼音首字母
un	未知词	取英文 unknown 前两个字母，表示未知

图 3.2　《北大标准》的词性分类标准

❑ **宾州树库词性标注法**

宾州树库是重要的中文语料库，可以帮助语言学家深入学习文本的特征结构。该语料库规范了另外一种主流的词性分类标准，被很多语言学工作者采用。《宾州树规范》在实词上与《北大标准》大同小异，但在虚词上有很大差别。

图 3.3 为《宾州树规范》词性标准规范。

标　记	英 语 解 释	中 文 解 释
AD	adverbs	副词
AS	aspect marker	体态词，体标记
BA	in ba-const	"把""将"的词性标记
CC	coordinating conjunction	并列连词
CS	cardinal numbers	数字
DEC	subordinating conj	从属连词
DEG	for relative-clause etc	"的"的词性标记
DER	in V-de construction and V-de-R	"得"
DEV	before VP	地
DT	determiner	限定词，"这"
ETC	tags for .etc	"等""等等"的标记
FW	foreign words	例子：ISO
IJ	interjection	感叹词
JJ	non-modifier other than nouns	
LB	in long bei-construction	例子："被""给"
LC	localizer	定位词，例子："里"
M	measure word	量词
MSP	some particles	例子："所"
NN	common nouns	普通名词
NR	proper nouns	专有名词
NT	temporal nouns	时序词
OD	ordinal numbers	序数词，"第一"
ON	onomatopoeia	拟声词，"哈哈"
P	prepositions	介词
PN	pronouns	代词
PU	punctuations	标点
SB	in long bei-construction	"被""给"
SP	sentence-final particle	句尾小品词，"吗"
VA	predictive adjective	表语形容词，"红"
VC	copula	系动词，"是"
VE	as the main verb	"有"
VV	other verbs	其他动词

图 3.3　《宾州树规范》词性标注规范

当前有很多词性标注软件可以处理词性标注问题，其中最主要的两种词性标注软件为中科院 ICTCLAS 的"分词"软件（http://ictclas.nlpir.org/）和 standford CoreNLP 的词性标注模块（https://stanfordnlp.github. io/CoreNLP/）。

对词的词性进行标注在本质上是对其进行分类，根据词汇的基本属性和上下文信息，予以词汇特定的词性标签，很多传统的机器学习算法就可以很好地解决该问题，如 HMM、条件随机场（Conditional Random Fields，CRF）等。具体算法如何实现将在后文有关章节详细介绍。

在对词汇进行标注时，除了可以考虑词汇的词性，还可以考虑对词汇的某一个具体方面的特征进行标注。例如，可以判断文章中出现的各个词汇是不是情感词或者专有名词，每一个具体的标注类应用都自成独立的研究领域。在词标注的基础上还可以进一步对词汇构成的短语进行标注。

通常语言学家比较关注的两类短语是名词短语（Noun Phrases，NP）和动词短语（Verb Phrases，VP）。短语虽然不是句子，但已经可以反映概念之间的逻辑关系，很多时候对短语的分析更接近于对句子成分的分析。

3.5 句法分析

句子分析是比较深层次的文本分析，包括句法分析和语义解析，其中句法分析处于核心位置。句法分析难度很大，至今仍没有大规模应用于文本内容的在线应用场景。尽管如此，对句子的分析仍是十分重要的语言学问题，只有把文本中各要素在句子中的定位解析清楚，才能更好地理解句子本身的语义内涵。

当前应用最广泛的两种句法分析方法理论为转换生成语法和依存句法。转换生成语法理论由美国语言学家乔姆斯基在 20 世纪 50 年代提出，著名的宾州树语料库就是基于转换生成语法理论构建的；依存句法是近年来使用比较广泛的句法分析理论，该理论相对简单、容易实现且能够有效提高文本分析精度。转换生成语法和依存句法在特定技术条件下可以互相转化。

3.5.1 转换生成语法

诺姆·乔姆斯基（Noam Chomsky）创立了转换生成语法理论，该理论的伟大之处是重新确立了人们的"语言观"。其认为"句子是有限的或无限的集（Set），每个句子在长度上是有限的，它由结构成分有限的集构成"。基于该理论，自然语言中的每一个具体的语种都是无限的句子集合，是在有限规则基础上生成的，其特征如下。

- 无限性：自然语言是一个无限集，其中的元素是句子。语言是有限手段的无限应用。
- 离散性：以有限的符号构成无限的符号序列，且任何话语都可以切分为更小的片段。
- 结构层次性：线性特征中蕴含着层次关系，句子按线性结构书写，并以树状结构表示。

乔姆斯基认为语法是第一性的，具体的语言则是通过语法派生的，而且所有的语法都是由几条普遍原则转换而来的。因此，他提出的语法理论也称为转换生成语法。乔姆斯基理论的发展经历了 5 个重要的阶段，包括古典理论阶段、标准理论阶段、扩充标注理论阶段、管辖和约束理论阶段，以及最简方案阶段。

转换生成语法要求必须预定义一整套语言生成规则，然后用这套规则去验证、解析已有的文本内容或者生成新的文本内容。转换生成语法可以将句子按照层次逐层解剖，形成词汇、短语、小句和句子等结构，最终把句子按照给定规则转化成语法树的结构。相关的文法规则被称为短语结构文法，包括上下文有关文法和上下文无关文法。NLP 中有一个基于 Python 语言的很常用的工具包 NLTK（Natural Language Toolkit），它可以很好地进行相应的技术处理。

3.5.2 依存句法

依存句法是由法国语言学家泰斯尼耶尔（Lucien Tesnière）提出的，他也是配价理论的奠基人。其中，配价理论是依存句法的理论基础。泰斯尼耶尔的主要工作可以参考其专著《结构句法基础》。

依存句法是和转换生成语法完全不同的一套语法体系，其包括句法依存和语义依存。其中，句法依存，是指如果有两类元素，其中有一类元素在另一类元素出现之后才会出现，那么前一类元素在句法上依存于后一类元素；语义依存，是指某些词汇的出现只是为了对其他词汇进行限制和修饰。

乔姆斯基的语言学理论只是从语法的规范性出发来对文本进行分析的，而依存句法理论不仅要求文本在语法上是正确的，还要求使其满足语义上的合理性。随着依存句法理论的出现，语言学家研究的重点逐渐从语法转向语义，这保证了语言处理的更高精度，并有利于挖掘计算机的更高智能水平。

依存句法是根据配价理论不断发展成型的。配价理论源于一种形象的类比，即把句子比喻成化学元素中的分子，各个词汇则是组成分子的原子。动词是句子的中心，所有的词汇都围绕着句子的中心展开。作为句子中心的动词的价就可以决定句子的结构。被中心动词直接支配的句子成分为行动元，而起到辅助作用的成分为状态元。一个动词能够带动的行动元的个数就是它的价。动词的价就是非常重要的需要研究的问题。为了统一动词的配价，语言学家开发了专业的配价词典。

在依存句法中，各个句子成分之间存在支配与从属关系。处于支配地位的词为支配词，也称为核心词；处于被支配地位的词为从属词，也称为修饰词。句子的结构表现为层层递进的从属关系，而识别这些从属关系就是依存句法对句子进行解析的主要工作。基于依存句法，句子被解析成树状结构——依存树。图 3.4（a）和图 3.4（b）分别展示了句子基于转换生成语法和依存句法产生的短语树结构。

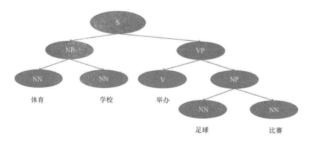

图 3.4（a） 基于转换生成语法产生的短语树结构

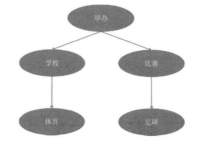

图 3.4（b） 基于依存句法产生的短语树结构

3.6 知识库与语义网

高级的文本分析需要完成对文本内容进行理解或推理等智能化的信息处理任务，要求对各层次的文本要素进行深层次的分析，以挖掘文本要素之间的逻辑关系。为了更好地完成相应的任务，语言学家展开了知识库的构建任务。

知识库蕴含了丰富的有关特定语言的语义知识，可以很好地辅助数据分析者完成更加精细的文本分析任务。尽管有关知识库的想法已经提出了很多年，但是该领域的工作仍然处于亟待发展的阶段。早期的知识库完全由人工构建，经历了严谨的信息组织步骤，精度很高，其缺点是劳动力成本较大且规模不足。近年来，采用半自动化的方法构建知识库是比较热门的研究趋势。

知识库的构建是现代语言学实践的产物。在国际上比较知名的知识库有普林斯顿大学认知科学实验室开发的 WordNet（https://wordnet.princeton.edu/）。WordNet 是依赖心理学发现与成果构建的。在汉语领域中，比较有名的知识库是 HowNet Knowledge Database（知网，以下简称 HowNet）（http://www.keenage.com/），该知识库由董振东在 1999 年发布，描述了概念之间的重要属性关系。基于 HowNet可以分析词汇之间语义的相似性并对句子内容进行逻辑推理。

HowNet 不直接定义词汇，而定义词汇所对应的概念。因此在知识库中，概念经常替代词汇作为讨论的重心。每一个概念也被称为义项，可以由一系列义原来描述——义原是描述义项的基本单位，HowNet 2005 版包含 89 981 个中文义项。HowNet 中义原的组织结构如图 3.5 所示。

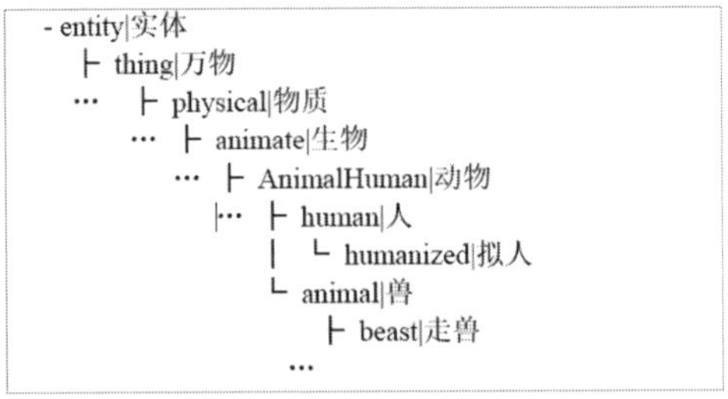

图 3.5　HowNet 中义原的组织结构

很多研究以如图 3.5 所示树结构为基础，基于义原的排列位置路径远近来量化彼此间语义的相似度。概念是基于义原定义的，因此可以进一步计算概念的语义相似度。考虑词汇与概念间一对多的对应关系，还可以基于概念的语义相似度计算词汇的语义相似度，从而实现最终的文本建模工作。基于树结构的语义定义方法可自行设计，此处不再赘述。

语义网在理论设计上和知识库是一脉相承的，目标也是满足语义方面高精度的辨识与解析。但是语义网不仅局限于描述某一个领域的语言知识，而关注整个互联网环境的知识，语义网力求将各个领域的知识统一起来。语义网的核心是通过给万维网上的文档（HTML\XML）添加能够被计算机理解的语义元数据（Meta Data），使整个互联网成为一个机器可读的、通用的信息交换媒介。

语义网具有多个层次结构，由低到高包括：基础层［编码体系层，主要包含 Unicode 和 URI（Uniform Resource Identifier）］、句法层（一系列由 XML 定义的相关规范，如 XML 文件、命名空间等）、RDF 层（资源描述框架，Resource Description Framework，用于描述万维网资源信息的通用框架）、本体层（将现实世界中的事物看作本体进行描述——本体对应于 HowNet 等知识库中所说的概念），以及更高的层级，如逻辑（Logic）层、验证（Proof）层、信任（Trust）层。

知识库和语义网都是对文本形式的知识的一种高级抽象，区别在于知识库是封闭的，而语义网是开放的。知识的表达由知识库向语义网过渡是必然的趋势，基于网络环境可以更好地发挥群体智慧的力量，而不是将知识管理工作全部寄托于少数的领域专家。

3.7　统计学建模概述

语言学建模方法进行了大量的文本分析工作，力求通过预定义的词典、语法库、知识库来把文本所描述的"故事"完整地抽象出来。与语言学建模不同，统计学建模方法对于语言学知识的依赖较少，很少采用外部复杂的知识结构。因此，统计学建模方法通常只能处理浅层次的语义分析问题。

统计学的建模方法对文本的处理工作比较单纯，不需要对文本背后的逻辑以及知识进行深层次的理解，其目标只是用数字来量化文本中某一方面的内容强度。被数字化的文本对象可以像其他数值型数据一样进行大小比较、距离计算、分类、聚类等各种形式的统计分析。

根据前文所述，文本对象可以包括多个层次，因此在对文本进行建模时也可以基于每一个层次进行建模，或者说可以将每一个层次（如词、句子、段落、文章）的内容进行结构化数值转换。统计学的建模方法忽略了文本的语法结构，所以从词汇到文章的中间结构都被"打破"了。因此，对于统计学的文本建模，一般只考虑两个层次的建模问题，即词汇的建模及文章的建模。其中，对文章的建模是大部分文本挖掘的工作重点。

统计学建模方法包括静态的建模方法和动态的建模方法。静态的建模方法也称为基于向量的统计学建模方法，即用数值向量表示文档。在静态建模方法中，文档与数值向量具有对应关系，在给定任意文档时都可以按照预先定义的转化规则计算出具体的数值向量。静态建模方法在进行向量转换时，通常直接对整个文档集合进行映射，并不对文档背后的语言模型进行推导。因此，静态建模方法的可扩展性和灵活性较差。

从数学上看，静态建模方法的技术核心在于矩阵分析技术。将文档定义成词汇特征的向量后，整个文档集合就可以看作"词汇—文档"矩阵。其中，矩阵中的每一行内容对应一篇文档，每行每个位置上的元素对应某个词汇是否出现或出现频率的信息。基于"词汇—文档"矩阵，可以使用各种矩阵压缩技术进行文本分析，提取其中更加丰富、抽象的信息。对静态建模方法，本章将介绍经典的向量空间模型及基于向量空间模型的奇异值分解（Singular Value Decomposition，SVD）降维技术。

动态的建模方法被称为基于概率的统计学建模方法。其中，文档被看作是由某个语言模型随机动态产生的，文档样本与数值向量不具有确定的对应关系。文本建模基本任务是通过可观测的文档样本数据反推出产生该样本的语言模型。

基于概率的统计学建模方法的核心在于将文档对象看作动态随机过程的结果。文档是由文档模型随机产生的，文档是可观测变量，而文档模型是隐含的不可观测变量。基于概率的文本建模过程的本质问题是机器学习的问题。

当前主流的基于概率的建模方法是 LDA 主题模型，LDA 主题模型有很多变种，并被应用于不同的在线分析场景，已成为当前主流的文本建模技术。对于动态建模方法，本章首先对 Unigram 模型和 pLSI（probabilistic Latent Semantic Indexing）模型进行介绍；其次在其基础上引入了 LDA 主题模型；最后对 LDA 主题模型的各种拓展模型进行了概要讲解。

3.8 向量空间模型

向量空间模型是最早提出的对文本进行建模的方法，顾名思义，就是用数值向量对文章进行描述。向量空间模型可以有狭义的理解和广义的理解。狭义的理解是，将每一个词汇定义为向量的一个维度。在对文章进行建模时，对文章中每个词汇计算相应的权重，然后将其赋值到向量特定的维度中；广义的理解是，用向量来对文章对象进行量化的统计模型都称为向量空间模型。

一般情况下向量空间模型是指狭义的模型，是最早提出的对文档进行向量化的技术手段。向量空间模型将每一个词汇对应为向量的一个维度。在向量空间模型中，词汇在文章中的出现顺序不影响文章的表示，因此该模型也称为词袋（Bag-of-Words，BOW）模型。

在进行基于向量空间的建模时，需要对文档预先进行分词——将文档转化成词的集合的形式。之后，为每个词汇计算权重。计算权重一方面要考虑词汇在文档中出现的情况，另一方面要考虑词汇本身的重要性。文档向量的维数和词典的规模（可识别的词汇个数）是一致的。

假设词典只能识别"I""study""English""like""country"五个词汇。现在有如下 4 个句子：

（1）I study English.

（2）I like English.

（3）I like study.

（4）English country.

上述的 5 个词汇依次对应向量空间中的 5 个维度。在计算权重时，只考虑词汇是否出现，不考虑词汇的重要性及出现的次数。那么上述句子可以表示为

$$(1,1,1,0,0)\ (1,0,1,1,0)\ (1,1,0,1,0)\ (0,0,1,0,1)$$

在考虑词汇出现的次数时，向量空间模型可以更复杂，如句子：

（5）I study English in English country.

则可以用向量（1,1,2,0,1）对其进行表示——考虑了词汇"English"出现了两次。

再进一步地，模型中可以考虑每个词汇的重要性不同。例如，可以事先规定各词汇的权重有：

　　　　　"I: 0.1" "study: 0.2" "English:0.3" "like:0.1" "country:0.15"
那么句子（5）可以表示为

$$(0.1,0.2,0.6,0,0.15)$$

　　向量空间模型方法简单，逻辑直观，有很多方法可以计算词汇在向量中的权重。其中，最经典的方法是 TF-IDF（Term Frequency - Inverse Document Frequency）。

　　TF 是指词频，描述词汇在文档中出现的情况；IDF 是指逆文档频率，描述词汇的重要性。其中，TF 是根据词汇在被分析文档中的信息计算得出的，对应局部文档层信息；IDF 是根据词汇在整个语料集合中的表现计算得出的，对应全局语料层信息。

　　TF 是词汇 w 在文档 d 中出现的次数，记为 $\mathrm{tf}_{w,d}$，IDF 指标记为 idf_w，有

$$\mathrm{idf}_w = \log \frac{N}{\mathrm{df}_w}$$

其中，N 是整个文档集合中的文档个数；df_w 是出现过词汇 w 的文档个数，df_w 越大，idf_w 指标越小，词汇越普遍，词汇所蕴含的有价值信息越小，反之亦然。基于 TF-IDF 指标的文档向量表示为

$$(\mathrm{tf}_{w_1,d}\mathrm{idf}_{w_1}, \mathrm{tf}_{w_2,d}\mathrm{idf}_{w_2}, \cdots, \mathrm{tf}_{w_N,d}\mathrm{idf}_{w_N})$$

　　除上述形式外，TF-IDF 指标有很多可以替代的方法，可以相应地调整模型性能。TF 的主要变化形式有

$$1 + \log(\mathrm{tf}_{w,d})$$

$$0.5 + \frac{0.5 \times \mathrm{tf}_{w,d}}{\max_w(\mathrm{tf}_{w,d})}$$

$$\begin{cases} 1 & \text{if } \mathrm{tf}_{w,d} > 0 \\ 0 & \text{if otherwise} \end{cases}$$

$$\frac{1 + \log(\mathrm{tf}_{w,d})}{1 + \log(\mathrm{avg}_w(\mathrm{tf}_{w,d}))}$$

　　IDF 的主要变化形式为

$$\max\left(0, \log\frac{N - \mathrm{df}_w}{\mathrm{df}_w}\right)$$

另外，许多其他统计指标也可以替代 IDF 指标作为词汇的全局重要性权重，如词性相关权重、主题相关权重等。

向量空间模型可以很容易地将文档转换为向量空间中的高维点。在这个基础上，可以计算向量之间的距离，并定义各种机器学习算法。

假设需要计算文档 d 和文档 q 的相似度，各自的向量表示为 V_d 和 V_q。那么文档距离可以表示为

$$\mathrm{Sim}(d, q) = \frac{V_d \times V_q}{\| V_d \| \times \| V_q \|}$$

虽然向量空间模型在信息检索领域得到了广泛应用，但是，向量空间模型在对文档的描述中仍存在很多现实的问题，具体如下。

❑　**维度独立性**

在向量空间模型中，文档各维度之间彼此独立，模型无法反映词汇间在语义上的相关性。在实际情况中，很多词汇在语义上是关联的，甚至词汇之间是近义词的关系，但这些相关性高的词汇被向量空间模型处理为不同的维度。

在计算文本相似度时，如果不同维度上的值对向量的"内积"没有贡献，那么文档间的相似度会被低估。反之，对于一词多义的情况，又会出现文档之间的相似度被高估的情况。

❑　**内容层次浅**

向量空间模型对文本的分析层次很浅，向量中的维度对应的是词典中的词汇。如果不考虑词汇的顺序，词汇的集合能够提供的有价值的信息非常有限。向量空间模型只是对文本对象的一种非常直观的表示，无法提供语义方面深层次的意义，不适合对语义分析精度要求较高的在线应用。

❑　**向量维度高**

在向量空间模型中，维度的大小和词典的规模是一致的。在现实应用中，词典的规模通常都很大，因此文本映射的向量也会很长，这会造成巨大的计算空间

和时间的浪费。向量空间模型这种简单的每个词汇都专门开辟维度文本映射方法对在实际应用上并不会有太大意义。

例如，词典中很多词汇出现的频率很低，对大部分文本向量来说这些维度上的数值通常为 0，因此这些向量对应的维度也没太大分析价值。因此，基于向量空间模型的文本表示应当进一步降维，才能更好地满足分析需求。

3.9 LSI 模型

3.9.1 SVD

由于向量空间模型的多种弊端，需要对其进行降维，将离散的数值向量转换到连续的向量空间中。当前一种比较有效的分析方法是 LSI，有时也被称为隐性语义分析（Latent Semantic Analysis，LSA）。LSI 一方面可以用更小的向量表示原文档向量，另一方面可以有效描述词汇间的相关性，降低一词多义和多词同义问题导致的文本分析误差。

LSI 模型是基于 SVD 的技术手段的，SVD 技术可以将大多数矩阵转化为三个矩阵的乘积：

$$C = U\Sigma V^{\mathrm{T}}$$

其中，C 是一个 $M \times N$ 的矩阵；U 和 V 分别是 $M \times M$ 和 $N \times N$ 的方阵；Σ 是一个包含 r 个非零数值的对角矩阵。矩阵 C 的秩为 r（$r \leq M, N$），Σ 的维度属性与 C 是一致的，Σ 可以表示为

$$\begin{pmatrix} \sigma_1 & & & \\ & \sigma_2 & & \\ & & \ddots & \\ & & & \sigma_r \end{pmatrix}$$

U 中的每一列是 CC^{T} 的特征向量，V 中的每一列是 $C^{\mathrm{T}}C$ 的特征向量。若记 $\lambda_1, \lambda_2, \cdots, \lambda_r$ 为 CC^{T} 和 $C^{\mathrm{T}}C$ 的特征值，那么有关系：

$$\sigma_i = \sqrt{\lambda_i} \qquad i = 1, 2, \cdots, r; \ \ \lambda_{i-1} > \lambda_i$$

对矩阵 C 进行 SVD 的结果如图 3.6 所示。

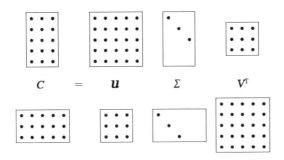

图 3.6　对矩阵 C 进行 SVD 的结果

Σ 中对角线上的 r 个非零值对应原始矩阵中的有效信息,通过调节 Σ 中非零元素的个数,可以控制 C 的内容。Σ 对角线上的非零元素越多,对应的 C 的信息量越丰富。人工指定 Σ 对角线上的某些非零数值为 0,把分解后的矩阵再乘回去,C 的结果就发生了变化。发生改变的 C 包含的有效信息减少了,但同时获得了更加简约的形式。更加简约的矩阵称作隐式语义矩阵,获得隐式语义矩阵的过程称为 LSI 技术。

利用 LSI 进行文本分析的本质在于:通过对原始矩阵 C 进行分解,将分解项 Σ 的某些合适的位置重置为 0,再乘回去,得到 C 的替代项 C',使得 C' 在形式上尽可能地比 C 简化,同时其包含的有效信息相比于 C 的损失量要尽量小。

进行 LSI 的根本目的是对 C 进行降维,用矩阵 C' 代替 C。其中,C 是"词项—文档"矩阵;M 是词项的个数;N 是文档的个数;C' 的维度是 $K \times N$,一般情况下有 $K \ll M$,将整个词典空间映射到更紧密的 K 维隐空间上进行分析。实际操作中,挑选 Σ 的 $\sigma_1, \sigma_2, \cdots, \sigma_r$ 时选取较大的 k 个值保留,并将其他的非零项人为设置为 0 以得到 Σ'。根据 Σ' 可以构造 C 的替代项 C':

$$C' = U\Sigma'V^{\mathrm{T}}$$

基于 SVD 的矩阵降维如图 3.7 所示。

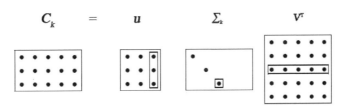

图 3.7　基于 SVD 的矩阵降维

3.9.2　基于 SVD 的降维分析

下面给出一个基于 SVD 进行降维分析的例子。表 3.1 为原始的"词项—文档"矩阵。词典的规模为 5，包含词汇"Ship、Boat、Ocean、Voyage、Trip"，文档个数为 6。该"词项—文档"矩阵是一种布尔模型，1 表示词汇在文档中出现，0 表示词汇在文档中不出现。

表 3.1　原始的"词项—文档"矩阵

词	Doc 1	Doc 2	Doc 3	Doc 4	Doc 5	Doc 6
Ship	1	0	1	0	0	0
Boat	0	1	0	0	0	0
Ocean	1	1	0	0	0	0
Voyage	1	0	0	1	1	0
Trip	0	0	0	1	0	1

词典中的词汇在语义上有重复或重叠的，如"Ship"和"Boat"都表示船的意思，而"Voyage"和"Trip"都和旅游相关。因此，原始的"词项—文档"矩阵理论上可以用一种更为紧凑的方式来表达。

下面两个矩阵是进行 SVD 分解后的矩阵 $\boldsymbol{\Sigma}$（左）和 $\boldsymbol{\Sigma}'$（右）。其中，$\boldsymbol{\Sigma}$ 包含 5 个信息量，删除一部分较小的非零特征值后，得到的 $\boldsymbol{\Sigma}'$ 仅包含 2 个信息量。用 $\boldsymbol{\Sigma}'$ 替代 $\boldsymbol{\Sigma}$ 乘分解的特征向量，可以得到维度更低的文档集合矩阵，即"隐含语义—文档"矩阵，如表 3.2 所示。

$$\begin{pmatrix} 2.16 & 0.00 & 0.00 & 0.00 & 0.00 \\ 0.00 & 1.59 & 0.00 & 0.00 & 0.00 \\ 0.00 & 0.00 & 1.28 & 0.00 & 0.00 \\ 0.00 & 0.00 & 0.00 & 1.00 & 0.00 \\ 0.00 & 0.00 & 0.00 & 0.00 & 0.39 \end{pmatrix} \Rightarrow \begin{pmatrix} 2.16 & 0.00 & 0.00 & 0.00 & 0.00 \\ 0.00 & 1.59 & 0.00 & 0.00 & 0.00 \\ 0.00 & 0.00 & 0.00 & 0.00 & 0.00 \\ 0.00 & 0.00 & 0.00 & 0.00 & 0.00 \\ 0.00 & 0.00 & 0.00 & 0.00 & 0.00 \end{pmatrix}$$

表 3.2　基于 SVD 的"隐含语义—文档"矩阵

	Doc 1	Doc 2	Doc 3	Doc 4	Doc 5	Doc 6
Dim 1	-1.62	-0.60	-0.44	-0.97	-0.70	-0.26
Dim 2	-0.46	-0.84	-0.30	1.00	0.35	0.65

3.10　Unigram 模型

Unigram 模型是最简单的概率模型，假定文档集合中所有词汇都是相互独立地从同一个多项分布中抽样出来的，整个文档集合出现的概率就可以表示为

$$P(w) = \prod_{n=1}^{T} P(w_n)$$

其中，T 是文档集合中所有文档的词汇总和，每个词汇 w_n 都有唯一的出现概率 $P(w_n)$，求解模型的任务就是调整合适的概率分布参数使得 $P(w)$ 最大化。Unigram 的概率图模型如图 3.8 所示。

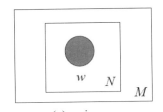

图 3.8　Unigram 的概率图模型

M 泛指文档集合中的文档个数，N 泛指文档中包含的词汇个数。文档集合中每一篇文档的词汇都由一个多项分布随机生成，每篇文档依赖的多项分布都是一样的。Unigram 模型的优点是比较简单，参数估计速度快，但是采用 Unigram 模型来解释文档的生成过程不太符合客观情况，其模型假设过于严格。Unigram 模型是一种比较粗糙的文本分析模型。

3.11　pLSI 模型

3.11.1　pLSI 的模型结构

pLSI 的全称是 probabilistic Latent Semantic Indexing，虽然从命名结构上看起来和 LSI 模型类似，但在建模思想上二者有较大差异。LSI 模型是一种基于向量的静态模型，而 pLSI 模型是一种动态的概率语言模型。

和 Unigram 模型类似，pLSI 模型客观完整地描述了文档集合的产生过程。pLSI 在本质上是一种主题模型，该模型在 LDA 主题模型之前被提出并被广泛使用。为了解释 pLSI 的基本原理，首先引入 pLSI 的概率图模型，如图 3.9 所示。

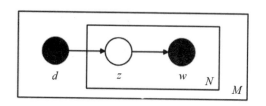

图 3.9　pLSI 模型的概率图模型

M 泛指文档集合中的文档个数，N 泛指文档中包含的词汇个数，图 3.9 描述了文档集合的生成过程。pLSI 的文档生成过程基于主题（Topic）的概念，一个主题本质上就是一个词汇的多项分布。因此，当随机产生一个词汇时，需要先随机获得一个主题，再根据该主题的多项分布产生对应的具体词汇。

基于模型产生文档集合时，首先按照概率 $P(d)$ 随机抽取一篇文档 d；其次，在生成文档中每个词汇时，先按照概率 $P(z|d)$ 产生一个主题，再根据特定主题中的词汇概率 $P(w|z)$ 生成具体的词汇 w。

由于 $P(d)$ 并不影响文档集合的结果，在分析过程中，各文档的主题概率 $P(z|d)$ 和各主题的词汇生成概率 $P(w|z)$ 才是 pLSI 模型中需要求解的关键参数。

3.11.2　pLSI 的参数估计

pLSI 是基于概率形式的统计模型，因此，需要采用极大似然函数来进行参数估计。首先，构造蕴含未知参数 θ 的模型极大似然函数：

$$L(\theta) = \prod_d \prod_w P(d,w)^{n(d,w)}$$

对该似然函数取对数，可以简化似然函数的形式，有

$$L'(\theta) = \sum_d \sum_w n(d,w) \log P(d,w)$$

将 $p(d,w)$ 进一步展开，上式可以进一步转化为

$$L'(\theta) = \sum_d \sum_w n(d,w)[\log P(d) + \log P(w|d)]$$

根据 pLSI 的概率图模型，文档 d 中出现某个词汇 w 的概率可以写为

$$P(w\,|\,d) = \sum_z P(w\,|\,z)P(z\,|\,d)$$

另外，考虑到模型的参数不受 $P(d)$ 影响，似然函数的优化问题可以表达为

$$\arg\max_\theta L'(\theta) = \arg\max_\theta \sum_d \sum_w n(d,w)\log\sum_z P(w\,|\,z)P(z\,|\,d)$$

其中，z 是隐变量，在对包含隐变量的模型参数进行估计时，需要采用 E-M（Expectation-Maximization）算法对参数求解。E-M 算法的基本原理可参考后文关于文本聚类的章节，此处不再赘述，仅提供基本算法框架。

在 E-M 算法中，对于 E-Step，在给定 w、d 及模型各参数 $P(z\,|\,d)$ 和 $P(w\,|\,z)$ 的情况下，有

$$P(z\,|\,d,w) = \frac{P(d)P(z\,|\,d)P(w\,|\,z)}{P(d)\sum_z P(z\,|\,d)P(w\,|\,z)}$$

对于 M-Step，在已知隐变量 z 的期望（概率）的情况下，获得更新的参数估计结果，有

$$P_{t+1}(w^{(j)}\,|\,z^{(k)}) = \frac{\sum_d n(d,w^{(j)})P_t(z^{(k)}\,|\,d,w^{(j)})}{\sum_d \sum_w n(d,w)P_t(z^{(k)}\,|\,d,w)}$$

$$P_{t+1}(z^{(k)}\,|\,d^{(i)}) = \frac{\sum_w n(d^{(i)},w)P_t(z^{(k)}\,|\,d^{(i)},w)}{\sum_w \sum_z n(d,w)P_t(z\,|\,d^{(i)},w)}$$

通过 pLSI 模型，可以获得两类模型参数，包括文档中出现各个主体的概率 $P(z\,|\,d)$ 和每个主题中各词汇出现的概率 $P(w\,|\,z)$。$P(z\,|\,d)$ 可以看作对文档的"软聚类"结果，类似地，$P(w\,|\,z)$ 也可以看作对词汇的"软聚类"结果。pLSI 的本质是同时对文档集合和词典中的词汇进行聚类。

pLSI 将文档在词汇空间上的表示转化为在主题空间中的表示，实现了对文档对象的降维，也让文档向量满足数值空间的连续性特征。pLSI 并不会像 LSI 一样需要对原始文本信息进行取舍，其建模基础也与 LSI 几乎不存在共性。需要注意的是，基于 E-M 算法对 pLSI 的参数进行估计容易造成模型参数"局部最优"的问题。

3.12 LDA 主题模型

3.12.1 LDA 的模型结构

LDA 主题模型是继 pLSI 之后由 Blei 等于 2003 年提出的经典语言模型，其基本原理与 pLSI 十分类似，是一种产生式语言模型。LDA 主题模型假设语料集合中的任何文档都是基于一个预定义的随机动态过程按顺序产生各词汇而组织形成的。

LDA 与 pLSI 的唯一区别是在 LDA 主题模型中文档各主题的概率分布 $P(z|d)$ 及各主题中词汇出现的概率 $P(w|z)$ 被看作按照某一先验概率随机抽取的变量。多项概率分布的先验概率分布是 Dirichlet（狄利克雷）分布，相应的主题模型则是 LDA 主题模型。LDA 主题模型的概率图模型如图 3.10 所示。

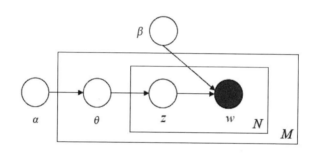

图 3.10　LDA 主题模型的概率图模型

M 泛指文档集合中的文档个数，N 泛指文档中包含的词汇个数。在 LDA 主题模型中，对于给定文档集合，假定存在 K 个主题。首先，LDA 模型基于超参数 β 的 Dirichlet 分布可生成 K 个多项分布（Multinomial Distribution），每个分布表示整个词典中的词汇在该主题下的随机生成概率，有

$$\varphi_k \sim \mathrm{Dirichlet}(\beta) \quad k=1,2,\cdots,K,\ \varphi_k \in R^W, \beta \in R^W$$

其中，W 是整个词典的规模；β 和 φ_k 是维度为 W 的实数向量；φ_k 是主题 k 的概率分布对应的数值向量。β 蕴含了各个维度上词汇出现的概率的先验知识，一般情况下默认是相等的数值。

β 在各个维度上的绝对值与先验知识的重要程度相关，其在各个维度上的相

对数值决定了词汇在每个维度出现概率的大小。例如，当词典规模为 3 时，分别对应词汇 Apple、Bottle、Canada，β 中各个维度的参数可以写为（1，2，3），那么各维度词汇被选择的先验概率为

$$P(\text{Apple}) = \frac{3}{1+2+3} = \frac{1}{2}$$

$$P(\text{Bottle}) = \frac{2}{1+2+3} = \frac{1}{3}$$

$$P(\text{Canada}) = \frac{1}{1+2+3} = \frac{1}{6}$$

当 β 中各个维度的取值同时变为 2 倍时，各维度上的相对取值不变，因此各词汇被选择的先验概率仍然为 $\frac{1}{2}$、$\frac{1}{3}$、$\frac{1}{6}$。但是，先验概率的重要性权重获得了提升，此时观测数据对判断未知参数的影响也会下降。

在获得各主题下词汇的概率分布后，可以类似地生成文档集合中每篇文档的主题概率分布。在 LDA 模型下，文档的主题概率分布同样由 Dirichlet 分布产生。假定产生文档主题概率的模型超参数为 α，那么有

$$\theta^{(d_i)} \sim \text{Dirichlet}(\alpha) \quad \theta^{(d_i)} \in R^K, \alpha \in R^K$$

在获得词汇概率分布和主题概率分布后，可以生成每篇文档的具体词汇。首先，按照文档主题向量随机产生一个主题；其次，根据该特定主题对应的词汇概率分布随机产生具体的词汇，有

$$z_l \sim \text{Multi}(\theta^{(d_i)})$$

$$w_l \sim \text{Multi}(\varphi_{z_l})$$

求解 LDA 主题模型有两种基本方法。第一种方法和求解 pLSI 模型的方法类似，即采用 E-M 算法。E-M 算法可以很快地让参数进行收敛，但是很容易造成参数结果"局部最优"问题；除此以外，还可以采用基于 MCMC（Markov Chain Monto Carlo）的 Gibbs Sampling 方法。该方法利用仿真技术，可以获得全局的比较好的参数估计结果，其缺点是计算资源和运算时间耗费较多。

图 3.11 展示了采用 LDA 主题模型解析文档时，存在三个词汇（三角形的每

个顶点对应一个词汇的二维空间坐标）和四个主题（每个"峰状"位置对应一个主题的概率分布）的词汇概率分布的 3-D 空间视图。

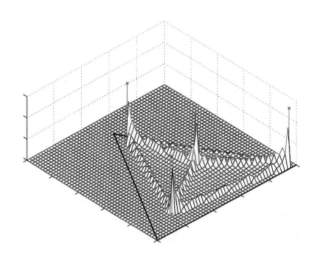

图 3.11　LDA 主题模型的 3-D 空间视图

3.12.2　LDA 的参数估计

E-M 算法是最早被提出的解决 LDA 主题模型的方法，但是当前主流的参数估计方法为基于蒙特卡洛仿真的 Gibbs Sampling 方法，该方法由 Griffiths 在 2004年发表的 *Finding Scientific Topics* 一文中提出。Gibbs Sampling 的基本思想是通过条件概率来获得联合概率分布的估计，降低高维变量模型参数估计问题的复杂性。

以 LDA 主题模型的参数估计问题为例，其根本目的是估计文档的主题多项分布参数 $\theta^{(d_i)}$ 和主题的词汇概率分布 φ_k。可以推知，这些参数的形式都依赖于隐变量 z_l，即整个文档集合中每个词汇对应的主题。对 LDA 进行参数估计的目的就是找到 z_l，有了 z_l 就能得到对应的 $\theta^{(d_i)}$ 和 φ_k。

对于整个文档集合，需要找到联合概率分布 $P(z)\{z=z_1,z_2,\cdots,z_l,\cdots,z_N\}$，$P(z)$ 决定了 $\theta^{(d_i)}$ 和 φ_k 的期望。直接获得 $P(z)$ 是十分困难的，但是当其他的词汇主题的位置固定，只对某一个位置的 z_l 进行概率估计相对就会简单许多。

采用 Gibbs Sampling 方法，首先将所有文档集合中的词汇从头到尾依次排列，最开始先为每一个词汇随机赋予一个初始的主题，得到

$$z^0 \{z_1^0, z_2^0, \cdots, z_l^0, \cdots, z_N^0\}$$

然后，依次更新每个位置的主题，当所有位置的主题都被更新后，就得到了一个 z 的抽样结果，即从 z^0 更新成了 z^1；之后，在 z^1 的基础上，继续采用上面的过程，从头到尾沿着排列再次对所有位置的主题进行更新，得到 z^2，依次类推，不断地获得对 z 的抽样。

抽样数量比较大的时候，可以获得 $P(z)$ 的近似值。Gibbs Sampling 每次抽样只抽取一个位置的 z_l，抽样概率是条件分布 $P(z_l \mid z_{-l}, w)$，有

$$P(z_l = e \mid z_{-l}, w) \propto \frac{n_{-l,e}^{(w_l)} + \beta}{n_{-l,e}^{(\cdot)} + V\beta} \times \frac{n_{-l,e}^{(T_{(l)})} + \alpha}{n_{-l}^{(T_{(l)})} + K\alpha}$$

其中，$P(z_l = e \mid z_{-l}, w)$ 表示在所有词汇位置的主题给定的情况下，位置 l 上的词汇属于主题 e 的概率；$n_{-l,e}^{(w_l)}$ 表示属于主题 e 的词汇 w_l 的个数（不考虑位置 l）；$n_{-l,e}^{(\cdot)}$ 表示所有属于主题 e 的词汇个数（不考虑位置 l）；$n_{-l,e}^{(T_{(l)})}$ 表示位置 l 所属文档 $d_{(l)}$ 中包含的属于主题 e 的词汇个数（不考虑位置 l）；$n_{-l}^{(T_{(l)})}$ 表示位置 l 所属文档 $d_{(l)}$ 包含的词汇总数（不考虑位置 l）。

进行隐变量更新排列过的词汇序列本质上可看作马尔可夫链。对马尔可夫链上所有节点上的主题遍历更新一次算作一次迭代，算法迭代多次直至状态收敛时可对主题模型的参数进行抽样。最后，基于多次参数抽样结果可求出期望获得较好估计的参数值。在给定马尔可夫链的状态下，各模型参数的抽样样本计算如下：

$$\theta_e^{(d_i)} = \frac{n_e^{(d_i)} + \alpha}{n_{\cdot}^{(d_i)} + K\alpha}$$

$$\phi_e^{(w)} = \frac{n_e^{(w)} + \beta}{n_e^{(\cdot)} + V\beta}$$

其中，$\theta_e^{(d_i)}$ 是文档 d_i 的主题向量在主题 e 的对应维度上的值；$\phi_e^{(w)}$ 是主题 e 的词汇产生向量在词汇 w 的对应维度上的值；$n_e^{(d_i)}$ 是文档 d_i 中属于主题 e 的词汇数；$n_{\cdot}^{(d_i)}$ 是 d_i 所包含的词汇总数；$n_e^{(w)}$ 是属于主题 e 的词汇 w 个数；$n_e^{(\cdot)}$ 是属于主题 e 的词汇总数；α 和 β 是主题模型的超参数，通常在参数估计之前给定。

图 3.12 展示了 Gibbs Sampling 的迭代收敛过程，该图中词汇通过二维像素点来表示，亮度对应于被选择的概率水平。

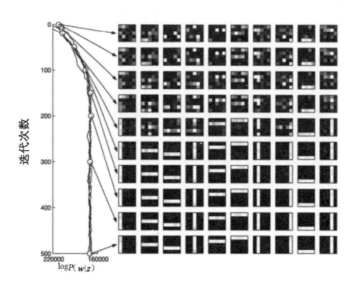

图 3.12　Gibbs Sampling 的迭代收敛过程

　　在进行 LDA 主题模型分析时，需要预先设定主题个数 K 及超参数 α 和 β。α 及 β 通常设定为等值，在给定先验知识情况下也可以差异化设定。主题个数本质上等价于文本聚类任务中的聚类个数，确定 K 时应当选定一个合适的参数对文本建模结果进行衡量，并选择最优主题数。

　　例如，可以计算在给定主题个数 K 的情况下整个文档集合的似然水平，并选择似然最大情况所对应的 K 值作为合适的主题数。假定根据给定文档集合测定了主题个数为 100，200，300，$\cdots$，1000 的情况，图 3.13 展示了 LDA 主题模型在 K 为 300 左右时达到最优的情况。

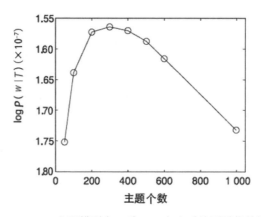

图 3.13　LDA 主题模型在 K 为 300 左右时达到最优的情况

图 3.14 是针对某个语料集合进行 LDA 主题分析的结果，该图分为上下两部分。上部分展示了预先设定的四个主题，Arts（艺术）、Budgets（预算）、Children（儿童）、Education（教育）。每个主题下都给定了出现概率较高的词汇项；下部分展示了某篇文章中每个词汇与主题的对应关系。LDA 主题模型一方面是对词汇进行聚类，另一方面是对文档对象进行降维解析。

"Arts"	"Budgets"	"Children"	"Education"
NEW	MILLION	CHILDREN	SCHOOL
FILM	TAX	WOMEN	STUDENTS
SHOW	PROGRAM	PEOPLE	SCHOOLS
MUSIC	BUDGET	CHILD	EDUCATION
MOVIE	BILLION	YEARS	TEACHERS
PLAY	FEDERAL	FAMILIES	HIGH
MUSICAL	YEAR	WORK	PUBLIC
BEST	SPENDING	PARENTS	TEACHER
ACTOR	NEW	SAYS	BENNETT
FIRST	STATE	FAMILY	MANIGAT
YORK	PLAN	WELFARE	NAMPHY
OPERA	MONEY	MEN	STATE
THEATER	PROGRAMS	PERCENT	PRESIDENT
ACTRESS	GOVERNMENT	CARE	ELEMENTARY
LOVE	CONGRESS	LIFE	HAITI

The William Randolph Hearst Foundation will give $1.25 million to Lincoln Center, Metropolitan Opera Co., New York Philharmonic and Juilliard School. "Our board felt that we had a real opportunity to make a mark on the future of the performing arts with these grants an act every bit as important as our traditional areas of support in health, medical research, education and the social services," Hearst Foundation President Randolph A. Hearst said Monday in announcing the grants. Lincoln Center's share will be $200,000 for its new building, which will house young artists and provide new public facilities. The Metropolitan Opera Co. and New York Philharmonic will receive $400,000 each. The Juilliard School, where music and the performing arts are taught, will get $250,000. The Hearst Foundation, a leading supporter of the Lincoln Center Consolidated Corporate Fund, will make its usual annual $100,000 donation, too.

图 3.14 Gibbs Sampling 的迭代过程

3.13 主题模型拓展

LDA 主题模型已成为文本建模非常主流的语言模型。该模型可以对文本进行降维，获得平滑、紧密的向量化表示。通过 LDA 主题模型可以实现文本的“软聚类”，每个主题都可与特定的聚类中心对应。另外，由于所有的主题等价于词典上的多项分布，可以很容易通过词汇的出现概率来理解主题的现实含义。

鉴于 LDA 主题模型的诸多优点，后续文本建模方法都以 LDA 主题模型为基

础模型进行拓展。下面将介绍几种 LDA 主题模型的变种模型，本节将介绍其基本
技术要点、特征及对应的适用场景。

3.13.1 相关主题模型

传统的 LDA 假设文档的主题概率是从 Dirichlet 分布中抽样得到的，Dirichlet
分布默认各个主题维度间彼此独立。然而，在实际情况中，不同主题之间是有关
联的，某一主题在文档中出现的情况会影响其他主题是否出现。例如，医疗主题
很有可能和饮食主题有关联，而与游戏主题的关系不会太大。因此，医疗主题和
饮食主题在文档中分布"同高"或"同低"的概率比与游戏主题"同高"或"同
低"的概率更大。因此，在进行参数估计时，需要考虑主题间的联动性。

主题间的关系是对文档中主题分布进行判断的重要信息，考虑主题间的相关
性有利于更客观地对主题概率分布进行判断，因此，有必要在 LDA 主题模型中加
入主题的相关信息。Blei 在发明了经典的 LDA 主题模型后，又于 2007 年发表了
A Correlated Topic Model of Science 一文，介绍了考虑主题关联的 LDA 模型，即相
关主题模型（Correlated Topic Model）。相关主题模型中文档 d 的生成过程如下。

从均值为 μ、方差为 Σ 的多维正态分布中随机抽取一个多维向量
$\{\mu_{d,1}, \mu_{d,2}, \cdots, \mu_{d,K}\}$，然后根据该向量生成主题概率分布 $\{p_{d,1}, p_{d,2}, \cdots, p_{d,K}\}$。其中，
多维向量和主题概率分布的关系为

$$p_{d,i} = \frac{\exp(\mu_{d,i})}{\sum_i \exp(\mu_{d,i})}$$

在抽取多维向量时，方差 Σ 是一个 $K \times K$ 的协方差矩阵，其中除对角位置外
的数值都与各维度之间的协方差相对应，即主题的相关性。分析相关主题模型时，
需要对 Σ 中的所有的元素进行估计。

后续的文档生成过程与传统的 LDA 主题模型几乎一致。在产生每个具体的词
汇时，先根据主题分布随机抽取一个主题。然后，再根据特定主题下的词汇概率
分布对词汇进行抽样。

相关的参数可以采用 E-M 算法求解。相关主题模型比一般 LDA 主题模型更
加复杂，其对语料库的要求更加严格。相关主题模型适用于能够反映主题相关性

的平衡的大规模综合语料的分析。

图 3.15 展示了对某个特定的文档集合基于相关主题模型进行分析得到的结果。其中，每个圆圈代表一个主题，圆圈中的词汇为主题代表词。由图 3.15 可知，相关主题模型中各个主题并非是独立的，图中有相关性的主题间通过实线连接。结合圆圈中的代表词和实线，可知相关主题模型的结果与现实知识经验的一致性较高。

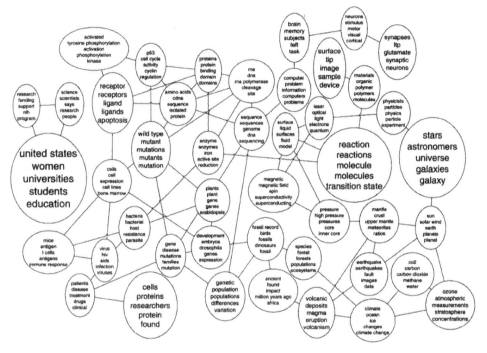

图 3.15　相关主题模型的文本分析结果示意图

3.13.2　层次主题模型

除了主题关联，Blei 还在主题之间的层次逻辑上对 LDA 进行了拓展，相关工作于 2004 年在 *Hierarchical Topic Models and the Nested Chinese Restaurant Process* 中予以介绍。层次主题模型（Hierarchical Topic Model）与传统的 LDA 主题模型相比具有完全不同的结构，可应用于不同的文本分析场景。在传统的 LDA 主题模型中，各个主题是平行分布的；在层次主题模型中，各个主题是垂直分布的。各个主题垂直分布时，可以组织成一个树状的结构，每个主题对应树状结构中的一个节点。每个主题具有不同的抽象层次，靠近树根节点的主题具有更泛化的内涵，靠近叶子节点的主题具有更具体的内涵。

层次主题模型在生成一篇文档时，首先选择树结构中的一条路径，从根部最泛化的主题节点一直到叶子的节点，路径的长度对应于树的深度，也等价于文档对应的主题个数。在生成词汇时，先在路径上随机抽取一个节点（对应的主题），然后根据该主题的词汇分布，产生具体的词汇项。

根据层次主题模型训练文档，可以获得树状的主题结构，也可以知道每篇文章对应的具体路径。层次主题模型实际上完成了对文档的层次化内容组织与归类，十分适合百科类词条文档及科研文档的分析。

层次主题模型的灵活性很大，树状的结构可以包含诸多节点与路径。只要预先规定树的深度，就可以通过训练文本集合自由地产生主题树。主题的个数及主题路径的个数可以任意增加，其完全取决于文档集合里包含的内容。整个模型可以动态增量地学习，每当有新的文档产生并添加到文档集合中时（如新的词条添加、新的论文发表），该模型就可以对树的结构进行实时扩展。

整个文档集合的产生过程包括两个步骤：①产生（拓展已有的）主题的树结构；②对每一篇文档根据主题树的主题节点路径产生词汇内容。在生成主题的树状结构时，遵循名为层次中国餐馆过程（Hierarchical Chinese Restaurant Process，HCRP）的动态模型。

HCRP 假设存在一个初始的餐厅，里面有无限多张桌子，每张桌子对应无限个座位。每个访问者首先随机地占据其中一张桌子的某个座位，访问者占据某个桌子的座位的概率与桌子上已有的访问者相关，具体有

$$P(v_j^{T_0} = i \mid m_i > 0) = \frac{m_i}{\gamma + m - 1}$$

$$P(v_j^{T_0} = i \mid m_i = 0) = \frac{\gamma}{\gamma + m - 1}$$

其中，$v_j^{T_0}$ 是访问者 j 在 T_0 阶段所访问的餐馆桌子；m_i 是桌子 i 上已有的访问者个数；m 是总的访问者个数。某个特定的访问者或者寻找一张已有人的桌子坐下，或者找张空的桌子坐下。前者对应某篇文档选择某个已有的主题来定义自身的内容，后者表示某篇文档开辟出一个新的主题并丰富已经存在的主题框架。γ 是需要根据

实验进行确定的模型超参数。

餐馆的每张桌子都有一个唯一的序号，序号指向另外一个餐馆。在当前访问阶段坐在同一张桌子的访问者，在接下来的决策过程，将去桌子序号所指代的餐馆进行访问，并在新的餐馆重新选择桌子。在新的阶段，访问规则和上面公式一致，桌子的访问过程不断迭代。

最终，访问者在各阶段的访问结果可对应于主题树上的某一条确切的路径，所有的主题路径及路径上的节点共同构成主题树的完整结构。层次中国餐馆过程如图 3.16 所示。

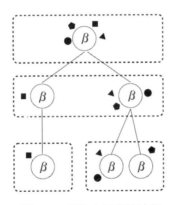

图 3.16　层次中国餐馆过程

图 3.16 所示，开始在同一张桌子的用户不断地被细化到各个餐馆的桌子上。因此，在内容上从属于同一泛化主题的文档最终可能对应于截然不同的子主题。

在层次中国餐馆过程的基础之上，可以按照如下的步骤构建整个文档集合。

（1）选择 c_1 作为初始餐馆（根主题），确定主题树的深度 L。

（2）对于每个树的层级 $l \in \{2, \cdots, L\}$，按照上文中提及的桌子选取规则，随机抽取 c_{l-1} 上的一张桌子，c_l 表示桌子对应的餐馆。

（3）根据维度为 L 的先验概率分布 $\mathrm{Dir}(\alpha)$ 随机抽取一个主题概率分布 θ。

（4）对于文档中的每个词汇 $n \in \{1, 2, \cdots, N\}$：①根据主题概率分布随机抽取一个主题 $z \in \{1, 2, \cdots, L\} \sim \mathrm{Multi}(\theta)$；②根据主题 z 对应的词汇概率分布产生具体的词汇。

假定主题树的层次为 2，通过训练实际的文档集合，并采用 Gibbs Sampling 作为训练算法。层次主题模型的主题树输出结果如图 3.17 所示，从图中可以看出，不同层次的主题内容的泛化程度具有明显差异。

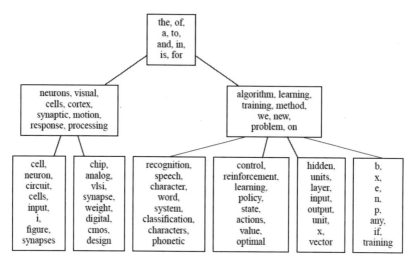

图 3.17　层次主题模型的主题树输出结果

3.13.3　动态主题模型

在传统 LDA 主题模型中，文档集合的主题分布及各个主题的含义是静态不变的，文档集合所有的文本对象都默认是同一时间点的样本。因此，传统的 LDA 主题模型无法描述主题的时间变化趋势，也无法随着时间推进描述各个主题的内涵发生的变化。

与之相比，动态主题模型（Dynamic Topic Model）更加强调文档的时间特性，该模型可以挖掘文档集合的动态变化过程。例如，对在线社交网络上的文本进行主题分析时，每年、每月，甚至每天，网络上的主题都不一样。动态主题模型可以随时捕捉这些内容的变化。另外，动态主题模型也可以用于科研文献的分析。在科研领域中，研究热点的时效性特征十分明显，对学术论文标记时间标签，并在主题建模时考虑文章的时序特征，其结果与现实情况的契合度会更高。

Blei 的另一篇文章 *Dynamic Topic Models* 对动态主题模型进行了很好的介绍。基于动态主题模型进行文本建模时，首先需要对文档集合按照时间标签进行切片，将其划分到若干时间区间。每一个时间区间内的文章在产生过程中都依赖前面一个时间区间内文章的主题模型参数。基于该假设，笔者认为，无论是文章的主题分布，还是每一个主题的词汇分布，都是按照时间序列连续变化的。

动态主题模型的时序性变化特征具体表现为如下两个方面。

（1）对于时间区间 t，任意主题 k 的词汇分布参数随时间变化。具体地，$\beta_{t,k}$ 的产生依赖于参数 $\beta_{t-1,k}$ 的高斯分布：

$$\beta_{t,k}|\beta_{t-1,k} \sim N(\beta_{t-1,k}, \sigma^2 I)$$

其中，上一个阶段的参数 $\beta_{t-1,k}$ 是高斯分布的均值；主题的词汇分布变化幅度 σ^2 是需要估计的参数；I 是（词典大小为长款的）单位对角矩阵（词汇之间独立性假设）。

（2）对于时间区间 t，文档的主题分布超参数随时间变化。α_t 的产生满足 α_{t-1} 的高斯分布：

$$\alpha_t|\alpha_{t-1} \sim N(\alpha_{t-1}, \delta^2 I)$$

其中，上一个阶段的参数 α_{t-1} 是高斯分布中对应均值的参数；文章主题分布的超参数的变化幅度 δ^2 是需要估计的参数；I 是（主题数量）单位对角矩阵（主题之间的独立性假设）。

动态主题模型中的模型的概率图模型如图 3.18 所示。

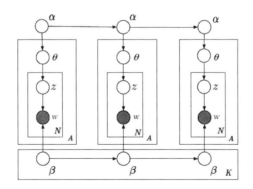

图 3.18 动态主题模型的概率图模型

基于以上讨论，动态主题模型的文档产生过程步骤如下。

（1）根据前一时间区间的模型参数随机产生主题词汇分布参数：

$$\beta_t|\beta_{t-1} \sim N(\beta_{t-1}, \sigma^2 I)$$

（2）根据前一时间区间的模型参数获得文档集合主题分布的超参数：

$$\alpha_t|\alpha_{t-1} \sim N(\alpha_{t-1}, \delta^2 I)$$

（3）对于每篇文档，随机抽取一个主题概率分布 $\eta \sim N(\alpha_t, a^2 I)$；对于每个词汇，随机抽取一个主题，$z \sim \text{Multi}[\pi(\eta)]$；根据特定主题对应的词汇分布参数随机产生一个词汇，$w_{t,d,n} \sim \text{Multi}[\pi(\beta_{t,z})]$。其中，

$$\pi(\beta_{t,z})_w = \frac{\exp(\beta_{t,z,w})}{\sum_w \exp(\beta_{t,z,w})}$$

采用动态主题模型对 Science 学术期刊上的 30 000 篇文章进行主题模型分析，时间区间为 1881—2000 年的 120 年，其中每年文章数量为 250 篇。动态主题模型的文本分析结果示意图如图 3.19 所示，该图展示了主题为"Atomic Physics"（原子物理）的每一年的主题词及对应的代表性文章。

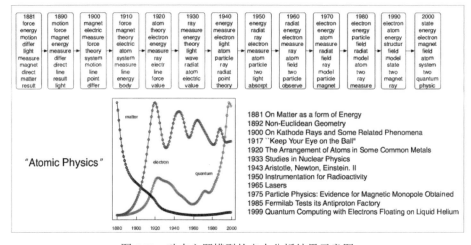

图 3.19　动态主题模型的文本分析结果示意图

3.13.4　句子主题模型

在传统的 LDA 主题模型中，整个文档由若干主题"混合"而成。LDA 主题模型中的一个问题是，每个词汇在抽样产生时都随机地按照某一概率被赋予主题，同时词汇的产生与所在位置无关。然而现实情况是，词汇的主题与其所在位置是有依赖性的，词汇在被赋予主题时应当充分考虑文档的内部结构。

为了解决该问题，可以对主题模型增加词汇的空间约束。例如，可以假设词汇在空间位置上接近的情况下属于同一主题。更具体地看，可以假设同一句子中

的所有词汇都是由同一主题抽取产生的，对应的模型称为句子主题模型（Sent-LDA），Bao 等在 *Simultaneously Discovering and Quantifying Risk Types from Textual Risk Disclosures* 一文中提到了这个模型，并用该模型成功地解析了企业的风险披露文档。Sent-LDA 的概率图模型如图 3.20 所示。

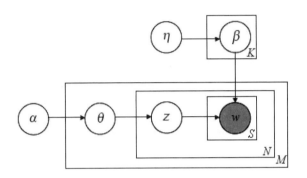

图 3.20　Sent-LDA 的概率图模型

首先，与传统 LDA 主题模型一样，随机产生若干个主题的词汇分布。在生成文章内容时，对于每一篇文档，依次产生各个句子，每个句子按照主题分布确定从属的某个特定主题。其次，该句子中所有的词汇都是按照同一个主题对应的词汇分布抽样产生的。

Sent-LDA 适用于处理内容表述一致性较高、结构化较强的文本对象（如在线口碑、财务报表等）。对应类型文本的作者一般不会在句子内部对主题进行混淆表述。除了以句子为边界，还可以考虑将文档的段落结构、子标题内容、词汇的上下文窗口等内容作为 LDA 主题模型的约束。对于不同的文本分析任务，主题约束的边界设定可以存在较大差异。

3.14　基于词汇的统计学建模方法

基于词汇的统计学建模方法并不是将文档直接转换为数值向量进行表示，而是将文档看作词汇的集合，然后对集合中的词汇进行建模。该建模方法的核心任务是对词汇进行结构化处理，将词汇转换成数值向量的形式，然后将文档看作若干词汇对应的数值向量的集合。在基于词汇的统计学建模方法中，文档只是一些数值向量的集合，文档之间的距离依赖于集合中每一个词汇对应的数值向量。

基于词汇的统计学建模方法可以有效克服直接对文档进行建模的方法的缺点。该类方法是从文档的每一个词汇元素的角度去看待文档内容，而不是仅从整体层面去理解文档。基于词汇的建模方法充分有效地反映了文档的内部结构，对文档的表达更加丰富。

在对短文本进行处理时，由于文档的长度十分有限，在分析文档时需要尽可能多地利用每一个词汇所蕴含的有效信息，因此基于词汇的统计学建模方法经常被用于处理与短文本有关的文本分析任务，如信息检索、在线评论分析等。

图3.21所示，两篇文档均包含三个词汇，将每个词汇映射到一个二维的空间。这两篇文章如果从整体看具有同样的"质心"，在内容上很难区分；但是如果观察每个词汇在空间中的具体位置，就可以看出两篇文档在内部结构上仍存在显著差异。通过对词汇进行建模并将其进行向量化表示，间接地衡量文档的关系，可以最大化地保留文档的原始信息。

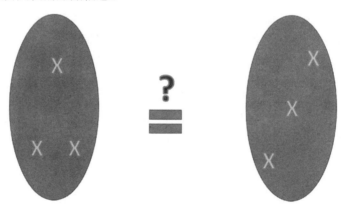

图3.21　不同词汇分布的文档比较

大多数文本分析应用的核心在于文本之间距离的定义。无论是基于向量的统计学建模方法还是基于概率的统计学建模方法，都直接将文档对象转化为数值向量进行分析。可以用向量空间中点的距离定义直接量化文本的距离。对于基于词汇的建模方法，文档距离的计算更加复杂，需要考虑两个文档词汇集合中所有词汇向量的空间位置。

下面介绍一种能有效计算文档距离的贪心算法。

假设需要计算文本 t^A 和 t^B 的距离，可将其转化为计算二者之间相似度 $\mathrm{Sim}(t^A,t^B)$ 的任务。第一，将 t^A 和 t^B 转化成词的集合的形式，分别记为 S^A 和 S^B。在计算文本 t^A 和 t^B 的相似度时，既要考虑 t^B 对 t^A 的信息价值，又要考虑 t^A 对 t^B 的信息价值。定义文本 t^B 对 t^A 的信息价值 $\mathrm{InfVal}(t^A,t^B)$，有

$$\mathrm{InfVal}(t^A,t^B) = \sum_{w_i \in S^A} \alpha(w_i, w_{i,B}^{\mathrm{opt}}) \times \mathrm{Sim}(w_i, w_{i,B}^{\mathrm{opt}})$$

在 S^B 中与集合 S^A 中的词汇 w_i 语义最相关的词汇为 $w_{i,B}^{\mathrm{opt}}$，将这两个词汇的相似性作为词汇与集合的相似性。S^A 和 S^B 的相似性为 S^A 中所有词汇的该指标的加权平均。因此，最终的指标中需要考虑所有词汇对的相似性。$\alpha(w_i, w_{i,B}^{opt})$ 为词汇对 w_i 和 $w_{i,B}^{opt}$ 之间的权重，是词汇对的重要性。

词汇对的重要性的定义以词汇的重要性为基础。本书采取信息检索领域中的 IDF 指标进行定义，有

$$\mathrm{idf}(w_i) = \log_{10}\left(\frac{N}{N_i}\right)$$

其中，N 是文档集合中所有的文档个数；N_i 是 N 中包含词汇 w_i 的文档个数。词汇对相似性的重要性的计算可以定义为两个词汇的 IDF 指标的最大值，即

$$\alpha(w_i, w_j) = \max\left[\mathrm{idf}(w_i), \mathrm{idf}(w_j)\right]$$

考虑相似度计算的方向性及指标的标准化因素，两篇文档的相似性需要结合 $\mathrm{InfVal}(t^A,t^B)$ 和 $\mathrm{InfVal}(t^B,t^A)$ 来计算，于是有

$$\mathrm{Sim}(t^A,t^B) = \frac{\mathrm{InfVal}(t^A,t^B) + \mathrm{InfVal}(t^B,t^A)}{2 \times \max\left[W(t^A,t^B), W(t^B,t^A)\right]}$$

其中，分母为归一化系数，$W(t^A,t^B)$ 为 $\mathrm{InfVal}(t^A,t^B)$ 的计算中的权重之和：

$$W(t^A,t^B) = \sum_{w_i \in S^A} \alpha\left[w_i, \mathrm{opt}(w_i, S^B)\right]$$

文档距离的定义可以通过设计基于文档相似度指标 $\mathrm{Sim}(t^A,t^B)$ 的反函数来实现。

基于词汇的建模方法根本上需要获得词汇的向量化表示，而构造词汇对应的

数值向量的根本依据是词汇所在的文档集合。在文档集合中，每个词汇在出现时都具有一定的上下文信息（Context），即邻近的词汇集合。这些上下文信息与词汇呈现出一定的相关性，可以作为推导词汇的具体内涵的参考信息，为词汇构造数值向量。

当前主流的对词汇的向量化建模方法为词嵌入（Word Embedding）模型，该模型本质上是一种基于神经网络的建模方法，有许多具体实现形式。其中 Google 的 Word2Vec 是最常用的技术模块，其包括 CBOW 和 Skip-Gram 两种神经网络结构。CBOW 的神经网络是从词汇上下文到词汇的预测模型，Skip-Gram 的神经网络结构是从目标词汇到上下文的预测模型。对词嵌入感兴趣的读者可以参考 Mikolov 在 2013 年发表的经典论文 *Distributed Representations of Words and Phrases and their Compositionality*。

对词汇的表示包括离散的向量表示方法和连续的向量表示方法。离散的向量表示方法称为 One-Hot-Representation，连续的向量表示方法称为 Distributed-Representation。在词汇离散的表示方法中，所有词汇均用维度为词典大小的向量表示，每个词汇在特定的属于自身的维度上取值为 1，其他维度上取值都为 0；在词汇的连续表示方法中，数值向量是稠密的，一般情况下，词汇在向量的每个维度上都有非 0 的取值。

词典中任意词汇都可以自然地采用离散的表示方法定义，但是这种方法只是简单的数值加工，并不能反映词汇的具体内涵。词嵌入的主要作用是将词汇的离散表示转化为连续表示。词汇的连续表示方法比离散表示方法更加有效，连续表示方法一方面能达到降维效果，另一方面有利于实现不同词汇之间的比较。有关词嵌入模型的具体技术实现可参考本书中与深度学习有关的内容。

3.15　本章小结

文本建模是进行文本分析的基础，其目的是用一种结构化的方式来表示非结构化的原始文本信息。大致上看，文本建模方法包括语言学建模方法和统计学建模方法。其中，语言学建模方法更加依赖于语言学领域的专业知识经验，而统计学建模方法更加依赖于统计模型和算法设计。

　　本章介绍的语言学建模方法主要包括对词汇的语法角色的标注、对句子的语法结构分析和以概念为核心的知识库的构建。语言学建模比统计学建模更加复杂，通常对应更高级、更深入的文本分析任务。

　　当前大多数文本分析应用仍然以统计学建模方法为主流。本章将统计学建模方法进一步划分为基于向量的统计学建模方法、基于概率的统计学建模方法和基于词汇的统计学建模方法。其中，基于向量的统计学建模方法和基于概率的统计学建模方法都是直接对文档进行向量转化的方法，二者之间存在显著差异。

　　首先，基于向量的统计学建模方法是一种静态的建模方法，文档集合通常需要整体转化为数值向量，不利于频繁地对增量文本内容进行转化。基于概率的统计学建模方法依赖于产生式语言模型，是动态的建模方法，该方法可以先对一部分文档进行训练，然后利用训练得到的语言模型参数将后续的增量文档进行实时转化。

　　其次，基于向量的统计学建模方法结构比较简单，无法挖掘复杂的文本结构信息，对具有特殊结构的文档在模型设计上可以发挥的空间十分有限；基于概率的统计学建模方法比较灵活，可以随意设计文档内容结构的基本假设，可以解析更加丰富、复杂的文本信息。

　　基于向量的统计学建模方法主要包括向量空间模型及 LSI 模型。基于概率的统计学建模方法主要包括 Unigram 模型、pLSI 模型、LDA 主题模型，以及若干基于 LDA 主题模型的拓展主题模型。其中，模型的参数估计依赖于极大似然函数的构造，以极大似然函数的优化为基本目标。特别地，当模型中包含隐变量时，需要采用 E-M 算法或 MCMC 的仿真技术手段。

　　本章还讨论了基于词汇的统计学建模方法，该方法不直接对文档进行建模，而将文档对象看作词汇的集合，并对集合中的词汇进行向量化表示。在计算文档之间的距离时，首先需要计算词汇之间的距离，其次再将词汇距离进行叠加与归一化。基于词汇的建模方法更加完整地保留了文档的原始结构信息，适用于内容较少的短文本的处理任务。

第 *4* 章

文 本 分 类

在文本挖掘领域中,文本分类是一类比较重要的基础性问题。在数据挖掘中,经常要根据已知属性对数据所属的类型进行判断,当被分类对象是与文本有关的要素时,就构成了所谓的文本分类问题。文本对象是有多个层次的,包括词汇、句子、段落、文档等,通常提及的文本分类问题是指对文档对象进行分类。本章将从文本分类的基本概念、应用场景、主要算法,以及分类特征优化等方面进行内容的展开。

4.1 文本分类的基本概念

分类问题是非常主流的数据分析问题,在数据挖掘领域的分类,是指基于已知属性对数据所属类别进行判断。文本分类是分类问题对文本类型数据处理的子问题,是指在有限的分类标签集合中对给定的文章进行划分,以增加用户对文档对象的认知与理解判断。

文档的分类结果需要用统计模型进行预测,统计模型的构建则需要针对文档的训练集合进行建模分析。文档分类问题属于机器学习问题,学习目标是估计模型中的统计参数。用形式化的方式描述文本分类问题,首先定义文档:

$$d \in X$$

标签集合为

$$C = \{c_1, c_2, \cdots, c_J\}$$

文本分类问题就是要基于训练集合 $D = <d, c>$ 来学习分类模型（Classification Function）：

$$c = F(d; \theta)$$

其中，θ 是模型中的未知参数，基于 θ 可以有效地对文档进行分类。分类模型等价于从集合 X 到集合 C 的映射函数。

在构建分类模型时，需要将文档用一组特征向量来表示。向量的形式取决于文本建模的具体方法。在大多数文本分类问题中，向量的维度与词典的规模是一致的，通常要达到几万甚至几十万的规模。因此，文本分类问题比一般的数据分类问题更复杂。

从文本分类技术的任务结构看，文本分类包括二元分类和多元分类两个基本类型。二元分类主要是为了对文档的某一类特征条件进行判断，符合特定条件的文档为"正"例，用布尔变量 1 来表示；不满足特定条件的文档为"反"例，用布尔变量 0 来表示。多元分类主要是为了将文档按照不同的领域进行划分，以实现对不同文档对象区别管理。

4.2　文本分类的应用场景

4.2.1　文档有用性判断

对于二元文本分类问题，常见的应用是对文档有用性的判断。例如，在信息爆炸的年代，用户每天都被大量的网络信息困扰，每天都会接收大量的以广告、诈骗、传销、骚扰为基本动机的短信或邮件。用户在生活、工作中受这些信息影响的同时面临着巨大的经济风险。因此，对上述无意义的短信或邮件进行识别并筛选十分必要。

基于文本分类技术，可以对电子文档进行自动分析和判别，将短信或邮件自动分为"有用"或"无用"两个类别。文本分类可以帮助用户更好地对信息进行管理，使用户有限的精力可以集中在有价值的信息上，进而提高用户的生活体验和工作效率。

4.2.2　口碑情感分析

在电子商务领域，用户可以浏览到大量关于产品或者服务的在线口碑信息，这些信息可以帮助用户对在线产品做出购买决策。然而，很多产品的在线评论数量成千上万，用户难以在有限的时间内对评论内容进行浏览和综合分析，经常只能随机地抽取一些评论去感受消费群体的整体观点。

人工浏览在线口碑的方法耗时耗力，且结论不够客观。因此，可以用文本分类技术将在线评论的整体观点划分为"正面"（Positive）和"反面"（Negative）两种基本观点。基于分类结果，用户可以根据在线信息对产品或服务产生更客观、准确的认知。

4.2.3　负面信息识别

文本分类技术也可以用来识别网络环境中具有潜在危害的内容和对象。例如，文本分类技术可以对网页内文本进行分析，从而判断网页是否包含色情、暴力、犯罪等负面内容。将这些负面内容进行分类与过滤，一方面可以起到净化网络环境的作用，另一方面可以帮助政府管理者提前识别危机并采取相应措施。

当前，文本分类技术已经被广泛地应用于舆情管理，相关部门通过对主流社交媒体的信息进行监控，可以发现潜在的危害社会的内容和对象，并采取有效的社会管理方案与措施。

4.2.4　信息检索

文本分类主要的还是在信息检索领域的应用。搜索引擎可以根据用户输入的关键词从索引库中提取特定的网页或文本对象，并将其反馈给在线用户。搜索引擎反馈的文档可以分为两类，即相关文档和不相关文档。其中，相关文档是指满足用户需求的文档对象，不相关文档是指与用户检索需求无关、不需要被用户浏览或关注的文档。

大多数搜索引擎系统的核心任务是，构造一个区分文档是否相关、是否满足用户需求的二元分类器。该分类器可以对候选集合中的文档进行分类判别，并把相关文档反馈给用户以供其浏览、分析、处理。搜索引擎的核心技术在于对文档分类器进行设计与优化。

4.3　朴素贝叶斯模型

朴素贝叶斯模型是非常重要的分类模型，该模型十分适合解决高维度特征的数据对象，在处理文本对象的分类问题时具有先天的优势。朴素贝叶斯模型是一种基于产生式模型的预测方法，该模型认为文档包含的具体（词汇）特征是由其分类结果决定的。基于朴素贝叶斯模型的分类模型有两种子模型：贝努利模型、多项式模型。

4.3.1　贝努利模型

朴素贝叶斯模型基于文档的布尔变量表示，文档 d 的向量形式为 $(t_1, t_2, \cdots, t_V)$，其中，$t_k(k = 1, 2, \cdots, V)$ 是反映某个词汇是否在 d 中出现的布尔变量；V 是分类问题考虑的所有词汇特征的个数，默认情况为词典的规模，所有文档的向量长度是一样的。根据上文对文本分类问题的形式化描述，文档 d 的分类结果可以表示为

$$c_d = \arg\max_{c \in C} P(c \mid t_1, t_2, \cdots, t_V)$$

根据贝叶斯原理，有

$$c_d = \arg\max_{c \in C} \frac{P(t_1, t_2, \cdots, t_V \mid c)P(c)}{\sum_c P(t_1, t_2, \cdots, t_V \mid c)P(c)}$$

$$= \arg\max_{c \in C} P(t_1, t_2, \cdots, t_V \mid c)P(c)$$

要对文档进行分类，就必须知道 $P(t_1, t_2, \cdots, t_V \mid c)$ 和 $P(c)$ 的取值。在实际情况中，对于 $P(t_1, t_2, \cdots, t_V \mid c)$ 的估计是十分困难的。为了进一步简化预测模型的结构，需要引入条件独立假设：

在给定分类 c 的情况下，某个词汇特征是否出现与其他词汇特征是否出现是无关的。

在条件独立假设的基础上，公式可以转化为

$$P(t_1, t_2, \cdots, t_V \mid c) = \prod_{k=1}^{V} P(t_k \mid c)$$

条件独立假设是朴素贝叶斯模型中非常重要的一条假设。如果没有该假设，则所有的 $P(t_1, t_2, \cdots, t_V \mid c)$ 组合都需要被估计，即需要估计 $2^V \mid C \mid$ 项参数，$\mid C \mid$ 是类别的个数。训练集合的文档数量一般很难支持这种量级的参数估计。在条件独立假设的情况下，所有的 $P(t_1, t_2, \cdots, t_V \mid c)$ 组合都可以被分解，只需要对所有的 $P(t_k \mid c)$ 进行估计即可，要估计的参数规模也大大下降，变为 $V \mid C \mid$。因此，在条件独立假设下，文档分类问题可以转化为

$$c_d = \arg\max_{c \in C} P(c) \prod_{k=1}^{V} P(t_k \mid c)$$

只需要知道预测模型参数：

$$\theta = \{P(c), P(t_k \mid c)\} \quad k = 1, \cdots, V$$

就可以实现所有预测问题。其中，$P(c)$ 是类别 c 出现的先验概率；$P(t_k \mid c)$ 是基于类别 c 产生特征 t_k 的概率。从整体看，待估计参数的数量在理论上应等于：

$$\mid C \mid + V \mid C \mid$$

虽然采用了条件独立假设，但这个参数规模仍然很大，其主要受词典规模 V 的影响。因此，直接用原始词典规模 V 来求解朴素贝叶斯模型会产生比较严重的问题，应用特征筛选技术对原始词典进行精简处理。

朴素贝叶斯模型属于概率形式的机器学习模型，可以使用极大似然估计（Maximum Likelihood Estimate，MLE）方法获得模型参数。具体数学推导此处不详细阐述，直接给出模型参数的解析解：

$$P(c) = \frac{N_c}{N}$$

其中，N_c 是训练集合中包含类别 c 的文档个数；N 是整个训练集合中的文档个数。基于给定分类 c，词汇特征项在文档中出现的概率为

$$P(t \mid c) = \frac{N_{ct}}{N_c}$$

其中，N_{ct} 是 c 类文档中出现 t 的文档个数。

实际上进行分类预测时，考虑计算机浮点数精度的限制，求解下列公式的最大化问题即可：

$$c_d = \arg\max_{c \in C} \left[\log P(c) + \sum_{1 \leqslant k \leqslant V} \log P(t_k \mid c) \right]$$

4.3.2 多项式模型

用不同的方式表示文档对应不同分类的模型，除了用贝努利模型来表示文档 d，还可以采用多项式模型。在多项式模型中，文档向量的维度是文档被分词后的词汇链长度 n_d，而不是词典的长度。因此，在该模型中，向量每个维度上的内容表示文档在对应位置上出现的特定词汇。

定义文档向量可以表示为 $[e_1, e_2, \cdots, e_{n_d}]$，向量长度为文档长度 n_d，$e_k(k = 1, \cdots, n_d)$ 为位置 k 上出现的词汇序号，是取值可能性大小为 $|V|$ 的分类变量。根据朴素贝叶斯模型，在预测分类结果时，有

$$c_d = \arg\max_{c \in C} P(c \mid e_1, e_2, \cdots, e_{n_d})$$

$$= \arg\max_{c \in C} \left[\log P(c) + \sum_{1 \leqslant k \leqslant n_d} \log P(e_k \mid c) \right]$$

模型的待估计参数有 $P(c)$ 和 $P(e_k \mid c)$，其中，$P(c)$ 是文档被分类为 c 的先验概率，而 $P(e_k \mid c)$ 是类别 c 的文档中在第 k 个词汇位置出现 e_k 的概率。对于后者，待估计的参数个数为

$$|C| \times n_d \times V$$

考虑文档的长度通常很长，其变化区间大小理论上是 0～+∞，则 n_d 趋于无穷大。那么待估计参数个数则不可穷尽。为了解决该问题，同样需要定义位置独立假设：

文档中的任意词汇位置上词汇出现的概率分布是一样的。

于是，待估计的参数个数变为

$$|C| \times V$$

采用极大似然估计可得

$$P(c) = \frac{N_c}{N}$$

分类结果的先验分布与贝努利模型中的结果是一样的，但特征项出现的条件概率有所差异，有

$$P(e|c) = \frac{n_{ce}}{\sum_{e'} n_{ce'}}$$

其中，$P(e|c)$ 表示给定分类 c 时词汇 e 在文档任意位置上出现的概率；n_{ce} 表示在类别 c 中词汇出现 e 的词频；$\sum_{e'} n_{ce'}$ 统计了类别 c 中所有词汇的出现次数。从上式中可看出，多项式模型中，不仅考虑了词汇是否在文档中出现，还考虑了词汇在文档中出现的频率。文档在多项式模型下比贝努利模型提供了更多有效信息。

4.3.3 模型参数平滑

文档集合中，有些词汇只在文档的"正例"或"反例"中出现，或在两个类别中均未出现。在这种情况下，对分类器的参数估计或者无法判断，或者会过拟合。在这种情况下，可以采用 Laplace 平滑的方法对参数估计结果进行调整，即考虑人工定义的词项在文档中的先验分布。

以多项式模型下的朴素贝叶斯模型为例，原始的模型中，词汇项在文档中某个位置出现的概率为

$$P(e|c) = \frac{n_{ce}}{\sum_{e'} n_{ce'}}$$

平滑后，词汇项在文档中某个位置出现的概率为

$$P(e \mid c) = \frac{n_{ce} + 1}{\sum\limits_{e'} (n_{ce'} + 1)}$$

基于平滑，可以避免出现"零概率"的模型参数，这种平滑方法是假设各个词汇的出现概率符合均匀分布（平滑值取 1，是指对于先验事件，在每个类别中每个词汇只出现 1 次）。平滑系数可以选择比 1 大或者比 1 小的数来调节训练集合中文档内容对模型参数估计的影响力。此外，平滑算法也可以采用设置广义参数的方法：

$$P(e \mid c) = \frac{n_{ce} + \alpha_{ce}}{\sum\limits_{e'} n_{ce'} + \sum\limits_{e'} \alpha_{ce'}}$$

其中，α_{ce} 是对应词项在特定类别中出现的先验概率，可以基于其他渠道构建有关 α_{ce} 的指标。

4.4　向量空间模型

由第 3 章文本建模可知，文档都可以直接转换为高维向量空间中的点，基于向量空间模型的文档分类方法的基本假设是邻近原则：分类结果相同的文档在高维空间上对应的样本点的位置是彼此相邻的。基于这种假设，可以尝试在高维向量空间中基于给定样本集合的点的分布，寻找不同类别之间的分割边界。基于向量空间模型的分类方法主要有：Rocchio 方法和 KNN（k-Nearest Neighbors）方法。

4.4.1　Rocchio 方法

Rocchio 利用点的质心的概念对文档进行分类。在训练集合中，首先计算各个类别的质心位置，即

$$\mu_c = \frac{1}{|D_c|} \sum_{d \in D_c} \boldsymbol{v}_d$$

其中，$\boldsymbol{v}_d$ 是文档 d 的向量化表示，文档 d 的向量化方式是任意的。与朴素贝叶斯模型不同，文档 d 的向量中的维度内容不是布尔变量，而是表示任意文本特征的

实数变量。其向量化结果可以直接采用 TF-IDF 加权的向量空间模型，也可以采用 LSI、LDA 等模型。

在对文档进行分类时，直接比较目标文档与各个类别的质心的距离，然后选择距离最近的质心的所属类别作为目标文档的分类结果：

$$c = \arg\min_{c'} \mathrm{Dis}(\mu_{c'}, d)$$

其中，$\mathrm{Dis}(\cdot)$ 定义了向量空间中点的距离，可以将任意距离函数用于分类器，如"欧式距离""Cosine 距离"等。另外需要强调的是，文档向量 v_d 在进行距离计算时，应当用标准化的结果。常用的标准化方法有

$$v_d = \frac{r_d}{|r_d|}$$

其中，r_d 是文档原始的向量；$|r_d|$ 是该向量的长度。

Rocchio 经常被用于信息检索中相关文档和非相关文档的分类问题，对应的信息检索方法也称为 Rocchio 相关反馈。Rocchio 方法仅仅利用了样本中和质心有关的信息，忽略了类别内部的文档空间分布信息。因此，在采用 Rocchio 方法时，通常假定文档对应的向量在高维空间中具有接近球形的分布（在实际情况中，数据大多不符合球形分布假设。例如，很多类别的数据分布具有多模态特征，在空间上是很多不同"簇"的组合）。

4.4.2 KNN 方法

KNN 方法与 Rocchio 方法不同，该方法利用样本的局部信息而不是类别的全局信息来对分类结果进行判断。在对样本进行分类时，从样本集合中提取距离目标样本最近的 k 个样本作为参考，然后以这 k 个样本的主类别作为分类结果——主类别是指数据集合中被标记次数最多的类别。

KNN 方法很直观，但是需要预先确定邻近参考样本 k 的个数，k-Nearest Neighbors 就是指基于 k 个最近的邻接样本的分类结果。KNN 是基于向量距离定义的，因此在算法中需要实现向量的标准化方法，以及向量距离函数的定义。

在对 k 值进行选择时，如果该值太小，则会导致分类结果不稳定，分类器容易受到"噪声"样本干扰；如果 k 值太大，则算法的复杂性太高。此外，为了保

证主类别是唯一的,通常还要求 k 的取值为奇数。一般来说,k 通常值取为 3 或 5。

在确定 k 值时,可以不用直接计数的方法获得主类别,而考虑基于样本距离的加权值,如:

$$\text{score}(c,d) = \sum_{d' \in S_k} I_c(d)\text{Dis}(\boldsymbol{v}_{d'}, \boldsymbol{v}_d)$$

其中,$\text{score}(c,d)$ 是文档 d 对应的类别 c 的打分。基于所有的类别计算分值,分类结果为

$$c = \arg\max_c \text{score}(c,d)$$

KNN 方法不需要提前对训练样本进行建模,而在对样本分类结果进行预测时才对训练样本进行分析,因此 KNN 一般也被称为基于记忆的学习(Memory-based Learning)或者基于实例的学习(Instance-based Learning)。KNN 算法的缺点是响应时间较长,其原因在于大量的算法工作被推迟到样本的预测阶段才开始。KNN 算法的时间复杂度是训练集合规模的线性函数。

从模型的函数结构看,朴素贝叶斯模型和 Rocchio 方法都是线性分类器,而 KNN 属于非线性分类器。在很多情况下线性分类器表达能力不足,容易受噪声干扰,采用非线性分类器通常可以获得更高的准确率。因此,KNN 分类的方法比 NB 和 Rocchio 效果更好。

4.5 SVM 模型

4.5.1 硬间隔 SVM

SVM 用于为高维向量空间中的点确定一个超平面对其进行二元划分,是经典的数据分类模型,也可以用于文本对象的分类。超平面两边的点属于不同的类型,确定了超平面就相当于确定了分类模型的边界。SVM 模型可以用于处理维度很高的变量,对文本分类效果较好。此处以二维变量为例,样本划分超平面如图 4.1 所示。

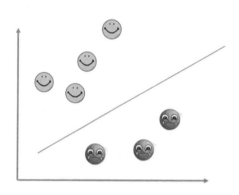

图 4.1　样本划分超平面

"笑脸"和"哭脸"表示两种分类标签，即分类结果的"正例"和"反例"。SVM 的目的是找到一个超平面把"正例"和"反例"分开。图 4.1 中随意地选取了一条能够满足划分给定样本集合标签要求的超平面。

实际情况中满足数据点分类要求的超平面很多，但最终的 SVM 模型只对应一个超平面，因此，需要选择"最优"的超平面作为最终的模型结果。在选择最优模型时，仅仅将样本按照"标签"分开是不够的，还需要让不同标签的样本和这个超平面的距离足够远，这样才能保证当新样本到达时，这个超平面仍然能够满足对"正""反"例的有效划分。

图 4.2 所示，当不考虑圆圈中的样本时，超平面 a 和超平面 b 都可以满足现有数据划分的效果。然而分类平面 a 距离某些样本很近，相比之下平面 b 则和所有样本的距离都足够远。那么当新样本到来时，圆圈中的"哭脸"标签对平面 a 失效，而平面 b 仍然能够很好地对样本进行划分。

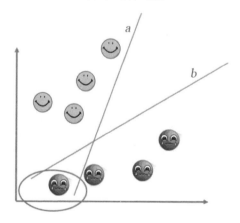

图 4.2　不同超平面分类性能比较

从该例可以看出，平面 a 和平面 b 都是可以对训练样本进行分类的模型，但是平面 b 的预测效果更好。综上所述，求解超平面的分类问题，本质上就是解决决策目标为"和所有样本点距离最远"同时约束条件为"将所有样本分开"的优化问题。因此，上述 SVM 问题可以表示为优化问题：

$$\max_{w,b} \gamma$$

$$\text{s.t.} \quad y_i\left(\frac{w}{\|w\|}x_i + \frac{b}{\|w\|}\right) \geqslant \gamma \quad i = 1, 2, \cdots, N$$

其中，γ 是所有样本和分类边界至少应当保持的距离，优化问题的目的是要让这个距离最大；y_i 是分类标签，"正例"对应"+1"，"负例"对应"-1"；$\frac{w}{\|w\|}x_i + \frac{b}{\|w\|}$ 是样本点 (x_i, y_i) 距离超平面的几何距离；w 和 b 是需要进行优化的模型参数，分类超平面可以写为

$$wx + b = 0$$

此时，分类决策函数为

$$f(x) = \text{sign}(wx + b)$$

其中，$\text{sign}(\cdot)$ 是判断符号方向的函数。

为了规范优化问题，原始的优化问题可以进一步转化为

$$\max_{w,b} \frac{1}{2}\|w\|^2$$

$$\text{s.t.} \quad y_i(wx_i + b) - 1 \geqslant 0 \quad i = 1, 2, \cdots, N$$

上述问题是一个有约束的优化问题，通常直接求解比较困难。因此，一般需要采取一些方程变化技巧对约束条件进行处理。此处，采用构造拉格朗日乘子的方式求解优化问题。定义拉格朗日函数为

$$L(w, b, \alpha) = \frac{1}{2}\|w\|^2 - \sum_{i=1}^{N}\alpha_i y_i(wx_i + b) + \sum_{i=1}^{N}\alpha_i$$

其中，$\alpha_i \geqslant 0$。那么求解原优化问题等价于求解：

$$\min_{w,b}\max_{\alpha} L(w, b, \alpha)$$

由于与约束条件相关的拉格朗日乘子 α_i 比较多，故直接求解该问题非常复杂。可以转化为求解其对偶问题，即

$$\max_{\alpha} \min_{w,b} L(w,b,\alpha)$$

先求解里面的极小化问题，可以得

$$w = \sum_{i=1}^{N} \alpha_i y_i x_i$$

$$\sum_{i=1}^{N} \alpha_i y_i = 0$$

之后，外层优化问题可以写为

$$\min_{\alpha} \frac{1}{2} \sum_{i=1}^{N} \sum_{j=1}^{N} \alpha_i \alpha_j y_i y_j (x_i x_j) - \sum_{i=1}^{N} \alpha_i$$

$$\text{s.t.} \quad \sum_{i=1}^{N} \alpha_i y_i = 0 \quad \alpha_i \geqslant 0, \quad i = 1,2,\cdots,N$$

求解该优化问题，获得最优解：

$$\alpha^* = (\alpha_1^*, \alpha_2^*, \cdots, \alpha_N^*)$$

基于 α^*，可以按照下式计算分类超平面的参数 (w,b)，有

$$w^* = \sum_{i=1}^{N} \alpha_i^* y_i x_i$$

$$b^* = y_j - \sum_{i=1}^{N} \alpha_i^* y_i (x_i x_j)$$

其中，y_j 是与拉格朗日乘子 α_j^* 对应的样本分类取值，有 $\alpha_j^* > 0$。可以证明，上述优化问题中至少存在一个 α_j^* 满足大于 0 的条件。从上式可看出，大部分 α_i^* 都为 0，对应的约束条件都不产生作用，对于少部分 $\alpha_i^* > 0$ 的项，其约束条件是发挥作用的。因此，实际情况中，只有 $\alpha_i^* > 0$ 的项对应的样本数据 (x_i, y_i) 对分割超平面的位置产生影响，这些样本被称为支持向量。

4.5.2 软间隔 SVM

在上述优化问题中假设一定存在可行解。但是很多情况下，针对给定的约束

条件，并不存在可行解，即数据集合根本无法被任何超平面分割，这类 SVM 问题也叫作线性不可分问题。这种情况下，就需要适当地修正优化问题的约束条件和优化目标，从而使得求解优化问题可以有效地分类模型。

在改进的 SVM 研究问题中，找到的超平面虽然无法对所有数据点进行正确分割，但是要尽可能地让那些被误分类的点的误分类代价总和最小。这类特殊的 SVM 模型也称为软间隔 SVM，与之相对的传统的 SVM 模型称为硬间隔 SVM。

根据传统 SVM 模型的构造方法，可以写出软间隔 SVM 的凸优化问题：

$$\max_{w,b} \quad \frac{1}{2}\|w\|^2 + C\sum_{i=1}^{N}\xi_i$$
$$\text{s.t.} \quad y_i(wx_i+b)-1 \geqslant 1-\xi_i \quad i=1,2,\cdots,N, \ \xi_i \geqslant 0$$

其中，C 表示单位样本的误分类代价，需要在求解模型时预先设定；ξ_i 是误分类距离。分类模型中，分离超平面和分类决策函数为

$$w^*x+b^*=0$$

和

$$f(x)=\text{sign}(w^*x+b^*)$$

在求解优化问题时，可以构造拉格朗日函数，有

$$L(w,b,\xi,\alpha,\mu)=\frac{1}{2}\|w\|^2+C\sum_{i=1}^{N}\xi_i-\sum_{i=1}^{N}\alpha_i\left[y_i(wx_i+b)-1+\xi_i\right]-\sum_{i=1}^{N}\mu_i\xi_i$$

基于拉格朗日函数构建原问题的对偶问题，可以将原优化问题转化为

$$\min_{\alpha}\frac{1}{2}\sum_{i=1}^{N}\sum_{j=1}^{N}\alpha_i\alpha_j y_i y_j(x_i x_j)-\sum_{i=1}^{N}\alpha_i$$
$$\text{s.t.} \quad \sum_{i=1}^{N}\alpha_j y_i=0 \quad 0\leqslant\alpha_i\leqslant C, \ i=1,2,\cdots,N$$

求解方程，获得 $\alpha^*=(\alpha_1^*,\alpha_2^*,\cdots,\alpha_N^*)$。可以证明，一定存在一个分量 α_j^* 满足 $0\leqslant\alpha_j^*\leqslant C$。若 y_j 是与 α_j^* 对应的样本分类标签，则有

$$w^* = \sum_{i=1}^{N} \alpha_i^* y_i x_i$$

$$b^* = y_j - \sum_{i=1}^{N} \alpha_i^* y_i (x_i x_j)$$

4.6　文本分类的评价

4.6.1　二元分类评价

在训练获得文本分类模型之后，需要对模型的分类性能进行评价。文本分类任务主要包括二元分类任务和多元分类任务。大多数文本分类任务都是二元分类任务，因此首先介绍两类问题的文本分类算法的评估。首先引入分类结果混淆矩阵，如图 4.3 所示。

	真正属于该类别的文档	真正不属于该类别的文档
判断属于该类别的文档	TP（True Positive）	FP（False Positive）
判断不属于该类别的文档	FN（False Negative）	TN（True Negative）

图 4.3　混淆矩阵

两类问题主要是判断某一个事物是真还是假。通常来说，识别真例和识别假例的意义不完全等价，即错误识别一个真例与错误识别一个假例给用户带来的错误代价是不同的。因此，在对分类模型进行评估时，需要分别对两个类别的样本分类结果进行计数。

现实中，真例通常为需要判断的某一个特定的属性。如是否为诈骗短信、是否为用户感兴趣的文档、是否为垃圾邮件等。混淆矩阵是评估两类问题时非常有效的数据结构，其中定义了四类数值：

TP，文档实际上是真例并且被判断为真例的计数。

FP，文档实际上是假例然而被判断为真例的计数。

TN，文档实际上是假例并且被判断为假例的计数。

FN，文档实际上是真例然而被判断为假例的计数。

对于二元分类的问题，对文档分类器的评价主要从算法的精度和效率两个方面进行。多数研究工作主要看算法的精度表现。分类算法的精度指标主要有：精确率、召回率、准确率。

❑　精确率

精确率（Precision），是指在返回的真例中真正的真例的比例。在评估分类算法时，选择该指标主要是强调分类器需要尽量避免对真例的误判。例如，在搜索引擎的应用中，用户通常比较关注系统反馈网页集合中真正相关的网页的比例。因此，在评价搜索引擎的分类器时通常更加强调精确率的指标。精确率的定义如下：

$$Precision = \frac{TP}{TP+FP}$$

❑　召回率

召回率（Recall），是指返回的样本中识别的真例占集合中所有真例的比例。在评估分类算法时，选择该指标主要是强调分类器要避免对真例识别的疏漏。有些情况下，可以适当地允许反馈内容存在"杂质"，对真例的缺失则不能容忍。

例如，采用文本分类算法对骗保案例进行识别。如果算法失灵，则无法有效识别骗保案例，从而会使保险公司造成巨大损失。因此，分类算法的召回率指标在骗保案例中尤为重要。召回率的定义如下：

$$Recall = \frac{TP}{TP+FN}$$

❑　准确率

准确率（Accuracy），是指被正确分类的文档占所有测试文档的比例，其不对正例或反例进行区分。在用准确率进行分类器评估时，认为正例和反例的错误分类代价对用户来说是一样的。准确率的定义如下：

$$Accuracy = \frac{TP+TN}{TP+TN+FP+FN}$$

此外，有些指标可以综合考虑精确率和召回率两方面的内容，并同时考虑二者的相对重要性权重，如 F_β 指标可以提供相应的综合评估：

$$F_\beta = (1+\beta^2) \frac{Precision \times Recall}{(\beta^2 \times Precision) + Recall}$$

其中，F_β 是准确率和召回率的调和平均数；β 是控制二者权重的参数，β 越大，在评估过程中对召回率指标的重视程度越高。一般默认准确率和召回率的重要性是一样的，即设定 β 为 1。F_1 指标在分类算法中最为常用，可表示为

$$F_1 = \frac{2\text{Precision} \times \text{Recall}}{\text{Precision} + \text{Recall}}$$

也有一些研究采用 G 分数对分类器的性能进行判断：

$$G = \text{Precision}^\alpha \text{Recall}^{1-\alpha}$$

其中，α 是加权系数，通常取 0.5。

4.6.2 多类问题评价

除了二元分类的问题，很多情况下分类算法要处理多元分类的问题，即将文档分成若干个类别的集合。在对多类问题的分类算法进行评价时，通常将多元分类问题转化为二元问题来看，这样就可通过利用每一个类别的样本被正确分类的比例信息来对算法的整体性能进行评估。

一个将样本集合分为 C 类的分类算法可以看作 C 个二元分类算法，先计算每个二元分类算法的评估指标，再取平均值，作为多元分类的评估。在取平均时，有两种方案可以选择，分别为宏平均和微平均。多类别混淆矩阵如图 4.4 所示。

	类别1		类别2		类别3		合计	
	实际True	实际False	实际True	实际False	实际True	实际False	实际True	实际False
判断True	TP_1	FP_1	TP_2	FP_2	TP_3	FP_3	TP_1+TP_2+TP_3	FP_1+FP_2+FP_3
判断False	FN_1	TN_1	FN_2	TN_2	FN_3	TN_3	FN_1+FN_2+FN_3	TN_1+TN_2+TN_3

图 4.4 多类别混淆矩阵

假设文档分为 3 类，类别 1、类别 2 和类别 3。对文档进行分类的问题可以分解为对类别 1、类别 2、类别 3 是否为真例的判断。在对该分类问题的算法进行评估时，需要分别统计并获得各个类别的混淆矩阵。

在宏平均情况下，分别计算每个类别基于混淆矩阵的二元分类指标，然后根据类的个数取平均；在微平均的情况下，根据各个类别的混淆矩阵进行汇总，获得整体的混淆矩阵计数结果，然后根据矩阵每个维度上的和计算评估指标。

假设以精确率指标来对多元分类问题进行评估。以宏平均的方法来获得分类算法的评估结果时，首先计算：

$$\text{Precision\_1}=\frac{\text{TP\_1}}{\text{TP\_1}+\text{FP\_1}}$$

$$\text{Precision\_2}=\frac{\text{TP\_2}}{\text{TP\_2}+\text{FP\_2}}$$

$$\text{Precision\_3}=\frac{\text{TP\_3}}{\text{TP\_3}+\text{FP\_3}}$$

其次对所有精确率指标取平均，有

$$\text{Precision}=\frac{\text{Precision\_1}+\text{Precision\_2}+\text{Precision\_3}}{3}$$

采用微平均的方法来获得分类算法的评估结果时，对 TP、FP、FN、TN 四个维度的值分别进行汇总，基于汇总值进行计算，有

$$\text{Precision}=\frac{\text{TP\_1}+\text{TP\_2}+\text{TP\_3}}{(\text{TP\_1}+\text{TP\_2}+\text{TP\_3})+(\text{FP\_1}+\text{FP\_2}+\text{FP\_3})}$$

微平均的方法比较倾向于文档集合中大类别样本的精度。如果在对模型的小类别样本的分类性能要求也比较强的情况下，则需要采用宏平均的策略对分类算法进行评估。

4.6.3　分类测试集

为了对分类算法的性能进行评估，需要采用文本测试集对算法的性能进行测试。在企业级别的分类算法开发中，由于分类算法面向具体的应用场景，需要研发人员根据实际情况自行对测试集中的问题进行收集、标注和管理，保证测试集合与现实分类问题尽可能保持一致。

在学术研究中，由于需要横向比较不同分类器的效果和性能，以突出涉及的分类算法的优越性，经常需要采用标准的测试集合。标准的测试集合分为通用数据集和专用数据集。在通用数据集中，英文数据集包括 Reuters-21578-路透社财经新闻数据集、20Newsgroups 新闻组数据集、OHSUMED 医学文摘数据集、UCI Repository 等；中文数据集包括搜狗数据集、中科院 TanCorp 数据集、复旦大学数据集等。专用数据集则包括垃圾邮件数据集、网页数据集等。

4.7 分类特征优化

上面介绍了当前主流的三类文本分类模型，包括朴素贝叶斯模型、向量空间模型和 SVM 模型。在实际操作中，分类算法可以在传统模型的基础上进行改进，以适应解决实际分类问题的困难或提升当前分类器的效果。在改进分类算法性能时，对分类文本特征进行优化是十分有效的技术策略。下面将分别从分类特征提取、分类特征转化，以及分类特征扩展三个角度介绍相关技术的实现。

4.7.1 分类特征提取

在对文本进行分类时，首先要提取文本对象的特征来进行建模。无论是采用贝努利模型还是采用多项式模型，在默认情况下，向量的每一个维度对应单独的词汇或词组。这种对文本进行建模的方法会对算法的性能造成很多实践问题。其中，最直观的问题就是文本向量的维度过大。在以词或词组为中心元素的建模方法中，向量的长度与词典的规模是一致的，这就导致文本分类过程中向量运算的成本很大。

然而，实际情况中，采用与字典规模一致的向量长度来对文本进行量化是否是必要的呢？其实不然。在文本的表示中，少数词汇可以表示大多数的文本内容，而绝大部分的词汇在文档中出现的次数都非常少。因此，从文本构成的角度来看，有很多词汇对文本分类的作用是不显著的，可以不被选为进行分类的文本特征。

从另外一个角度来看，除了不太常见的词汇可能对文本的分类无显著意义，还有一些大众的词汇对文本分类的作用甚微。试想，若无论文本对象属于哪个类别，某个特定词汇都存在一定比例，那么这个词汇对分类任务来说几乎没有显著意义。

基于上述考虑可以认识到：词典中不同的词汇对于分类任务的信息价值存在差异，建模时应当尽可能地保留那些信息价值高的词汇，并删除那些信息价值低的词汇。这样的策略可以让文本向量的表示处于比较合适的规模。在增加算法效率、节约计算资源的同时适当的向量规模也可以降低模型的复杂度，有效防止过拟合事件的发生。

分类算法的文本特征提取依赖于特定的客观统计指标，根据指标可以对词典中候选词汇进行排序，并按照一定的阈值进行筛选过滤。常用的特征提取指标主要如下。

❑ **词频**

词频是特征筛选重要的指标。一般会将词频（Term Frequency）高或者文档频率高的词汇作为对文档进行分类的特征，这样保证相关的特征更容易在样本中被观察到。在贝努利模型中，比较适合采用文档频率来对分类特征进行量化。在实际应用中，可以采取总词频或平均词频：

$$\mathrm{TF}(t) = \sum_d \mathrm{TF}_d(t)$$

或

$$\mathrm{TF}(t) = \frac{1}{|D|} \sum_d \mathrm{TF}_d(t)$$

❑ **文档频率**

除了词频，有时候也用词汇的文档频率（Document Frequency）来描述词汇出现的可能性。多项式模型比较适合采用词汇的文档频率，记为 $\mathrm{DF}(t)$。文档频率为文本集合中出现词汇 t 的文档的个数。

❑ **互信息**

互信息（Mutual Information，MI）是基于特定的词项 t 和类别 c 定义的统计量，该指标用于描述词汇 t 对文档属于类别 c 的正确判断提供的信息价值。因此，建议选取 MI 比较高的词汇作为分类特征。假设有布尔变量 e_t 表示词汇 t 是否在文档中出现，布尔变量 e_c 表示文档是否属于类别 c，那么 MI 的定义如下：

$$I(e_t, e_c) = \sum_{e_t \in \{0,1\}} \sum_{e_c \in \{0,1\}} P(e_t, e_c) \log_2 \frac{P(e_t, e_c)}{P(e_t)P(e_c)}$$

其中，$P(e_t, e_c)$ 表示文档同时满足条件为包含词汇项 t 和属于类别 c 的联合概率；$P(e_t)$ 是文档包含词汇 t 的边缘概率分布；$P(e_c)$ 是文档属于类别 c 的边缘概率分布。这些关键的统计参数都可以从训练样本中获得。

❑ χ^2指标（Chi-Square Index）

除了 MI，还有一个常用的特征选择指标——χ^2指标，该指标主要用于检验两个事件的独立性。参考上文，考虑变量e_t和e_c，有

$$\chi^2(e_t, e_c) = \sum_{e_t \in \{0,1\}} \sum_{e_c \in \{0,1\}} \frac{(N_{e_t e_c} - E_{e_t e_c})^2}{E_{e_t e_c}}$$

其中，$N_{e_t e_c}$是在训练集合中实际观察到的同时出现事件e_t和e_c的概率；$E_{e_t e_c}$是期望频率。$E_{e_t e_c}$基于e_t和e_c的独立性假设提出，有

$$E_{e_t e_c} = N \times P(e_t) \times P(e_c)$$

其中，$P(e_t) = \dfrac{N_{e_t}}{N}$；$P(e_c) = \dfrac{N_{e_c}}{N}$；$N_{e_t}$是$e_t$事件出现的频率；$N_{e_c}$是$e_c$事件出现的频率；$N$是训练集合的文档数量。$\chi^2$指标越大，对应的词项特征$t$越适合作为对类别$c$进行分类预测的特征。

利用χ^2指标对词汇特征进行筛选的思路是：首先假定词汇t与类别c的分类是无关的，其次构建χ^2统计量，如果该统计量大于某一个阈值，则说明独立假设失效。对应的结论则指出，词汇与分类结果是相关的，词汇特征应当在分类器中予以考虑。

表 4.1 为临界概率与χ^2临界值的关系。临界概率越小，对χ^2临界值的要求越高。临界概率，是指判断两个事件之间独立的严格程度。χ^2的临界值越大，筛选的条件越严格。

表 4.1 临界概率与 χ^2 临界值的关系

临 界 概 率	χ^2 临 界 值
0.1	2.71
0.05	3.84
0.01	6.63
0.005	7.88
0.001	10.83

❑ 信息增益（Information Gain）

熵（Entropy）是信息论中的重要概念，用来描述事件的不确定性。熵是根据

概率分布计算的，离散变量 x 的熵的计算如下：

$$E(P) = -\sum_x P(x)\log P(x)$$

熵越大，概率分布的不确定程度越大。对某个未知变量 x 进行条件信息补充时，熵的值就会变小。信息增益用来量化在给定条件信息情况下 x 的熵相对于无条件下的熵值的减少量。信息增益指标说明了给定的条件对未知事物判断的信息价值。

用信息增益可以有效地量化每个词汇被给定时对文本分类任务的帮助，该指标可以有效地指导用户筛选文本特征。根据熵的定义，基于文本分类任务的词汇信息增益指标有

$$\mathrm{IG}(t) = -\sum_{i=1}^C P(c_i)\log P(c_i) + P(t)\sum_{i=1}^C P(c_i\,|\,t)\log P(c_i\,|\,t) + P(\bar{t})\sum_{i=1}^C P(c_i\,|\,\bar{t})\log P(c_i\,|\,\bar{t})$$

❑ **其他**

除上述提及的特征提取指标外，还有很多指标用于文本分类的特征提取。具体内容可以参见下面公式。

（1）信息增益率（Gain Ratio）：

$$\mathrm{GR}(t_k, c_i) = \frac{\displaystyle\sum_{c\in\{c_i,\bar{c_i}\}}\sum_{t\in\{t_k,\bar{t_k}\}} P(t,c)\log\frac{P(t,c)}{P(t)P(c)}}{-\displaystyle\sum_{c\in\{c_i,\bar{c_i}\}} P(c)\log P(c)}$$

（2）概率比率（Probability Ratio）：

$$\mathrm{PR}(t) = \frac{P(t\,|\,c)}{P(t\,|\,\neg c)}$$

（3）对数概率比率（Logarithmic Probability Ratio）：

$$\mathrm{LPR}(t) = \log\frac{P(t\,|\,c)}{P(t\,|\,\neg c)}$$

（4）机会比率（Odds Ratio）：

$$\text{OddsRatio}(t,c) = \log \frac{P(t\,|\,c)\left[1 - P(t\,|\,\neg c)\right]}{\left[1 - P(t\,|\,c)\right]P(t\,|\,\neg c)}$$

（5）机会因子（Odds Numerator）：

$$\text{OddsNumerator}(t,c) = P(t\,|\,c)\left[1 - P(t\,|\,\neg c)\right]$$

（6）加权机会比率（Weighted Odds Ratio）：

$$\text{WOddsRatio}(t) = P(t) \times \text{Odds}(t)$$

（7）二元标准分割界限（Bi-Normal Separation）：

$$\text{BNS}(t) = F^{-1}\left[P(t\,|\,c)\right] - F^{-1}\left[P(t\,|\,\neg c)\right]$$

其中，$F^{-1}(\cdot)$ 是标准正态分布的逆函数。

（8）基于文档频率的主题相关性（Topic Relevance on Document Frequency）：

$$\text{TR}^{\text{DF}}(t) = \log \frac{\text{DF}(t\,|\,c)}{\text{DF}(t)} + \log \frac{N}{N_c}$$

其中，N 是文本集合规模；N_c 是属于主题 c 的文本集合规模。

（9）基于词频的主题相关性（Topic Relevance on Term Frequency）：

$$\text{TR}^{\text{TF}}(t) = \log \frac{\text{TF}(t\,|\,c)}{\text{TF}(t)} + \log \frac{N}{N_c}$$

根据上文提及的方法，在选取词汇特征时，只需要根据计算的指标进行排序，并选取指标较大（较小）的那些词汇即可。在实际操作中，在挑选特征时不能只看重词汇指标大小。其原因在于，很多特征筛选方法没有考虑词汇之间的相关性。

例如，假设存在 $\text{Index}(t_A) > \text{Index}(t_B) > \text{Index}(t_C)$，按理说应当选取 t_A 和 t_B（假设 3 选 2），但事实上有可能 t_A 和 t_B 具有很强的相关性，二者是同义词或近义词。尽管二者指标都较高，但同时选择 t_A 和 t_B 与只选择 t_A 或 t_B 对分类算法来说没有提供太多模型性能的改善。在这种情况下，选择 t_A 和 t_C 是更好的解决方案。

考虑词汇间相关性的文本特征提取方法称为前向序列选择（Sequential

Forward Selection，SFS）算法。假设以词汇的 MI 指标为核心对文本特征进行筛选，则对应的 SFS 方法如下。

Step 1　初始化

初始化已选择词汇集合：$S = \varnothing$。

初始化未选择词汇集合：$U = V$。

Step 2　预处理

计算：

$$I(t_i, c) \quad t_i \in V$$
$$I_{ij} = I(t_i, t_j) \quad t_i, t_j \in V$$

Step 3　启动步

获得第一个候选文本特征

$$t^* = \arg\max_i I(t_i, c)$$

于是有

$$S = \{t^*\}, \quad U = U \setminus \{t^*\}$$

Step 4　循环

选取第一个文本特征后，不断提取新的文本特征，直到选取的文本特征个数达到预期目标 k，即

$$t^* = \arg\max_{t_i \in U} \left[I(c, t_i) - \beta \sum_{t_j \in S} I_{ij} \right]$$

同时更新集合：

$$S = S \cup \{t^*\}, \quad U = U \setminus \{t^*\}$$

除上述提及的通过构造特征有用性的评价指标对文本特征进行筛选和过滤外，还有很多降低词典规模的文本预处理的方法。例如，在某些情况下，有些字符串并不表示词汇，它们被赋予特殊意义的标签或者替代词汇。文本中会包含数字（如"1""123.5"）、编号（如"GB1231"）、特殊格式字符串（如"www.sohu.com""H_2O"）等，这些具有相同含义的字符串都可以得到有效合并，被当作特殊的词

汇进行处理。

此外，基于 NLP 的相关研究者总结的《停用词表》直接对文本特征进行过滤，也是比较有效的词汇特征预处理方法。

4.7.2　分类特征转化

除了文本特征提取，特征转化也是非常重要的处理文本对象表示的方法。特征转化，是指以新的特征代替以词汇为核心的文本特征。特征转化主要可以处理两类文本分析的常见问题：向量维度相关性问题和非线性问题。

对于向量维度相关性问题，在第 3 章文本建模中有所提及，即以词汇为中心的文本向量在各个维度上是具有相关性的，这会导致分类算法产生偏差。可以采取各种文本建模的方法对原始特征向量进行降维，包括 LSI 模型及 LDA 主题模型。文本在新的特征下的表示往往可以保证维度的独立性，向量的维度规模也得到压缩。新的文本特征对空间的利用更加有效。

此外，除了 KNN，当前主要的分类算法仅能处理线性的分类边界，无法对非线性的分类函数进行描述。因此，可以通过非线性的映射转换获得新的文本特征，在新的特征空间下挖掘线性分类边界，从而对原始特征构建非线性的分类边界。这种处理方法在基于 SVM 的模型上具有十分广泛的应用。

这里介绍以非线性映射为基础的 SVM，这种技术手段称为核技巧（Kernel Method）。首先，定义输入空间 X 和特征空间 H：

$$\phi(x): \quad X => H$$

作为非线性映射，可以定义核函数为

$$K(x,z) = \phi(x)\phi(z)$$

通过观察上文中传统的硬间隔 SVM 和软间隔 SVM 可知，在解决优化问题时不需要知道具体的 x_i 和 x_j，只需要知道其乘积 $x_i x_j$ 的结果即可。在非线性的 SVM 中，可以采用核函数 $K(x_i, x_j)$ 来代替 $x_i x_j$ 求解优化问题。引入拉格朗日乘子后，原优化问题的对偶问题形式可以写为

$$W(\alpha) = \frac{1}{2} \sum_{i=1}^{N} \sum_{j=1}^{N} \alpha_i \alpha_j y_i y_j K(\boldsymbol{x}_i, \boldsymbol{x}_j) - \sum_{i=1}^{N} \alpha_i$$

$$\text{s.t.} \quad \sum_{i=1}^{N} \alpha_i y_i = 0 \quad \alpha_i \geqslant 0; \quad i = 1, 2, \cdots, N$$

判别函数可以表示为

$$f(\boldsymbol{x}) = \text{sign}(\boldsymbol{w}^* \boldsymbol{x} + \boldsymbol{b}^*)$$

$$= \text{sign}\left[\sum_{i=1}^{N} \alpha_i^* y_i K(\boldsymbol{x}_i, \boldsymbol{x}) + \boldsymbol{b}^* \right]$$

无论是在优化问题中还是在判别函数中，都只需要知道 $K(\cdot)$ 的结果，无须知道具体的映射关系 $\phi(\cdot)$。在构建非线性的 SVM 的时候，不用显示地给出 $\phi(\cdot)$，只需直接定义 $K(\cdot)$ 即可。实践证明，直接定义 $K(\cdot)$ 往往更加灵活有效。

在定义 $K(\cdot)$ 时有很多核函数可以选择，核函数的选择必须保证其是正定核。正定核的充要条件是，对于任意的 $\boldsymbol{x}_i \in \boldsymbol{X}$ $(i = 1, 2, \cdots, m)$，有 $[K(\boldsymbol{x}_i, \boldsymbol{x}_j)]_{m \times m}$ 是半正定矩阵。当前常用的核函数有多项式核函数（Polynomial Kernel Function）：

$$K(\boldsymbol{xz}) = (\boldsymbol{xz} + 1)^p$$

及高斯核函数（Gaussian Kernel Function）：

$$K(\boldsymbol{xz}) = \exp\left(-\frac{\| \boldsymbol{x} - \boldsymbol{z} \|^2}{2\sigma^2} \right)$$

图 4.5 为采用非线性核函数的 SVM 对文本进行分类的实例。图 4.5（a）对应原始的分类空间，文档对应平面中的点。从图 4.5 中可看出，两类数据可以由一个圆形曲线分割。该分割界面为非线性界面，无法用传统的 SVM 找到分类边界。图 4.5（b）为通过核函数映射到的新文档空间中的数据分布，该图中的样本可以很容易由一个"平面"分割。因此，在新的非线性空间内，SVM 仍然是有效的。

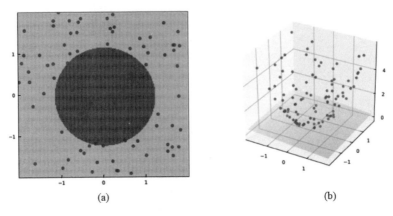

(a)　　　　　　　　　　　　　　　(b)

图 4.5　非线性空间下的 SVM

4.7.3　分类特征扩展

很多时候，对文本进行分类的困难源于文档对象提供的有效信息不足，例如，文本向量比较稀疏，难以从向量中获得足够多的特征值帮助模型分类。这种问题在短文本分类中更加突出。有效的解决方案是，采用特征扩展的方法对文本向量进行扩展。

下面公式给出了一种有效的基于词汇相似度的向量扩展方法：

$$x_{ji_1}^* = x_{ji_1} + \sum_{i_2 \neq i_1} \delta_{i_1 i_2} x_{ji_2}$$

其中，x_{ji_1} 和 $x_{ji_1}^*$ 分别是文档 j 的第 i_1 维度上在调整前和调整后的值。向量调整时，所有非 i_1 位置上的内容都要被叠加，叠加权重为词汇之间的相似性 $\delta_{i_1 i_2}$。词汇相似性的计算可以采用多种方法，而这方面的信息通常源于文档集合外（外部知识）。

文本的外部知识可以从知识库直接获得，比较典型的有 WordNet 等。图 4.6 为基于 WordNet 的文本特征拓展。

	ball	football	basketball	food
d1	5	0	3	2
d2	0	4	1	0

	ball	football	basketball	food
d1	7.4	6.4	7	2
d2	4	4.8	4.2	0

图 4.6　基于 WordNet 的文本特征拓展

　　WordNet 是由领域专家构建的。虽然知识库中的内容定义标准精确，但是由于人力成本比较高昂，内容完备性较差。因此，也有学者提出可以将互联网环境下的知识共享平台作为外部知识来丰富文本内容。比较著名的知识共享平台有 Wikipedia、百度百科等。

　　在知识共享平台上，网络上的任何用户都可以对给定词条进行定义及管理。由于网络平台的开放性特征，群体的智慧可以被极大程度地调度，最终可能任何词汇都会被相关领域专家给出精确的描述。

　　以 Wikipedia 为例，用户需要对词条内容给出详细的语言描述，同时在词条对应的网页内添加超链接（HyperLink），将词条网页与其他已有词条网页进行关联——定义词条与词条间的逻辑关系。通过网页文字描述和词条关系，可以有效地计算词汇之间的语义相似性，完成向量内容扩展。Wang 等 2008 年发表的名为 *Building Semantic Kernels for Text Classification Using Wikipedia* 的文章详细地解释了该方法。图 4.7 为 Wikipedia 的概念分类系统（Taxonomy System）。

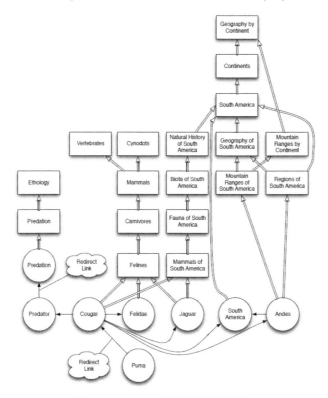

图 4.7　Wikipedia 的概念分类系统

上述概念分类系统蕴含了非常重要的词汇关系，通过基于超链接的上下级层级关系，可以把概念组合在一起。通过挖掘概念层级关系，用户可以得到类似于WordNet的知识结构，并采用类似的方法计算出词汇的相似性。

除了分析概念层次关系，也可以通过计算两个概念网页共有的超链接网页的个数来判断词汇的相似性。两个网页的超链接指向的网页的共同部分越多，两个网页对应词汇的相似性越大，如图4.8所示。

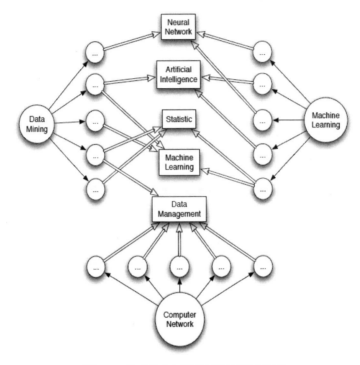

图4.8 基于共享超链接网页判断相似性

在图4.8中，词汇"Data Mining"和词汇"Machine Learning"具有较强相似性，因为二者的超链接指向很多共同的网页（如 Neural Network、Artificial Intelligence 等）。

通过词条网页内容来判断词汇相似性也是十分重要的手段。这种方法将词汇看作描述它的文本内容，把词汇的相似性计算问题转化为对应文本对象的相似度计算问题。基于此，可以构造一个综合指标，充分考虑上述各方面的相似度，有

$$\delta_{i_1i_2} = \lambda_1 S_{i_1i_2}^{\text{Text}} + \lambda_2 S_{i_1i_2}^{\text{Link}} + (1 - \lambda_1 - \lambda_2) S_{i_1i_2}^{\text{Taxonomy}}$$

其中，$S_{i_1i_2}^{\text{Text}}$ 是基于网页中文本描述的词汇相似性；$S_{i_1i_2}^{\text{Link}}$ 是基于共享超链接网页个数的词汇相似性；$S_{i_1i_2}^{\text{Taxonomy}}$ 是基于分类系统的词汇相似性。

4.8　分类学习策略优化

对文本分类算法进行提升除了可以改善文本的向量表示，还可以在算法层面对模型进行优化。本节主要介绍三个比较有用的分类算法的机器学习策略：AdaBoost 算法、主动式学习、迁移学习（Transfer Learning）。这些内容除了在文本分类中有比较广泛的应用，还可以用于一般的机器学习任务。

4.8.1　AdaBoost 算法

AdaBoost 既是一种分类算法，也代表一种机器学习的基本思想。该思想的核心是：用一组弱分类器来替代单独的一个强分类器，这一组弱分类器可以组合成一个性能更强的组合分类器。AdaBoost 是一种基于迭代的机器学习过程，迭代次数等于弱分类器的个数。

每次迭代过程中，AdaBoost 算法一方面对训练集合中各样本的权重进行学习，改变训练样本对应总体的数据分布；另一方面对弱分类器进行学习，并获得弱分类器在整个分类器组合中的相应权重。在 AdaBoost 中，分类模型的判别函数可以表示为

$$f(x) = \text{sign}\left[\sum_{t=1}^{T} \alpha_t h_t(x) \right]$$

其中，$h_t(x)$ 输出值为 1 或 -1，是弱分类器；$f(x)$ 是通过一系列弱分类器组合而成的强分类器；α_t 是弱分类器对应的权重；T 是弱分类器的个数。

AdaBoost 对分类器 $f(x)$ 进行学习的核心是确定权重 α_t。在对模型分类时，对每个弱分类器的判别结果进行汇总，并通过符号函数 $f(x)$ 输出最终的整体判别意见。

令 $D_{\text{Train}} = \{(x_1, y_1), \cdots, (x_n, y_n)\}$ 为训练集合，基于 AdaBoost 的机器学习过程

如下。

Step 1 初始化

初始化每个样本的权重 $D_1(i) = \dfrac{1}{n}$，$i = 1, \cdots, n$。

Step 2 循环

$$\text{for } t = 1 \text{ to } T$$

在训练集合 D_{Train} 上训练弱分类器 $h_t(x)$ 中的参数。

计算加权的训练误差：

$$\varepsilon_t = \sum_{i=1}^{n} D_t(i) I\left[y_i \neq h_t(x_i)\right]$$

计算弱分类器的权重：

$$\alpha_t = \frac{1}{2} \ln \frac{1 - \varepsilon_t}{\varepsilon_t}$$

更新样本分布：

$$D_{t+1}(i) = \frac{D_t(i) \mathrm{e}^{-\alpha_t y_i h_t(x_i)}}{Z_t}$$

其中，Z_t 是标准化系数，保证 $D_{t+1}(i)$ 的求和结果为 1。

在弱分类器很多的情况下，即便每个弱分类器的结构非常简单，分类组合也可以获得非常有效的分类效果。在文本分类问题中，通常每个弱分类器只处理一个文本特征。弱分类器可进行特定属性上是否有值的二元判断，其定义如下：

$$h(x) = \begin{cases} c & x^j = 1 \\ -c & x^j \neq 1 \end{cases} \quad c = \{-1, 1\}$$

4.8.2　主动式学习

文本分类模型的构建过程依赖于文本训练集合的质量。然而，构建文本训练集合往往耗时、耗力，且对样本数据进行分类标注需要花费很高的人力成本。传统的训练集构造方法对文本的标注是随机的，任意文档被标注并放入训练集合都是等概率的。然而，不同样本对于分类器的机器学习价值存在差异，应当优先对学习价值高的样本数据进行标注。

主动式学习是一种对训练集合的构建进行监督指导的机器学习方法。该方法可以向用户反馈应当对哪些文本对象进行标注的信息，即告诉用户不同样本对分类器学习过程的信息价值。

在采用主动式学习时，先根据已有数据训练出一组初步的分类器。然后对未标注的样本集合基于分类器组合进行评估。若某个样例被分类器组合评估的结果具有很大的不一致性，就说明该样本当前仍不可被有效判断，这样的样本具有很强的学习价值，需要被用户标注，补充当前的训练集合。

4.8.3　迁移学习

如上文所述，很多时候文本训练集的构造成本较高。除了可以考虑用算法来对样本的标注过程进行指导，还可以考虑对替代的文本集合进行学习。例如，存在应用领域 A 和应用领域 B，需要构建应用在领域 B 的分类算法。如果对 B 中的样本进行标注的成本远高于对 A 中样本进行标注的成本，那么就可以考虑借助 A 中的样本来对处理 B 样本的分类器进行训练。这种对分类算法进行学习的方法叫作迁移学习。

迁移学习可以直接对 A 中样本进行学习并用于处理 B 中的文本分类。但是，在大多数情况下领域 A 和领域 B 的文本分布存在较大差异，这就导致简单的迁移学习策略往往效果欠佳。因此，在对 A 中样本进行模型训练时，也会考虑领域 B 的文本结构，这样可以保证算法具有较强的适应性。

由于在目标领域 B 中无法获得已标注的数据，对 B 中内容标注属于包含隐变量的分类问题，很多相关的算法是基于 E-M 的思想的。

4.9　本章小结

文本分类是非常重要的文本分析课题，具有丰富的在线应用场景。对文本进行分类需要进行有监督的机器学习，构建具有预测功能的分类模型。文本分类算法有三种基本模型：朴素贝叶斯模型、向量空间模型、SVM 模型。

朴素贝叶斯模型是一种产生式模型，文档对象具有两种离散的表达方式：

贝努利模型和多项式模型。前者在每个维度上用布尔变量来表示词汇是否在目标文档中出现，后者在每个维度上用布尔变量来表示词汇是否在目标文档特定的位置上出现。

基于向量空间模型的方法把文档表示成高维实数空间中的点，文档的表示形式更加灵活。样本的分类结果取决于其在高维空间中的位置关系，这种方法假定位置相近的样本的分类结果也相近。基于向量空间模型的方法有 Rocchio 方法和 KNN 方法。Rocchio 方法在信息检索领域具有较多的应用，而 KNN 方法的优势体现在可以处理复杂的非线性分类边界。

SVM 模型主要用于二元分类，其把分类器学习问题转化为寻找最大分类边缘的优化问题。SVM 模型包括硬间隔分类和软间隔分类，其学习过程只依赖于少数的支持向量样本，算法收敛速度较快。SVM 模型还可以结合核函数的相关技术解决非线性边界的确定问题。

本章还介绍了对分类算法进行优化的策略，具体可以从文本特征表示和学习策略两个角度进行改善。其中，文本特征表示包括特征提取、特征转化、特征扩展。各种分类算法改进策略也可以组合使用。

特征提取是指通过构建统计指标对特征进行过滤；特征转化是指基于数学映射关系构造等价的或相似的文本向量；特征扩展则是依赖于领域背景知识对文本向量的维度值进行更新。

可以优化分类模型的机器学习策略包括 AdaBoost、主动式学习、迁移学习。AdaBoost，是指用一系列简单的弱分类器替代复杂分类器；主动式学习及迁移学习都是用于解决训练集合样本稀缺的问题。前者考虑用算法对人工样本标注过程进行监督和指导，后者则重点在于利用其他可获得的训练集合进行辅助的学习。

第 5 章

文 本 聚 类

　　除文本分类外，文本挖掘在很多场合还需要用到文本聚类算法。很多数据挖掘或文本挖掘的初学者经常将聚类问题和分类问题搞混，实际上二者之间有着本质的不同。文本分类有监督的学习任务，而文本聚类无监督的学习任务。

　　在文本聚类任务中，目标是将给定文档集合聚集成许多子集或簇，使得同一个簇内的样本在属性特征上尽可能相似，不在同一个簇内的样本彼此之间尽可能不同。文本聚类的核心作用是对文本对象进行降维，更加生动、系统地描述文档集合。本章将介绍当前重要的文本聚类的理论与技术方法。

5.1　文本聚类的基本概念

　　文本聚类工作可以将给定文档分成若干个子集，每个子集彼此相像。聚类任务本质上可以帮助用户更好地了解文档对象的分布，增加对所处理文档集合的认识。被聚类的结果中，每个子集都有其特性，分别对各个子集进行分析，往往比将所有文档子集混在一起解析更有助于挖掘文本数据的内在规律。

　　文本聚类与文本分类任务的工作范畴都是将文本划分到各个类别中，容易混淆。当不清楚一个文本分析工作到底属于分类任务还是聚类任务时，可以通过是否已经知道分析文档类别来判断。

在对文档进行划分时，知道都有哪些类别，以及每个类别中的文档分布大致是什么样子，这种问题就是文本分类问题；在对文档进行划分时，事先不知道都有哪些类别，也不知道每个类别中的文档分布形态，这种问题就是文本聚类问题。文本分类问题对应于有监督的机器学习方法，其基本任务是对数据的预测；文本聚类问题则对应于无监督的机器学习方法，其基本任务是对数据的描述。

根据聚类任务的基本目的可以将其分为硬聚类和软聚类两种形式。在硬聚类中，每个文档对象只属于一个类别；在软聚类中，不具体地指定每个文档归属于某一个类别，而为文档对每一个类别定义一个隶属度指标，表示文档属于某个类别的可能性（概率）或合理程度。

需要强调的是，文档的软聚类也可以理解为对文档进行降维的工作。当得到文档的软聚类结果时，可以用文档隶属于各个类别的可能性的分布向量来代替原始的特征向量。这样，当聚类的类别个数比文档原始的特征向量维度小时，就达到了对原文档进行降维的效果。

聚类任务不仅是对文档进行分析的专利，也是对其他类型数据进行分析的重要方法。因此，聚类算法实际上是非常成熟的数据分析方法。当前聚类算法主要分为两大类：扁平式聚类（Flat-Clustering）和凝聚式聚类。扁平式聚类，是指对所有数据集合同时进行聚类，聚类结果只有单一的层次结构；凝聚式聚类，是指对数据集合中的样本逐个进行聚类，一次只聚集一个样本，然后所有样本逐步聚集成一个整体，最终聚类结果是一个层次性的树状结构或者说最终得到的是一个逐步聚类的过程。

5.2 文本聚类的应用场景

5.2.1 探索分析

聚类可以看作对实际问题的探索性分析，通过聚类分析可以帮助用户初步了解数据的基本结构，从而更好地对数据进行进一步分析。

首先，被分析的数据可能具有多模态结构，即无法用单一的分布来描述已知数据集合。这种情况下，数据集合的样本的内在规律可能并不是一致的。因此，不适合用单一的模型对数据集合进行建模分析。聚类可以作为一种非常有效的辅助手段解决相应的文本分析问题：先将文档按照主题内容聚成若干子集，然后在每个子集上分别进行处理。

其次，聚类还可以帮助用户探索文本中主要内容的分布，挖掘其中有价值的信息。例如，用户可以对产品或服务的在线口碑进行分析，对用户所讨论的产品属性进行聚类归纳，了解用户比较关注的若干个产品的特性。

此外，用户可以对社交媒体、社交网络上用户发表或分享的内容进行聚类分析，从而挖掘媒体上主流的新闻主题及用户观点。同时，通过聚类也可以间接地对用户对象进行聚类。

从探索性工作的角度，聚类可以看作分类工作前一阶段的任务。通过聚类分析，可以知道文档应当分为几类及每类中的文档分布。对聚类生成的每个子集，用户还可以通过分析获得对应的标签，理解每个子集具体的意义。之后，聚类结果可以看作人工标注过的分类测试集，基于此，可以构造文本分类模型并实现对新文档的分类预测。

5.2.2　降维

文本聚类可以实现对文档的降维。除了从文档包含的词汇特征的角度对文档内容进行描述与表示，基于文档所属类别，也可以对文档内容进行描述与表示。上文提到，文本聚类包括硬聚类和软聚类。对软聚类来说，文本可以映射到多个类别上，每个类别对应一个隶属度指标。这样，就可以用对应各个类别的一组隶属度指标来表示某个特定的文档。

隶属度指标可以从概率的角度去理解，即当前文档分布的结构文档被划分到各个子集中的概率。因此，软聚类算法通常从概率的形式出发来定义隶属度指标。文档被聚类的子集个数通常不会多于文档的特征个数，文档基于聚类的表示会比其原始基于词汇项的表示更加简洁。

5.2.3　信息检索

文本聚类可以有效地提高用户对信息进行处理的效率。其基本原理是：当相似的文档组织在一起时，用户可以更高效地对其内容进行浏览、比较与分析。因此，聚类算法经常被应用于搜索引擎，将反馈给用户的网页按包含文本内容的相似性进行聚类组织并展示。

此外，还可以将整个聚类工作融入搜索过程。用户通过获得一系列经过聚类的内容不断地对感兴趣的网页进行探索。基于聚类的搜索过程如下：①将文档集合按照内容进行聚类，获得若干个类别和对应的标签。②用户浏览各标签，选择若干个标签作为标记感兴趣内容的要素，然后被选定的标签对应的文档集合自动进行合并，组成新的文档集合。③基于新的文档集合，进一步聚类，用户进一步地选择标签，构造下一阶段的文档集合，依次类推直到用户获得感兴趣的目标文档集合为止。

5.3 扁平式聚类

扁平式聚类，是指在同一层次下对样本进行聚类。该聚类算法是一种静态的方法，所有聚类子集在同一层级视角展示。对于扁平式聚类算法，需要确定聚类的个数，聚类个数影响聚类结果最终的展示形式。扁平式聚类算法包括 K-均值（K-means）算法和基于模型的聚类算法。图 5.1 为三维空间下的扁平式聚类效果。

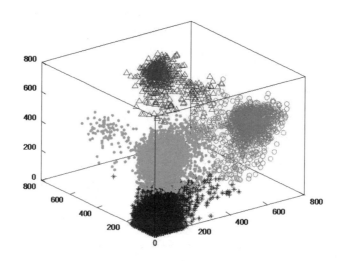

图 5.1　三维空间下的扁平式聚类效果

5.3.1　K-均值算法

K-means 算法操作简单而有效,对数据集合的适应性较强。数据分析的初学者经常将 K-means 和 KNN 两个算法混淆。这里补充强调:KNN 是一种分类算法,而 K-means 是一种聚类算法。K-means 算法的聚类目标是将文档最小化到其簇中心的距离的平方的平均值。其中,簇中心也可以称为质心,是指每个聚类簇中所有文档向量的中心向量,一般是文档向量平均化的结果,有

$$\boldsymbol{\mu}_w = \frac{1}{|w|} \sum_v \boldsymbol{v}$$

其中, $\boldsymbol{\mu}_w$ 是文档簇 w 的中心坐标。聚类问题从本质上看,仍然是一个优化问题。根据 K-means 算法的定义可知,优化目标为残差平方和(Residual Sum of Squares,RSS)指标。

$$\text{RSS}_c = \sum_{d \in w_c} |\boldsymbol{v}_d - \boldsymbol{\mu}_w|^2$$

$$\text{RSS} = \sum_c \text{RSS}_c \quad c = 1, \cdots, k$$

直接求解优化问题是十分困难的,但是 K-means 提供了一种启发式算法,流程如下。

输入
文档集合 $\{\boldsymbol{v}_1, \boldsymbol{v}_2, \cdots, \boldsymbol{v}_N\}$,聚类个数 K 。

输出
各文档所属类别 $\{c(\boldsymbol{v}_1), c(\boldsymbol{v}_2), \cdots, c(\boldsymbol{v}_N)\}$ 。

Step 1 初始化
随机选取 k 个文档向量作为聚类算法初始的质心,记为 $\{\boldsymbol{s}_1, \boldsymbol{s}_2, \cdots, \boldsymbol{s}_k\}$ 。

Step 2　迭代
将每个文档 $\boldsymbol{v}_i (i = 1, \cdots, N)$ 划分到最近的那个聚类中心所在的簇,形成围绕 $\{\boldsymbol{s}_1, \boldsymbol{s}_2, \cdots, \boldsymbol{s}_k\}$ 的若干子集:

$$c(\boldsymbol{v}_i) = \arg \min_{c, c \in \{1, \cdots, k\}} |\boldsymbol{v}_i - \boldsymbol{s}_c| \quad i = 1, \cdots, N$$

根据质心的定义,按照每个簇内划分的文档集合,更新每个簇的质心:

$$s_c = \frac{\sum_i I(c(\boldsymbol{v}_i)=c)\boldsymbol{v}_i}{\sum_i I(c(\boldsymbol{v}_i)=c)} \quad c=1,\cdots,k$$

其中，$I(\cdot)$ 是条件判断函数，满足条件返回 1，否则返回 0。

Step 3 终止

对聚类结果进行评估，看 RSS 指标是否满足预先设定的停止条件。若达到停止条件，则输出各文档类别：

$$\{c(\boldsymbol{v}_1), c(\boldsymbol{v}_2),\cdots, c(\boldsymbol{v}_N)\}$$

聚类初始点位置的选择对 K-means 算法的聚类结果有非常重要的影响。由于 K-means 算法只能取到局部最优，所以，如没有妥善地选取初始点，则很容易产生较差的聚类结果。K-means 算法中初始点的选择是随机的，随机选取初始点无法保证比较好的聚类结果。

实践中，通常可以采取以下三种方案来弥补随机选择初始点的不足：

- 多次对初始点进行初始化，得到多组聚类结果，根据 RSS 指标选取较好的结果。
- 从初始样本集合中剔除离群点，避免将离群点选为初始中心。
- 采用其他辅助方法对样本进行预聚类，用预聚类中心进行初始化。

除了聚类初始点，聚类的个数也是影响聚类结果的重要因素。在聚类之前，用户并不清楚样本应该聚成几个类，对扁平式聚类来说，这个信息需要提前对算法进行指定。比较直观的思路是考虑所有可能的聚类个数 k，然后计算各个给定 k 条件下的优化目标 $RSS^{(k)}$。之后，将其中最小的 k 作为最终聚类个数。

然而，这种方法被证明是无效的，因为 $RSS^{(k)}$ 总会随着 k 的增大递减。直到 k 为文档集合的规模 N 时，$RSS^{(k)}$ 变为 0。考虑极端情况，当聚类个数为文档个数时，每个文档自成一类。此时，虽然 $RSS^{(k)}$ 达到了最小值，聚类误差为 0，但是模型的复杂度却很高。

聚类是为了对文档进行组织和归纳。从数学角度看，对数据进行聚类的结果是一个模型，而模型是数据的抽象和代表。因此，聚类结果必须比原始数据集合形式简洁；从聚类目标上考虑 $RSS^{(k)}$ 指标的同时，也不能盲目地增加聚类个数以免模型本身的结构过于复杂。结合以上考虑，聚类个数的确定主要可以用拐点观察法和优化目标修正法两种方式进行处理。

❑　拐点观察法

拐点观察法可以遍历所有可能的聚类个数 k 以及对应的评价指标 $\text{RSS}^{(k)}$，然后绘制有关的折线图，观察 $\text{RSS}^{(k)}$ 随着 k 的变化趋势。虽然 $\text{RSS}^{(k)}$ 会一直下降，但是下降并不是匀速的。通常来说，折线呈现的下降态势是先陡峭然后平缓，可以观察到趋势图中的拐点。在拐点位置，$\text{RSS}^{(k)}$ 的下降趋势骤降，这说明拐点位置之后再增加聚类个数 k 对模型的精度也不会有太多改善。因此，拐点位置对应的 k 是比较合适的聚类个数。

图 5.2 为 RSS 指标变化趋势图，图中 k 为 4 或 6 的位置可认为是拐点，应选其为聚类个数。

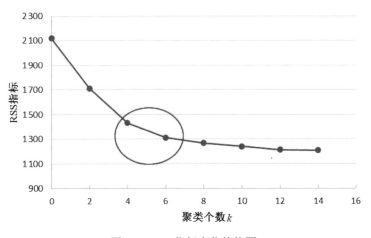

图 5.2　RSS 指标变化趋势图

❑　优化目标修正法

在建模时，数据分析者总是需要不断地在精度和复杂度两方面对模型的结构进行学习和调整。于是，在选择聚类个数 k 时，可以构造如下优化问题：

$$k = \arg\min_{k}[\text{RSS}(k) + \lambda k]$$

其中，λ 是一个正值的惩罚项，可以避免盲目地追求较小的 $\text{RSS}(k)$ 而使得 k 的取值变得很大。在求解该优化问题时，需要确定惩罚项 λ 的值，这个值可以基于经验来判断。

除了上述方法，还可以采用 AIC（Akaike Information Criterion）指标来构建 k 优化的方法。AIC 指标经常被用于进行模型好坏的评估，在计量经济学研究中，可以帮助数据分析师选择较好的模型。AIC 是一个基于信息论的指标，可以衡量模型的准确率和复杂性，对模型进行客观综合的评价，其具体形式为

$$k = \arg\min_k[-2L(k) + 2q(k)]$$

其中，$L(k)$ 是聚类模型的似然函数；$q(k)$ 是具有 k 个簇的模型的参数个数。在 K-means 算法的具体情境下，AIC 指标可以表示为

$$k = \arg\min_k[\text{RSS}(k) + 2Mk]$$

其中，M 是文档向量中特征的个数。

好的聚类结果依赖于合适的聚类个数及聚类中心位置的选择，因此在 K-mean 算法中经常需要进行大量的调参工作。在每一个参数组合下，构建聚类模型时都要考虑计算机的运算负担。此外，用户对聚类算法的时效性具有较高要求。

由于文档对象的文本特征个数比较多，同时 K-means 算法通过平均化计算得到的质心又是稠密的向量，所以 K-means 算法会因质心向量引入大量的资源开销。为了解决该问题，在实际应用中通常不用真实的质心计算每个簇的中心，而取距离质心最近的文档向量替代簇中心坐标。

最后，对 K-means 迭代算法的终止条件进行合理的设计，常见的终止条件有：

（1）人为设置最大的迭代次数 $I_{\max}$。

（2）文档到簇的分配结果趋于稳定，需定义文档划分函数。

（3）质心的位置趋于稳定（变化量/变化比例小于某个给定阈值）。

（4）RSS指标低于某个特定的阈值。

（5）RSS指标趋于稳定（变化量/变化比例小于某个给定阈值）。

5.3.2　基于模型的聚类

与 K-means 算法相比，基于模型的聚类是更为一般化的聚类模型。K-means 算法假设数据的分布满足球状结构，然而，在基于模型的聚类方法中，用户可以定义任意的数据分布形式。基于模型的聚类方法比较适合软聚类的应用场景。

基于模型的聚类假定每一个聚类的簇实际上是一个概率分布，观察到的数据样本可以看作是由若干个概率分布中的其中一个分布随机抽取出来的。通常假定

每个概率分布的形式是一样的，但是各自的具体参数赋值存在差异。对文档进行聚类时，一方面要恢复各簇的模型，另一方面要分析将每个样本从各簇中抽取出来的可能性。后者对应软聚类的隶属度指标。

基于模型的聚类方法中的"模型"是指产生式模型。在产生具体的文档样本时，先按一定概率抽取一个概率分布，然后从特定的概率分布中产生某个特定样本。如果知道每个样本是从哪个分布中抽取出来的，就可以很容易地构造似然函数对各模型参数的估计：

$$\Theta = \arg\max_{\Theta} L(D \mid \Theta) = \arg\max_{\Theta} \sum_{n=1}^{N} \log P(d_n \mid \theta_{c_n}) \quad \Theta = \{\theta_1, \theta_2, \cdots, \theta_K\}$$

实际应用中，由于不知道每个文档 d_n 所属的类别对应的参数 θ_{c_n}，无法直接采用极大似然估计求解模型参数。在样本数据中存在不可观测变量 c_n 的情况下，通常需要采用 E-M 算法估计模型参数。

❑　**E-M 算法**

E-M 算法是非常经典的解决包含不可观测变量的模型参数估计问题的方法。首先，去掉文本分析的背景，提出一个更泛化的参数估计场景：观测数据 X 是从若干个模型中随机抽取出的，所有模型的参数记为 Θ，是需要估计的结果。数据与模型的对应关系由变量 Z 表示，Z 是不可观察的隐变量。

输入

观测变量 X，隐变量 Z，联合分布 $P(X, Z \mid \Theta)$，条件分布 $P(Z \mid X, \Theta)$。

输出

模型参数 Θ。

Step 1　初始化

选择参数的初始值 $\Theta^{(0)}$。

Step 2　E-Step

记 $\Theta^{(i)}$ 为第 i 次迭代的参数估计值，第 $i+1$ 次迭代的 E-Step 可以根据 X 和 $\Theta^{(i)}$ 估计隐变量 Z 的条件概率分布，有

$$P(Z \mid X, \Theta^{(i)}) = \frac{P(X \mid Z, \Theta^{(i)})P(Z \mid \Theta^{(i)})}{P(X \mid \Theta^{(i)})}$$

$$= \frac{P(X \mid Z, \Theta^{(i)})P(Z \mid \Theta^{(i)})}{\sum_z P(X \mid Z, \Theta^{(i)})P(Z \mid \Theta^{(i)})}$$

基于 $P(Z \mid X, \Theta^{(i)})$，可以构造似然函数：

$$Q(\Theta, \Theta^{(i)}) = E_z[\log P(X, Z \mid \Theta) \mid X, \Theta^{(i)}]$$

$$= \sum_z \log P(X, Z \mid \Theta)P(Z \mid X, \Theta^{(i)})$$

Step 3　M-Step

求使得 $Q(\Theta, \Theta^{(i)})$ 极大化的 Θ，从而确定第 $i+1$ 步的估计值 $\Theta^{(i+1)}$。

Step 4　终止

重复 E-Step 和 M-Step 直到算法收敛，停止条件为

$$\|\Theta^{(i+1)} - \Theta^{(i)}\| < \varepsilon \ \text{或} \ \|Q(\Theta^{(i+1)}, \Theta^{(i)}) - Q(\Theta^{(i)}, \Theta^{(i)})\| < \varepsilon$$

说明：直接理解 E-M 算法是比较困难的。E-M 算法的本质是基于极大似然估计的思想，但是极大似然估计有效的前提是所有变量都是可观测的。因此，要估计参数 Θ，就需要知道隐变量 Z，而隐变量 Z 又只能通过参数 Θ 来判断。这就陷入了一个类似于"先有蛋还是先有鸡"的死循环问题。在这种情况下，不妨先假设已经知道参数 Θ 的值，然后估计隐变量 Z，然后在隐变量 Z 的估计值基础上重新估计 Θ，将这个过程往复迭代下去，最终找到最优解。

E-M 算法包含 E-Step，即 Expectation，是指基于 Θ 和观测变量 X 估计隐变量的后验概率分布 $P(Z \mid X, \Theta^{(i)})$，采用的公式是贝叶斯公式。M-Step，即 Maximization，是指基于 $P(Z \mid X, \Theta^{(i)})$ 构造的似然函数 $Q(\Theta, \Theta^{(i)})$ 更新对 Θ 的最大化优化结果。

E-M 过程与 K-means 过程在迭代的思想上有相通的逻辑，即 K-means 可以理解为 E-M 的一种特殊形式。在数学上可以证明 E-M 是有效的，可以获得局部极大值。为了使得 E-M 的解是全局最大的，需要合理地对参数的初始值进行选择。

下文将在文本分类的场景下说明 E-M 算法的具体技术实现。假设文档的概率分布是一个混合的多元贝努利分布，共存在 K 个类别（模型），聚类的任务是针对给定文档集合中的元素计算其属于各个模型的可能性（隶属度）。模型参数可表示为

$$\Theta = \{\Theta_1, \Theta_2, \cdots, \Theta_K\}$$

和

$$\Theta_k = (\alpha_k, q_{1k}, q_{2k}, \cdots, q_{Mk})$$

其中，α_k 表示任意文档从模型 k 中抽取的概率；$q_{mk}(m=1,2,\cdots,M)$ 是在确定文档类别时文档中出现词汇项 t_i 的可能性。在给定类别 k 的情况下，有

$$P(d \mid k;\Theta) = P(d \mid \Theta_k) = \left(\prod_{t_m \in d} q_{mk} \right) \left(\prod_{t_m \notin d} (1-q_{mk}) \right)$$

在混合模型的情况下：

$$P(d \mid k;\Theta) = \sum_{k=1}^{K} \alpha_k \left(\prod_{t_m \in d} q_{mk} \right) \left(\prod_{t_m \notin d} (1-q_{mk}) \right)$$

M-Step 可以表示为

$$q_{mk} = \frac{\sum\limits_{i=1}^{N} r_{ik} I(t_m \in d_i)}{\sum\limits_{i=1}^{N} r_{ik}}, \quad \alpha_k = \frac{\sum\limits_{i=1}^{N} r_{ik}}{N} \quad k=1,2,\cdots,K; \quad m=1,2,\cdots,M$$

E-Step 可以表示为

$$r_{ik} = \frac{\alpha_k \left(\prod\limits_{t_m \in d_i} q_{mk} \right) \left(\prod\limits_{t_m \notin d_i} (1-q_{mk}) \right)}{\sum\limits_{k=1}^{K} \alpha_k \left(\prod\limits_{t_m \in d_i} q_{mk} \right) \left(\prod\limits_{t_m \in d_i} (1-q_{mk}) \right)} \quad k=1,2,\cdots,K; \quad i=1,2,\cdots,N$$

其中，r_{ik} 是文档 d_i 对类别 k 的隶属度指标。

尽管基于模型的方法主要适用于软聚类，但基于 E-M 算法获得的文档对各模型簇的隶属度指标也可以指导硬聚类算法：

$$c_i = \arg\max_k r_{ik}$$

基于模型的方法和 K-means 算法一样，对初始点的选取依赖性很高。解决该问题的有效方案是：先通过 K-means 算法获得数据的聚类中心，之后将该聚类中心作为基于模型的算法的初始聚类参数。

5.4　凝聚式聚类

5.4.1　层次聚类

凝聚式聚类是层次聚类（Hierachical Clustering）的子类。对层次聚类来说，不需要提前指定聚类的个数，可直接输出层次化的聚类结果。层次聚类包括两种基本形式：自底向上的形式、自顶向下的形式。

在自底向上的形式中，先假定所有样本都自成一个独立的簇，然后选择距离最近的两个簇将其合并。之后，对形成的新的子集重复上述步骤，将小的簇不断地凝结成更大的样本集合，直到所有样本都被包含在一个簇中为止。自底向上的方法也称作凝聚式聚类法，本书重点对该方法进行介绍。

图5.3展示了自底向上的凝聚式聚类算法的基本过程。

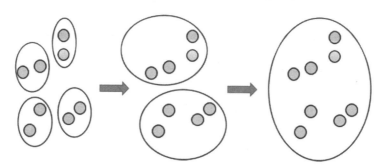

图5.3　自底向上的凝聚式聚类算法的基本过程

在自顶向下的形式中，先假定所有样本都属于一个类别，然后寻找稀疏的样本边界对样本集合进行分割。之后，对分割后的子集重复上述步骤，将样本集合不断切分成更小的子集，直到每一个样本都自成一个簇为止。自顶向下的方法也称作分裂式聚类法，该方法的应用比较复杂。自顶向下的聚类方法一方面要选择对哪个簇进行分割，另一方面要寻找对簇进行分割的具体方案。

5.4.2　基于簇距离的聚类过程

凝聚式聚类的关键是对任意两个聚类的簇的空间距离进行计算，从而保证在每一个聚类步骤中对最近的两个簇进行合并。根据不同簇距离的定义方法，可以定义不同的凝聚式聚类算法。图5.4为凝聚式文本聚类图示。

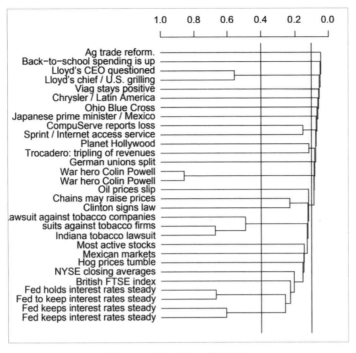

图 5.4　凝聚式文本聚类图示

凝聚式聚类方法需要进行大量的文档间相似度计算：首先，要对每个阶段进行聚类，默认情况下聚类次数为 1~N；其次，要对聚类子集两两间的距离进行相似度的计算和比较；最后，在计算两个聚类子集的相似度的时候，要对各子集中所有样本进行遍历和计算。在建模过程中，需要为每个阶段的聚类结果保存特定的中间数据，存储可利用的簇间相似度统计指标，避免因重复计算出现的开销。

簇距离的定义需要考虑两件事：第一是样本点距离的定义；第二是簇距离与样本点距离（相似度）的数量关系。本小节重点说明如何基于样本点的距离计算包含样本点的簇的空间距离。

簇的距离可以基于样本点的最大相似度、最小相似度、平均类间相似度，以及所有相似度平均值进行定义，其分别对应于单连接聚类（Single-link Clustering）、全连接聚类（Complete-link Clustering）、基于质心的聚类，以及组平均凝聚式聚类（Group-average Agglomerative Clustering）。基于不同簇距离定义的凝聚式聚类算法如图 5.5 所示。

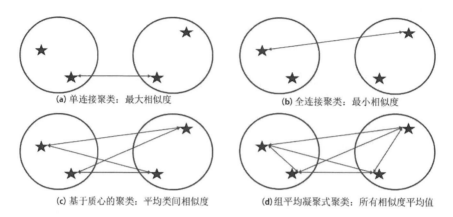

图 5.5　基于不同簇距离定义的凝聚式聚类算法

　　单连接聚类，即将两个簇中最近的两个样本之间的距离作为簇间的距离。这种聚类方法仅考虑两个簇的局部结构，即簇之间邻接区域。单连接聚类的缺点是忽略了各个簇中样本的总体分布情况，比较容易出现链化问题。链化问题，是指在结果中有非常狭长的簇结构生成，如图 5.6 所示。

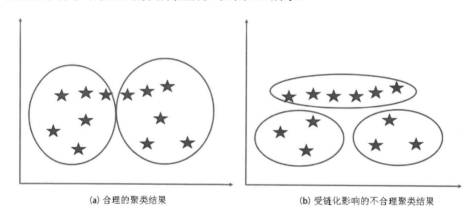

图 5.6　基于单连接聚类算法的数据链化

　　全连接聚类方法考虑的是两个簇中最远的样本距离，与单连接聚类相比其在衡量簇的距离时比较保守。全连接聚类考虑的不是簇的局部结构，而是融合了簇中所有样本的全局信息。全连接聚类方法的缺点是聚类结果比较容易受簇中距离较远的离群点的影响。基于全连接聚类算法的离群点干扰如图 5.7 所示。

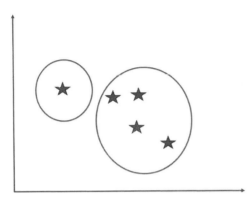
（a）合理的聚类结果

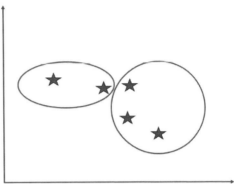
（b）受离群点干扰的不合理聚类结果

图 5.7 基于全连接聚类算法的离群点干扰

基于质心的聚类方法先计算每个簇中所有样本的平均位置，然后以平均位置代替整个簇进行簇的距离计算，有

$$\mathrm{Sim}(\omega_i, \omega_j) = \left(\frac{1}{N_i} \sum_{d_m \in \omega_i} \boldsymbol{d}_m \right) \left(\frac{1}{N_j} \sum_{d_n \in \omega_j} \boldsymbol{d}_n \right)$$

$$= \frac{1}{N_i N_j} \sum_{d_m \in \omega_i} \sum_{d_n \in \omega_j} \boldsymbol{d}_m \boldsymbol{d}_n$$

质心的相似度也可以看作所有来自不同簇的样本的距离的平均结果，该方法也考虑了簇的全局结构，但与全连接的方法相比，基于质心的聚类方法可以更好适应离群点的问题。

组平均凝聚式聚类考虑了所有的样本点的距离，既包括簇间样本的距离，也包括同一个簇内样本的距离。组平均凝聚式聚类算法比基于质心的算法考虑的簇结构更丰富，组平均凝聚式聚类算法的簇距离定义如下：

$$\mathrm{Sim}(\omega_i, \omega_j) = \frac{1}{(N_i + N_j)(N_i + N_j - 1)} \sum_{d_m \in \omega_i \cup \omega_j} \sum_{d_n \in \omega_i \cup \omega_j, d_n \neq d_m} \boldsymbol{d}_m \boldsymbol{d}_n$$

5.4.3 算法停止条件

在凝聚式聚类过程中，除了考虑距离的定义，还要考虑算法的停止条件。常用的停止条件主要有以下三种策略。

• 对算法事先设定某个特定的相似度水平，并将其作为阈值。在凝聚式聚类过程中，由于每次都是选择距离最近的两个簇进行聚类，随着聚类过程的推进，簇间的最大相似度水平会一直下降。当簇间最大相似度水平降低到设定的阈值之下时，则算法停止。

- 选择两个使得连续聚类结果的结合相似度之差最大的位置对算法进行终止。聚类相似度的变化可以反映模型优化过程的变化趋势，该方案的基本思想与 K-means 算法中对聚类个数优化的拐点法是一致的。

- 采用 RSS 指标并加入正则项，即聚类终止时的聚类个数 k 满足：

$$k = \arg\min_k [\mathrm{RSS}(k) + \lambda k]$$

该方法与 K-means 中聚类个数的确定方法是一样的，评价指标在基于聚类结果定义的 RSS 指标和模型的复杂度两方面进行均衡。

5.5 聚类结果分析

在对聚类结果进行分析时，用户一方面需要判断聚类结果的好坏，另一方面需要从聚类内容中获得有价值的信息。此时，需要引入客观评估指标，该指标可以帮助用户筛选出优质的聚类结果，或指导用户对当前的聚类方法进行进一步的改进。其中，从聚类内容中获得的有价值的信息主要在于帮助用户理解聚类结果的含义，比较直观的方法是基于聚类内容自动生成具有现实含义的聚类标签。

5.5.1 聚类算法评估

对聚类算法的评估包括两类准则：内部准则（Internal Criterion）和外部准则（External Criterion）。内部准则对聚类结果的评判标准是，簇是否满足"簇内高相似度、簇间低相似度"的基本定义。内部准则不依赖于外部信息，是一种无监督的评判标准。通常，内部准则的评判标准也是进行聚类时的优化目标，如 K-means 算法中的 RSS 指标及基于模型的聚类算法的极大似然函数值。外部准则主要依赖已知的文本分类结果。在基于外部准则对聚类结果进行判断时，不需要对类别标签进行区分。本小节主要介绍三种常用的外部准则，即纯度、归一化互信息（Normalized Mutual Information，NMI）和兰德指数（Rand Index，RI）。

❑ 纯度

纯度可看作对每个簇中样本的类别标签的一致性评估。计算纯度时，首先为每个簇分配一个已知的类别标签，该标签是簇中出现最多的文档类别。分配标签后，计算所有被正确分类的样本个数占总样本个数的比值，并将其作为聚类结果的纯度，有

$$\text{Purity}(\Omega, \mathbb{C}) = \frac{1}{N} \sum_k \max_j |\omega_k \cap c_j|$$

其中，Ω 是聚类结果，为 $\{\omega_1, \omega_2, \cdots, \omega_k\}$；$\mathbb{C}$ 是已标注的类别集合 $\{c_1, c_2, \cdots, c_J\}$。当聚类结果中簇的个数很大时，就比较容易获得较高的纯度。因此，如果将纯度作为评估指标那么聚类质量和聚类数目将难以保持平衡。

❑ NMI

NMI 指标度量了在已知簇的情况下关于类的有效信息的增加量，该评估方法可以在聚类质量和聚类数目上获得平衡。NMI 指标是基于 MI 定义的。在已知样本分类标注的情况下，MI 的定义与第 4 章内容一致，有

$$\text{MI}(\Omega, \mathbb{C}) = \sum_k \sum_j P(\omega_k \cap c_j) \log \frac{P(\omega_k \cap c_j)}{P(\omega_k)P(c_j)}$$

$$= \sum_k \sum_j \frac{|\omega_k \cap c_j|}{N} \log \frac{N|\omega_k \cap c_j|}{|\omega_k||c_j|}$$

MI 可以衡量聚类结果中聚类标签 ω_k 和人工标注标签 c_j 的统计相关性。MI 越大，聚类结果越有价值。与纯度指标类似，MI 指标倾向于采用更多聚类个数来描述文本集合，无法有效地与聚类个数均衡。

本小节引入的 NMI 指标，在 MI 的基础上引入了惩罚项，防止了模型过拟合。NMI 的定义如下：

$$\text{NMI}(\Omega, \mathbb{C}) = \frac{2 \cdot \text{MI}(\Omega, \mathbb{C})}{[H(\Omega) + H(\mathbb{C})]}$$

其中，$H(\Omega)$ 和 $H(\mathbb{C})$ 分别表示聚类结果和标注结果对应的经验分布的信息熵，有

$$H(\Omega) = -\sum_k \frac{|\omega_k|}{N} \log \frac{|\omega_k|}{N}$$

$$H(\mathbb{C}) = -\sum_j \frac{|c_j|}{N} \log \frac{|c_j|}{N}$$

❑ **兰德指数**

基于兰德指数的聚类评估方法将聚类任务看作一系列决策过程，即对文档集合中的所有文档是否属于同一个簇的问题进行决策。兰德指数的定义与混淆矩阵相关：

TP—True Positive，文档实际上属于同一个类别，并且被算法判断为属于同一个类别；

FP—False Positive，文档实际上不属于同一个类别，然而被判断为属于同一个类别；

TN—True Negative，文档实际上不属于同一个类别，并且被判断不属于同一个类别；

FN—False Negative，文档实际上属于同一个类别，然而被判断为不属于同一个类别。

基于混淆矩阵，兰德指数定义如下：

$$RI = \frac{TP+TN}{TP+FP+FN+TN}$$

5.5.2 聚类标签生成

为了加快用户对聚类所得文本簇信息的理解，需要自动地对聚类结果进行标注。文本簇的标签通常来自簇内已有的信息。但是，由于簇内文本包含的元素很多，需要采用一定的标准来确定选择哪些文本内容作为标签输出。

簇标签生成的基本思想类似于文本特征筛选问题，即把整个簇中的文档集合看作一个单独的文档，然后挑选其中有代表性的词汇作为簇的标签，以帮助用户对簇内容进行理解。词汇的筛选可以采用基于样本分类的指标，如 χ^2 指标、MI、信息增益等。这些指标的特点在于，可以将当前簇和其他簇进行有效的区分，保证簇标签的区分性。

另外需要注意的是,除了要保证簇标签的区分性,还要使簇标签具有代表性。簇标签要便于用户理解,涵盖簇的主要内容。有时,区分度高的词汇往往对簇的内涵概括性不足,或者仅仅是拼写错误而导致噪声,这种情况在选择标签时需要特别注意。因此,在构建簇标签的选择指标时,除了关注当前簇与其他簇的区分情况,也要对词汇的罕见性加以惩罚来调整结果。结合以上考虑,可以构造指标:

$$s(w_i) = P(w_i|c_j) \times \frac{P(w_i | c_j)}{P(w_i)}$$

其中,$P(w_i|c_j)$ 表示类别中 c_j 出现词汇 w_i 的可能性,用来保证所选词汇对簇具有一定的代表性;$\frac{P(w_i | c_j)}{P(w_i)}$ 用来反映词汇与簇的关联,与 MI 的定义类似,是体现区分度的指标。

上述簇标签筛选方法主要适用于扁平聚类,而对于层次聚类,在对簇赋予标签时,就要考虑更加复杂的因素。在层次聚类中,生成的簇具有上下级的树状结构,当前簇的标签对上级簇来说需要具备特殊性,可以给用户带来新的信息内容。同时,标签也要保证对下级各个子簇的内容进行概括。下面提供一种基于 χ^2 指标的迭代式簇标签生成算法。

输入

凝聚式聚类产生的树状结构,树的每个节点对应一个文档簇。

输出

与树状结构簇集合同构的标签树,每个节点对应一个簇标签,标签由一系列词汇项组成。生成的标签对应的词汇项只在当前树节点出现,不在其子项中出现。

Step 1　初始化

为树中每个节点赋予簇中所有文档所包含的词汇特征集合,并将其作为选择的初始标签集合。

Step 2　迭代

从根节点簇开始到所有的叶子节点簇,对初始标签词汇集合进行筛选。采用 χ^2 指标测试词汇对聚类结果的独立性假设。

(1)如果测试拒绝条件独立性假设,说明词汇在当前节点的各子簇中出现的概率分布存在差异，即测试词汇对若干子簇具有特异性。

（2）如果测试不拒绝条件独立假设，说明词汇在当前节点的各个子簇中出现的概率是一样的，那么就可以采用该词汇来表示当前簇，予以保留。同时，在该节点的各个子簇中去除该词汇项。

Step 3 结果输出

对结果进行优化。在各节点生成的词汇集合中，统计各词汇的词频或词概率，选择有代表性的 k 个词项作为最终的簇标签输出。

另外一种比较常用的方法是，直接将文档的标题作为整个簇的标签。根据聚类结果先找到簇的中心位置，然后寻找与中心位置最接近的、有代表性的文档，选择该文档的标题作为整个簇的标签输出。该方法的优点在于，产生的簇标签具有更强的可读性，更具实际内涵，有利于用户理解。当然，这种方法对文档标题质量的要求也较高。

5.6 聚类特征优化

与分类算法类似，聚类算法也存在特征优化的问题，其采用的主要技术手段是从特征提取、特征转化和特征扩展三个方面进行的。聚类算法中，特征转化和特征扩展与分类算法的特征优化方法差异不大，本节不再赘述。本节主要对聚类算法中与特征提取相关的技术方法进行介绍。

在分类算法进行特征提取时，需要构造与文本特征相关的具体统计指标，按照指标大小进行排序和筛选。分类算法的很多指标与文本在各类别中的统计分布有密切关系，而这些指标在聚类算法中往往会丧失有效性。其原因在于，聚类算法本质上是无监督的机器学习方法，用户在获得聚类结果之前无法知道文本特征在各类别上的分布。

因此，在对聚类算法的特征进行提取时，一种有效的方法就是通过对类似文本集合的有标注数据样本进行分析。用户可根据相似的问题或相似领域的文档集合计算文本特征指标，并将其用于聚类算法的特征选择。

在实际情况下，寻找有标注的相似文本集合往往比较困难，故需要基于无标注的文档集合计算所需的统计指标。常用的方法有两种：①采用基于迭代的方法计算文本特征指标；②对候选特征项采用不需要分类信息的筛选指标。前者采用了 E-M 算法的基本思想，后者对应于无监督的词汇统计指标。

5.6.1　基于迭代的方法

在对文本聚类的特征进行筛选时，有些指标需要基于文本的人工标注结果进行评估，其包括 MI、χ^2 指标及信息增益。然而在很多情况下，用户无法知道标注结果，那么就可以采用迭代的方法逐渐获得特征集合的筛选结果。

在迭代的方法中，若要对特征进行筛选，就要知道分类结果，在不知道分类结果的情况下，可以通过聚类手段来近似；然而，对文本进行聚类的前提是预先获得筛选后的特征集合。由此可知，上述两个子任务互相依赖，可以考虑基于 E-M 的思想解决该问题。

首先，将词典中所有的词汇作为初始特征集合，根据这些特征集合进行文本聚类，在给定特征集合的情况下通过调参获得一个比较好的聚类结果；其次，把聚类结果看作人工标注结果，计算特征集合中各词汇基于文本"分类"（聚类）的统计指标；再次，将所有指标与设定的阈值进行比较，对集合中的特征进行筛选；最后，基于筛选后的文本特征继续对给定文本进行聚类，不断重复以上过程优化文本特征。

5.6.2　无监督指标

除采用基于迭代的方法计算文本特征的统计指标外，还可以采用更直观的方案，即考虑那些不依赖于文本分类结果的统计指标，也称作无监督的特征筛选指标，衡量词汇的信息价值。本小节主要介绍三个常用指标，包括特征强度（Term Strength）、熵排序（Entropy-based Ranking）和词贡献（Term Contribution，TC）。

❑　**特征强度**

特征强度描述了一个词汇在一半相似文档对中出现的前提下在另一半相似文档对中出现的条件概率，该指标在信息检索领域和文本分类领域都具有较广泛的应用。该指标越大，对文本特征对相似文档的判断就具有越重要的意义，或者说，特征对文本聚类过程的指导价值越强。特征强度的定义为

$$\text{TermStrength}(t) = P(t \in d_j \mid t \in d_i) \quad d_i, d_j \in D \cap \text{Sim}(d_i, d_j) > \beta$$

其中，$\text{Sim}(d_i, d_j)$ 是文档对 d_i、d_j 的相似度；β 是评估两个文档是否相似的阈值。

特征强度不包含对文档分类结果信息的需求，因此对聚类算法的文本特征提取过程有很强的实践可行性。应当注意的是，计算该指标时需要对文档集合中所有文档对的相似度进行计算，因此对应算法具有较高的复杂性，具体为 $O(N^2)$。

□ **熵排序**

在熵排序的方法中，词汇的价值通过信息论中的熵定义。熵排序的统计指标为，词汇从文档集合中移除后整个文档集合的熵减少的绝对水平。该指标越大，词汇的重要性越大，对应词汇越应当作为重要的文本特征予以保留。词汇 t 的熵减少量为

$$E(t) = -\sum_{i=1}^{N}\sum_{j=1}^{N}\Big[P_{ij}\log(P_{ij}) + (1 - P_{ij})\log(1 - P_{ij}) \Big]$$
$$+ \sum_{i=1}^{N}\sum_{j=1}^{N}\Big[P_{ij,\neg t}\log(P_{ij,\neg t}) + (1 - P_{ij,\neg t})\log(1 - P_{ij,\neg t}) \Big]$$

熵的定义基于概率分布 P_{ij} 和 $P_{ij,\neg t}$，是指两个文档对象在去除词汇 t 前后彼此相似的概率。

对所有的词汇 t，上面式子的前半部分都是一样的，因此可以把问题简化为对 $E^*(t)$ 进行比较来完成文本特征提取：

$$E^*(t) = \sum_{i=1}^{N}\sum_{j=1}^{N}\Big[P_{ij,\neg t}\log(P_{ij,\neg t}) + (1 - P_{ij,\neg t})\log(1 - P_{ij,\neg t}) \Big]$$

此处，把 P_{ij} 看作一种特殊的相似度指标，定义如下：

$$P_{ij} = \mathrm{e}^{-\alpha \times \text{dist}_{ij,\neg t}}$$

其中，$\text{dist}_{ij,\neg t}$ 是去除词汇 t 之后文档 d_i 和 d_j 之间的距离，可以采用欧式距离或 cos 距离的倒数进行衡量；α 是调和参数，按照经验可取：

$$\alpha = -\frac{\ln(0.5)}{\overline{\text{dist}}}$$

其中，$\overline{\text{dist}}$ 是文本集合中文档距离 $\text{dist}_{ij,\neg t}$ 的均值。基于熵排序的指标算法复杂度也很高，大约为 $O(MN^2)$，其中，M 是原始特征规模。

❑ **词贡献**

在聚类算法中，聚类结果很大程度上依赖于文档对象之间的相似性，因此词贡献指标基于文本相似性进行定义。在词袋模型的基础之上，文本相似性定义如下：

$$\text{Sim}(d_i, d_j) = \sum_t f(t, d_i) \times f(t, d_j)$$

其中，$f(t, d_i)$ 是词汇 t 在文档 d_i 中的权重，通常用 TF-!DF 指标来表示。当一个词汇 t 对整个文档集合中的文本相似度的总体贡献越大时，这个词汇对聚类结果越重要。可以定义词贡献指标如下：

$$\text{TC}(t) = \sum_{i, j \cap i \neq j} f(t, d_i) \times f(t, d_j)$$

经验证可得，计算 $\text{TC}(t)$ 的算法复杂度为 $O(M\overline{N}^2)$，$\overline{N}$ 为原始特征集合中词汇的平均文档频率。

5.7 半监督聚类

传统的聚类问题属于无监督的机器学习问题。聚类问题与分类问题在本质上有比较明显的技术边界：分类问题在建模时具有人工标注的样本参考，聚类问题则没有可观测的人工标注样本。然而，事实上，有些文档类别标注问题既不是标准的分类问题，也不是标准的聚类问题，而是居于二者之间的分析任务。这类问题对应半监督的机器学习问题，也可看作半监督的聚类问题。

本节主要讨论两个比较典型的半监督学习聚类技术：迁移学习和 AP（Affinity Propagation）算法。

迁移学习是将某个领域的相关标注信息应用于另一个领域文档的聚类过程，该学习过程既可以看作文本分类过程，也可以看作文本聚类过程。本节详细讨论基于 E-M 算法的迁移学习案例；AP 算法是利用样本集合的相似性网络结构，将类别标签进行传播，获得聚类子集。

5.7.1 迁移学习

本小节介绍一种基于朴素贝叶斯分类器（Naive Bayesian Classifier）的迁移学习方法。首先，定义两类文档集合：未标注文档集合 D_u 和已标注文档集合 D_l。其中，D_l 的规模通常小于 D_u 的规模，二者具有不同的参数分布。

在标准的聚类问题中一般直接对 D_u 进行分析，将其划分为若干个簇结构，这种方法的缺点是没有有效利用 D_l 的标注信息，对簇的内涵定义比较随意。当 D_u 和 D_l 具有相同分布时，可以通过分析 D_l 构造分类器，然后直接用分类器将 D_u 划分为若干类。每个类的文档都在 D_l 中有对应的实际意义。

迁移学习主要用于处理 D_u 和 D_l 分布不同的情况。在分析 D_u 时，保留参数估计过程的无监督特征，同时要尽可能地利用 D_l 中的有效信息。这样，可以保证将 D_u 的分析结果对应于 D_l 中具体的类标签。

采用 E-M 的基本思想可以解决迁移学习聚类问题。根据上述条件，可以将对应聚类模型的参数估计问题描述如下：

$$h_{\text{MAP}} = \arg \max_h P_{D_u}(h) P_{D_u}(D_l, D_u \mid h)$$

其中，h 是模型中需要估计的参数，包括分类的边缘概率分布 $P_{D_u}(c)$ 及在特定类别下词汇产生的多项分布 $P_{D_u}(w|c)$；概率符号的下标表示概率分布适用于文档领域 D_u。此处，假设 D_l 的标签是基于 D_u 的分布产生的。上式结构指参数 h 应当满足最大后验的假设，对 h 进行估计，相当于最大化极大似然函数：

$$l(h \mid D_l, D_u) = P_{D_u}(h \mid D_l, D_u)$$

于是有

$$h_{\text{MAP}} = \arg \max_h \left[\log P_{D_u}(h) + \sum_{d \in D_l} \log \sum_{c \in C} P_{D_u}(d|c,h) P_{D_u}(c \mid h) \right.$$
$$\left. + \sum_{d \in D_u} \log \sum_{c \in C} P_{D_u}(d|c,h) P_{D_u}(c \mid h) \right]$$

基于 E-M 算法，可以对隐变量 c 及参数 h 进行估计。

E-Step： 对隐变量期望进行计算，有

$$P_{D_u}(c \mid d) \propto P_{D_u}(c) \prod_{w \in d} P_{D_u}(w \mid c)$$

M-Step： 根据隐变量的期望对参数，有

$$P_{D_u}(c) \propto \sum_{i \in \{l,u\}} P_{D_u}(D_i) P_{D_u}(c \mid D_i)$$

$$P_{D_u}(w \mid c) \propto \sum_{i \in \{l,u\}} P_{D_u}(D_i) P_{D_u}(c \mid D_i) P_{D_u}(w \mid c, D_i)$$

上式表示产生文档的符合朴素贝叶斯模型，其中：

$$P_{D_u}(c \mid D_i) = \sum_{d \in D_i} P_{D_u}(c \mid d) P_{D_u}(d \mid D_i)$$

另外

$$P_{D_u}(w \mid c, D_i) = \frac{1 + n_{D_u}(w, c, D_i)}{M + n_{D_u}(c, D_i)}$$

其中，$n_{D_u}(w, c, D_i)$ 是文档集合 D_i 在类别 c 中的文档的词汇 w 的个数；$n_{D_u}(c, D_i)$ 是文档集合 D_i 在类别 c 中的词汇总数；M 是词典中词汇特征总数；$P_{D_u}(w \mid c, D_i)$ 是基于 Laplace 平滑的词概率。

5.7.2　AP 算法

AP 算法是近年来提出的经典的模范学习（Exemplar Learning）方法。该算法要求用户提供样本点之间的相似度矩阵，通过类别信号在相似度矩阵上的传播，可以获得相应的聚类结果。AP 算法的关键在于样本点间距离的定义。

AP 算法是对两类信号进行传播：责任性（Responsibility）信号和有效性（Availability）信号。责任性信号用符号 $r(i, j)$ 表示，该信号从样本 i 传播到样本 j，反映样本 j 对样本 i 的代表程度（从模范点的角度）；有效性信号用符号 $a(i, j)$ 表示，该信号从样本 j 传播到样本 i，反映样本 i 选择 j 作为其模范点的合适程度。

样本 i 和样本 j 的相似度记录为 $s(i, j)$，基于向量的距离进行定义，有

$$s(i, j) = -\| x_i - x_j \|^2$$

定义样本的自相关度常数，有

$$s(l,l) = \frac{\sum\limits_{i,j=1;i\neq j}^{N} s(i,j)}{N(N-1)} \quad 1 \leqslant l \leqslant N$$

在实现算法时，首先，初始化所有有效性信号使 $a(i,j)=0$。其次，根据下面两个式子分别对 $r(i,j)$ 和 $a(i,j)$ 进行更新：

$$r(i,j) = s(i,j) - \max_{k\neq j}\{a(i,k) + s(i,k)\}$$

$$a(i,j) = \begin{cases} \min\left\{0, r(j,j) + \sum\limits_{k\neq i,j}\max\{0, r(k,j)\}\right\} & i \neq j \\ \sum\limits_{k\neq j}\max\{0, r(k,j)\} & i = j \end{cases}$$

整个相似度矩阵中的信号 $r(i,j)$ 和 $a(i,j)$ 不断地更新，直到收敛。最终，可以通过 $c_i = \arg\max_{1\leqslant j\leqslant N}[r(i,j) + a(i,j)]$ 来判断样本点所属的类标记。从上式可知，$r(i,j)$ 和 $a(i,j)$ 共同决定样本 j 作为样本 i 的聚类中心的可能性。

AP 算法可以实现在完全无监督条件下的文本聚类过程。但是，在具有少量标注样本的时候，AP 算法也可以用于半监督的文本聚类场景。在有部分样本存在标注时，规定这些样本的自相关度 $s(l,l)$ 为 $+\infty$，保证这些样本可以被选定为聚类中心。同时，也可对聚类个数进行限定，指定其为已标注样本中出现的标签个数。

5.8　短文本聚类

在文本聚类中，比较困难的一类问题为短文本聚类，其主要原因是在短文本聚类的建模过程中缺乏足够的有效文本特征。为了应对相应的问题，在实践中通常有两种思路：①丰富文本特征的表示；②利用集合中的全局信息。

对于前者，在第 4 章文本分类中已讨论过，主要是利用外部知识库来补充文本特征向量；对于后者，本节将介绍两种比较有影响力的算法，TermCut 算法和 Dirichlet 多项式混合模型。

5.8.1　文本特征补充

文本特征补充的主要目的是丰富文本特征向量的表达，该策略主要应用于词袋模型的文本表示，即每个向量维度对应词典中的一个词的情况。在文本分类问题中，采用了基于词的相似性的方法。在向量中，不仅对出现的词汇所在的向量维度进行赋值，同时对其相似词所在的向量维度赋值。这种方法可以有效地降低向量稀疏性，从而更准确地定义短文本向量之间的相似性。

　　文本向量词汇的相似性依赖于对本体知识的计算。在外部知识库中，一般不对词汇进行定义，而对概念进行定义。在对词汇的相似性进行计算时，需要先找到两个词汇对应的概念，之后，基于概念的形式化内容（知识网络结构、文本描述）计算词汇相似性，并将其用于文本向量补充。基于词汇相似度的文本特征补充过程如图 5.8 所示。

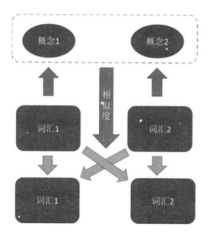

图 5.8　基于词汇相似度的文本特征补充过程

　　此外，还可以采用维度拓展的方法对文本向量的内容进行补充：保留原有的文本特征向量（基于词汇），增加若干基于概念的特征维度对文本对象的特征拓展。该类技术方案在描述文档对象时，可以通过词汇与概念的关系，对与文档中出现的词汇在语义上有对应关系的概念赋值。这样操作的优点在于，除了在词汇特征空间上比较了文本对象，也可以在概念特征空间上比较文本对象。基于维度拓展的文本特征补充如图 5.9 所示。

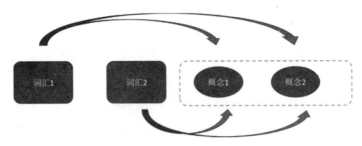

图 5.9　基于维度拓展的文本特征补充

5.8.2　TermCut 算法

NI 等在 2011 年发表了 *Short Text Clustering by Finding Core Terms* 一文，提出了解决短文本聚类十分有效的 TermCut 算法。TermCut 算法的核心在于 RMCut 指标，该指标定义了文档聚类结果的质量。RMCut 指标的定义如下：

$$\text{RMCut}(C_1, C_2, \cdots, C_k, \cdots, C_K) = \sum_{k=1}^{K} \frac{\text{cut}(C_k, C - C_k)}{|C_k| \sum_{d_i, d_j \in C_k} \text{sim}(d_i, d_j)}$$

其中，$\text{cut}(C_k, C - C_k) = \sum_{d_i \in C_k} \sum_{d_j \notin C_k} \text{sim}(d_i, d_j)$，RMCut 指标越小，当前分割结果 $(C_1, C_2, \cdots, C_k, \cdots, C_K)$ 的质量越高；在分子部分，$\text{cut}(C_k, C - C_k)$ 反映了簇 C_k 与其余部分 $C - C_k$ 的相似度，该指标要尽可能地小才能有效反映 C_k 内容的区分性；该指标的分母部分为文档的簇内相似度。基于该指标的聚类方法可以缓解短文本向量的稀疏问题。

在进行聚类时，采用分裂式方法。在每次迭代计算过程中，将其中的一个簇分割成两个子簇，满足特定条件时结束算法，同时输出相应的聚类结果。簇分割时需要考虑两个问题：对将要进行分割的簇的选择和具体的分割策略。在对短文本进行处理时，由于向量比较稀疏，在确定分割边界时不以文本向量距离为判断条件，而选择基于核心词汇的分割方法。

基于核心词汇的分割方法是，簇 C_k 根据是否包含某个词项 t 分割为 $C_{k_1, t}$ 和 $C_{k_2, t}$ 两部分。其中，$C_{k_1, t}$ 中的文本对象都包含特征 t，$C_{k_2, t}$ 中的文本对象都不包含特征 t。对 C_k 分割时遍历 C_k 中所有特征 t，然后，用 RMCut 指标对分割结果进行评估。

选定的条件词项 t 需要满足：

$$t = \arg\min_t \text{RMCut}(C_1, C_2, \cdots, C_{k_1,t}, C_{k_2,t}, \cdots, C_K)$$

对簇 C_k 进行分割的质量评估水平为最优分割条件 t 对应的聚类结果质量：

$$\text{Eval}(C_k) = \min_t \text{RMCut}(C_1, C_2, \cdots, C_{k_1,t}, C_{k_2,t}, \cdots, C_K)$$

每个簇被分割后都对应一个评价指标 $\text{Eval}(C_k)$。于是，在确定被分割的簇 C_k 时，有

$$k = \arg\min_k \text{Eval}(C_k)$$

综上所述，通过对簇的选择和对分割词汇特征 t 的选择，可以不断地分裂初始的文本集合，通过迭代获得满足条件的聚类结果。

5.8.3　Dirichlet 多项式混合模型

Dirichlet 多项式混合模型（Dirichlet Multinomial Mixture Model）是一种基于模型的聚类方法，采用了一种文本产生式模型。这个方法在 Yin 等 2014 年发表的文献 *A Dirichlet Multionmial Mixture Model-based Approach for Short Text Clustering* 中有详细介绍。该模型和 LDA 主题模型具有较强的相似性。在介绍该模型之前，先引入核心概念——电影聚集过程（Movie Group Process）。

电影聚集过程描述的场景是，某教师要求学生在很短的时间内写下一些电影名称，然后，根据学生写的电影名称对学生进行分组。分组目标是：在同一组内的学生有共同的兴趣，而不同组的学生在兴趣上有所差异。学生写电影名称的时间比较有限，写的电影列表属于短文本，对学生进行分组等价于对电影列表的短文本进行聚类。

学生进行分组时，按照一个迭代的过程进行。首先，学生被随机组合成若干个组；其次，学生可以根据对各组成员组成结果的观察进行重新组合。在重新组合时，考虑如下两个条件：①选择具有较多成员的组别；②选择相似度较高的组别。

按照以上原则不断地重新组合，学生的组织结构趋于平稳，形成最终的分组结果。

该方法的基本思想是，通过构造包含隐变量的产生式模型对整个聚类过程进行量化建模。Dirichlet 多项式混合模型与电影聚集过程是等价的，其图模型结构

如图 5.10 所示。

在产生文档时，根据参数 β 的 Dirichlet 分布随机获得 K 个多项式词汇分布 ϕ；在产生文档集合时，首先获得各类别的文档分布 θ，该值是通过参数 α 的 Dirichlet 分布随机产生的；当生成一个文档 d 时，先基于 θ 确定 d 所属类别 $k(k=1,2,\cdots,K)$。然后，基于对应类别的分布 ϕ_k 产生文档具体的词汇。

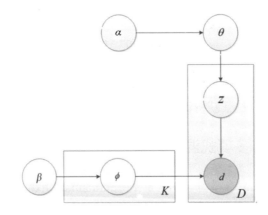

图 5.10　Dirichlet 多项式混合模型图模型结构

假设文档的词汇产生概率满足朴素贝叶斯模型，于是有

$$P(d)=\sum_{k=1}^{K}P(d\,|\,z=k)P(z=k)$$

$$P(d\,|\,z=k)=\prod_{w\in d}P(w\,|\,z=k)$$

整个文档集合的似然函数可以表达为

$$P(\theta,\phi\,|\,\alpha,\beta)=\prod_{d}\sum_{k=1}^{K}P(d\,|\,z=k)P(z=k)$$

其中，$P(w\,|\,z=k)$ 和 $P(z=k)$ 分别对应参数 ϕ 和 θ。

当前模型可以看作基于硬聚类的 LDA 主题模型，每个文档属于一个特定的类别 k 而不是基于所有类别的多项式分布。与 LDA 主题模型一样，Dirichlet 多项式混合模型在进行参数估计时也可采用 Gibbs Sampling 方法，隐变量的更新方式有

$$P(z_d = z \mid z_{\neg d}, d) \propto \frac{m_{z,\neg d} + \alpha}{D - 1 + K\alpha} \times \frac{\prod\limits_{w \in d} \prod\limits_{j=1}^{N_d^w} (n_{z,\neg d}^w + \beta + j - 1)}{\prod\limits_{i=1}^{N_d} (n_{z,\neg d} + V\beta + i - 1)}$$

其中，V 是词典中包含的词汇特征个数；D 是文档集合的规模；K 是聚类个数；d 是某篇特定的文档；z_d、z 分别是某一篇文档、文档集合的聚类标签；m_z、n_z 分别是类别 z 所包含的文档、词汇个数；N_d 是文档 d 中的词汇个数；N_d^w 是文档 d 中词汇 w 出现的次数。

5.9　流数据聚类

当前，流数据聚类也是非常重要的文本聚类课题。上述大多数聚类算法主要面向静态的文档集合。在聚类算法运行过程中，集合中的数据分布及集合规模不发生变化。然而，在很多情况中，该情景并不成立，尤其是对流数据进行处理的场景。流数据通常指网络环境下产生的动态数据，对数据的分析有实时性要求。在对流数据进行聚类时，网络环境会不断产生新的文档对象，并影响聚类结果。

流数据聚类分析主要应用于对社交媒体或社交网络上的用户动态交互文本进行处理。当前比较主流的两种流数据聚类的方法有：可拓展方法（Scalable Methods）和适应性方法（Adaptive Methods）。这两种方法不是指具体的聚类算法，而是指对流数据进行聚类的具体策略。

可拓展方法将流数据的聚类看作一个个阶段的聚类学习过程，每个阶段内采用静态聚类的方法。对上一阶段的聚类结果进行压缩存储，并将其作为样本点迭代到下一阶段的样本中参与新的聚类过程。适应性方法是对文档样本的信息流进行实时处理，每次根据一个文档进行类别划分和聚类中心调整。本节以 K-means 算法为基础算法分别对这两种流数据处理策略进行介绍。

5.9.1　OSKM 算法

OSKM（Online Spherical K-means）算法以 K-means 算法为基础，是一种基

于适应性方法的聚类算法。该算法将样本分配到最邻近的聚类中心，然后通过不断调整聚类中心的位置学习聚类结果。在 OSKM 算法中，样本点的距离以文档向量的夹角（内积）进行衡量，优化目标为

$$L = \sum_x \boldsymbol{x}^T \boldsymbol{\mu}_k(\boldsymbol{x})$$

其中，$\boldsymbol{x}$ 是文档向量；$\boldsymbol{\mu}_k(\boldsymbol{x})$ 是其对应的聚类中心向量。每当获得一个新的样本 $\boldsymbol{x}$ 时，寻找其最近的中心向量 $\boldsymbol{\mu}_k(\boldsymbol{x})$，按照如下公式对 $\boldsymbol{\mu}_k(\boldsymbol{x})$ 进行更新：

$$\boldsymbol{\mu}_k^{new}(\boldsymbol{x}) = \frac{\boldsymbol{\mu}_k(\boldsymbol{x}) + \eta \dfrac{\partial L}{\partial \boldsymbol{\mu}_k(\boldsymbol{x})}}{Z}$$

则有

$$\boldsymbol{\mu}_k^{new}(\boldsymbol{x}) = \frac{\boldsymbol{\mu}_k(\boldsymbol{x}) + \eta \boldsymbol{x}}{Z}$$

其中，Z 是标准化系数，用来保证聚类中心为单位向量；η 是算法的学习速率，在实际应用中，η 通常随时间发生变化。

5.9.2　可拓展 K-means 算法

可拓展 K-means 算法每个阶段吞吐 S 个样本进行聚类。对于每次聚类，都采用静态的 K-means 聚类算法。假定聚类个数为 K，初始化的 K 个历史向量存储了先前阶段累计的聚类结果，记为 $\{c_1, c_2, \cdots, c_K\}$。同时，定义各向量的权重为 $\{\omega_1, \omega_2, \cdots, \omega_K\}$。此外，规定每个阶段聚类所产生的聚类中心向量为 $\{\boldsymbol{\mu}_1, \boldsymbol{\mu}_2, \cdots, \boldsymbol{\mu}_K\}$。

当程序获得 S 个样本时，将其与 K 个历史向量同时进行 K-means 聚类。在聚类过程中，考虑各样本间的权重差异。新样本的权重均默认为 1，历史向量权重通过算法不断叠加更新，有

$$\omega_k^{new} = \omega_k + \sum_x I(x \in C_k)$$

该式子表示，历史向量的权重是划分到当前聚类簇的样本权重的累计量。在每个阶段的 K-means 算法后，将新的聚类中心作为历史向量，并继续准备参与下一阶段的聚类：

$$c_k = \boldsymbol{\mu}_k$$

默认情况下，算法开始时历史向量 c_k 为空向量，相应的权重 ω_k 也为空值。

5.10　本章小结

本章介绍了和文本聚类有关的技术知识。与文本分类不同，文本聚类是一类无监督的机器学习技术，其本质更加强调对数据的描述，而非对数据的预测。文本聚类更适用于文本分析的预处理，其主要应用场景包括文本分类、降维、信息检索等。

文本聚类算法包括扁平聚类和层次聚类。扁平聚类算法需要在程序中规定聚类个数，程序基于给定聚类个数将聚类结果直接反馈给用户。扁平聚类主要包括K-means 算法和基于模型的聚类。其中，基于模型的聚类的核心理念在于对包含隐变量的统计模型参数进行估计，E-M 是处理该问题的重要算法。

层次聚类的反馈结果更像一个聚类过程的复现，有自底向上和自顶向下两种具体方式。其中，前者在文本聚类中应用比较广泛，也称为凝聚式聚类。凝聚式聚类要求用户提供算法终止条件来控制聚类模型的精度和复杂程度。

本章还讨论了聚类结果的分析方法，主要涉及聚类算法的评估和聚类标签的生成。聚类算法评估包括有监督指标和无监督指标。其中，有监督指标依赖于人工分类标注结果，包括纯度、NMI 及兰德指数；无监督指标则主要指基于聚类原本定义的统计量，如 RSS 值等。聚类标签生成可以帮助用户了解聚类结果的现实含义，既可以从聚类子集抽取重要的词汇特征，也可以选定有代表性的文档的标题作为结果输出。

聚类算法也可以通过对文本特征进行筛选来优化聚类结果，可以采用有监督的指标和无监督的指标对文本特征进行评估和选择。其中，有监督的指标与分类算法中讨论的指标基本一致，而无监督的指标主要包括特征强度、熵排序及词贡献。基于有监督指标筛选文本特征时，可以采用迭代的方法进行操作。

最后，本章讨论了特殊情况的文本聚类，包括半监督聚类、短文本聚类、流数据聚类。其中，半监督聚类可看作介于有监督的文本分类问题与无监督的文本聚类问题间的一种特殊的文本分析任务，本章介绍了两种有代表性的算法，包括基于朴素贝叶斯模型的迁移学习算法和 AP 算法。

同时，对于短文本聚类，本章也提供了两种具体实用策略：一种是对文本的表示进行补充与丰富，另一种是在算法中有效利用全局信息。对于后者，本章介绍了 TermCut 算法和 Dirichlet 多项式混合模型。流数据的聚类在网络环境中被广泛应用，需要对静态聚类算法进行调整以适应实际应用，本章提供了 OSKM 和可拓展 K-means 两种具体技术。

第 **6** 章

序 列 标 注

　　序列标注，是指对满足序列结构的数据进行分类，属于特殊的分类问题。传统的分类算法对序列结构的数据处理效果并不好，其主要原因在于没有考虑具有序列结构的数据在空间或者时间维度上前后依赖的关系。很多研究工作设计了专门对序列结构数据进行分类的模型。在对序列中某特定元素的分类标签进行判断时，不仅要考虑当前元素的特征，还要考虑其相邻元素的分类结果。

　　在文本分析应用中，文本类型数据大多具有典型的序列结构，包括文章中句子之间的组合顺序、句子中词汇的组合顺序，甚至词汇或词组内部的字或字符的组合顺序。文本对象的顺序结构信息可以增加对文本对象分析的准确度。因此，很多文本分析问题都十分适合抽象成序列标注问题进行处理。

　　当前主流的序列标注方法主要有三种：HMM、最大熵马尔可夫模型（Maximum Entropy Markov Model，MEMM）和条件随机场。本章先介绍序列标注的基本概念和应用场景，之后，分别介绍上述各类模型的基本原理与技术实现。

6.1　序列标注的基本概念

　　文本类型数据具有非常典型的序列结构。从细粒度上看，文本可以看作基于字符、字、标点的有序排列；偏中观看，文本可以看作基于单词、词组或句子的有序排列。因此，很多文本分析问题十分适合转化为序列标注问题处理。文本的序列标注问题是指，对序列中的字、词、句子等基本要素依次进行分类。

虽然序列标注问题属于分类问题，但是又与一般的分类问题有显著不同。传统分类问题中，每一个样本的分类结果只和该样本自身的属性值有关，但是在序列标注问题中，样本分类的结果不仅与自身的属性值有关，还与其他样本的分类结果有关。具体来说，其分类结果与其在序列上相邻的样本的分类结果有关。例如，对文本中的词汇进行词性标注时，把文本看作词汇的序列。当某个特定位置的词汇被标记为名词时，肯定会影响下一个邻接位置的词汇是名词的概率。

对于序列标注问题，在对序列中某个位置的标注结果进行判断时，不是一个局部分析问题，而是一个全局分析问题。在对某个特定元素进行分类时，不仅要考虑当前元素的属性，还要考虑其他元素的分类结果对该元素判断结果的影响。一般分类问题与序列标注问题对比如图 6.1 所示。

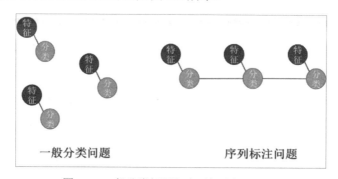

图 6.1　一般分类问题与序列标注问题对比

需要强调的是，序列标注问题并不是强调被分类元素和相邻元素的特征关系，而是强调被分类元素分类结果和相邻元素分类结果的关系。被分类元素的分类结果会影响其他元素的分类结果，因此，序列标注问题强调对全局性属性的分析，分析者需要避免只考虑当前元素的判定信息而导致的短视效应。

此外，尽管理论上任何文本元素的分类问题都可以看作序列标注问题，但是将文本分析问题抽象为序列标注问题是需要具备一定基本假设条件的，即必须要有经验或论据支持元素的分类结果彼此之间是互相依赖的。只有这样，用序列标注问题来描述分类模型才会获得比较好的结果。否则，很有可能出现模型与数据不匹配，或模型过拟合问题。

6.2 序列标注的应用场景

序列标注技术在文本分析中具有十分广泛的应用，其主要原因在于文本类型数据大多存在固有的顺序特征。汉字按照特定顺序组成词汇，词汇按照特定顺序组成句子，整篇文章是基于句子的有序结构。因此，在很多场景下将文本元素的分类任务看作序列标注任务往往能够获得更好的分析结果。序列标注技术的主要应用场景如下。

6.2.1 词性标注

在对文本进行语法分析时，对词汇进行词性的标注是十分必要的。每一个词在词典中都可能对应多个词性，中文语言这一点更为突出。计算机需要对文档中每个位置上的词汇的词性在若干候选词汇中进行选择。在对词汇的词性进行判断时，既需要了解在语料集合中该词汇的每一个候选词性出现的概率，也需要知道该位置前（后）的词性标注结果。因此，文本的词性标注具有典型的序列标注问题特征。当前，大多数对词性进行判断的模型，都被抽象为序列标注问题。

6.2.2 命名实体识别

命名实体识别（Named Entity Recognition，NER）是一类非常重要的文本分析任务。命名实体可以理解为某一个领域的专有名词，这类名词范围很广，一般不被词典收录，往往很难被计算机自动识别。常见的命名实体包括某一个领域的专业词、机构名称、人名、地名、技术名词等。命名实体一般为一个复合词汇，由多个部分组成，其构成结构通常具有一定的规律或模式。

在进行命名实体识别时，首先，需要预先设计命名实体的构成模板，将模板中各个组成部分定义为分类标签；其次，对文本序列进行标注，识别每一个部分的标签；再次，识别文本序列中满足模板条件的组合；最后，提取对应的词汇作为命名实体输出。

6.2.3 分词

分词问题是在中文处理中比较重要的信息处理环节。中文与英文语言不同，中文语言词汇之间没有空格将其分开，直接由单个字拼接而成的。因此，在处理中文文本时，几乎所有文本分析任务都需要预先对词汇的边界进行有效识别，需要对其进行分词操作。分词问题可以很容易地被转化为序列标注问题来处理。

在序列标注框架下，考虑对每个汉字进行标注，标注的分类标签可以分别为B（词汇的开始）、E（词汇的结束）、M（词汇的中间）、S（单字成词）等若干类别。每个类别的标注结果与其相邻的汉字的标注结果具有很强的相关性。在判断单字的类别时，既要考虑单字本身的特征，也要考虑前面位置单字的标注。

6.3　HMM

HMM 是早期提出的比较重要的处理序列标注问题的概率模型。求解概率模型时需要完整地写出所有变量的联合概率分布，然后基于训练集合对分布的参数进行机器学习。定义联合概率分布时，需要考虑 HMM 的模型结构，HMM 概率图如图 6.2 所示。

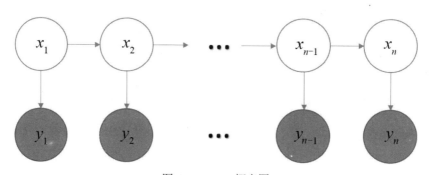

图 6.2　HMM 概率图

图 6.2 中，空心变量为需要预测的隐变量，实心变量为观测到的属性变量。HMM 要求根据观测到的属性变量对空心变量进行预测。其中，模型要求隐变量和观测变量只能取离散值。对于序列标注问题，隐变量对应需要标注的状态，隐变量的状态可以是是否为词汇开始标记、词汇的词性、命名实体某个部分、某一类词汇角色等。观测变量为特定的词汇或词汇属性。隐变量间构成一个序列，彼此之间有逻辑相关性，每一个观测变量直接由对应的隐变量决定。

在 HMM 概率图中，隐变量间构成一个马尔可夫链，马尔可夫链中的变量概率分布符合马尔可夫性质。马尔可夫性质，是指变量的出现概率只与概率图模型中与其直接相邻的变量取值有关，该性质简化了复杂概率模型的分析过程。图 6.2 满足条件：序列中每一个隐变量依次决定下一个隐变量的出现概率，并且某个隐变量出现的概率只与其前面相邻的隐变量取值相关。

HMM 的隐马尔可夫性质用公式可表示为

$$P(x_t \mid x_{t-1}, x_{t-2}, \cdots, x_1) = P(x_t \mid x_{t-1}) \quad t = 1, 2, \cdots, T$$

其中，x_t 表示位置为 t 的隐变量。该式表达了隐变量的产生过程，称为状态转移概率（Transition Probability）。

HMM 在得到隐变量状态的基础上，可以进一步产生具体的观测变量。观测变量的生成概率依赖于隐变量的取值，可写成如下条件概率的形式：

$$P(y_t \mid x_t) \quad t = 1, 2, \cdots, T$$

其中，y_t 是位置 t 的观测变量。该式表示的概率称为发射概率（Emission Probability），是指在隐变量状态下产生观察到的词汇项的条件概率。

综上所述，HMM 的联合概率分布可以表达为

$$P(x_1, x_2, \cdots, x_T, y_1, y_2, \cdots, y_T) = P(x_1) \prod_{t=2}^{T} P(y_t \mid x_t) P(x_t \mid x_{t-1})$$

由上式可知，状态转移概率 $P(x_t \mid x_{t-1})$、发射概率 $P(y_t \mid x_t)$、模型起始状态概率 $P(x_1)$ 是计算整个文本序列的联合概率分布的重要参数。

对于 HMM，定义隐变量集合为

$$Q = \{q_1, q_2, \cdots, q_N\}$$

另外，定义观测变量集合为

$$V = \{v_1, v_2, \cdots, v_M\}$$

同时，假设状态转移概率、发射概率与变量位置 t 无关，于是有

$$P(x_t = q_j \mid x_{t-1} = q_i) = a_{ij} \quad \forall t$$
$$A = \left[a_{ij} \right]_{N \times N}$$

$$P(y_t = k_j \mid x_{t-1} = q_j) = b_j(k) \quad \forall t$$

$$\boldsymbol{B} = [b_j(k)]_{N \times M}$$

$$P(x_1 = q_i) = \pi_i$$

$$\boldsymbol{\pi} = (\pi_i)_{1 \times N}$$

矩阵 $\boldsymbol{A}$、$\boldsymbol{B}$ 和向量 $\boldsymbol{\pi}$ 是组成 HMM 的必要参数 θ。对于 HMM，当前主要涉及的技术问题包括概率计算问题、学习问题及预测问题。下面分别对三类问题进行介绍。

6.3.1 HMM 的概率计算问题

概率计算问题，是指已知模型参数 θ，计算特定的观测序列 $O = \{y_1, y_2, \cdots, y_T\}$ 出现的概率 $P(O \mid \theta)$。计算概率取值时，需要对所有隐变量组合出现的可能性进行加总。HMM 的隐变量取值状态空间比较大，文本序列也较长。因此，对整个观测序列来说，隐变量的取值组合非常多。如果直接对观测序列进行概率计算，则计算过程十分复杂。

基于上述考虑，采用迭代的方法计算概率更为可行。当前，比较常用的迭代算法包括前向（Forward）算法和后向（Backward）算法，具体如下。

❑ 前向算法

定义

前向概率 $\alpha_t(i) = P(y_1, y_2, \cdots, y_t, x_t = q_i \mid \theta)$。

输入

模型参数 $\theta = \{\boldsymbol{A}、\boldsymbol{B}、\boldsymbol{\pi}\}$，观测序列 $O = (y_1, y_2, \cdots, y_T)$。

输出

观测序列概率 $P(O \mid \theta)$。

Step 1 初始化

$$\alpha_1(i) = \pi_i b_i(y_1) \quad i = 1, 2, \cdots, N$$

Step 2 递推

对 $t = 1, 2, \cdots, T-1$ 有

$$\alpha_{t+1}(i) = [\sum_{j=1}^{N} \alpha_t(j)a_{ji}]b_i(y_{t+1}) \quad i=1,2,\cdots,N$$

Step 3 终止

$$P(O|\theta) = \sum_{i=1}^{N} \alpha_T(i)$$

在前向算法中，定义 $\alpha_t(i)$ 在时间 t 的隐变量为 q_i，同时得到从初始时刻 1 到时刻 t 的观测变量序列的概率。在 $\alpha_t(i)$ 的基础上，将其乘上状态转移概率 a_{ij}，并乘上对应的发射概率 $b_j(k)$，就可以得到在给定当前隐变量状态下，包括下一个时刻 $t+1$ 的观测变量的文本序列概率。

同时，考虑所有可能的当前隐变量状态并加总，可以得到 $\alpha_{t+1}(i)$。由此可以构建从 $\alpha_t(i)$ 到 $\alpha_{t+1}(i)$ 的递推关系式。最终，在时刻 T 对该时间点的所有隐变量概率进行加总，可以得到整个观察序列的概率 $P(O|\theta)$。前向算法采取了对观察序列从时刻 1 到时刻 T 的顺序进行概率计算的递推方式。

❑　**后向算法**

定义

后向概率 $\beta_t(i) = P(y_{t+1}, y_{t+2}, \cdots, y_T | x_t = q_i, \theta)$。

输入

模型参数 $\theta = \{\boldsymbol{A}、\boldsymbol{B}、\boldsymbol{\pi}\}$，观测序列 $O=(y_1, y_2, \cdots, y_T)$。

输出

观测序列概率 $P(O|\theta)$。

Step 1 初始化

$$\beta_T(i) = 1 \quad i=1,2,\cdots,N$$

Step 2 递推

对 $t = T-1, T-2, \cdots, 1$ 有

$$\beta_t(i) = \sum_{j=1}^{N} a_{ij}b_j(y_{t+1})\beta_{t+1}(j) \quad i=1,2,\cdots,N$$

Step 3 终止

$$P(O \mid \theta) = \sum_{i=1}^{N} \pi_i b_i(y_1) \beta_1(i)$$

后向算法的基本原理与前向算法类似，都是在计算概率时不断地通过迭代方式对观测序列的概率进行拓展延伸。后向算法与前向算法的主要区别在于，序列的拓展方向是从时刻 T 到时刻 1。

6.3.2　HMM 的学习问题

学习问题，是指根据已知观测序列 O 对模型参数 θ 进行估计。如果通过训练样本可以获得隐变量 H，那么可以用有监督算法来获得参数 θ。在有监督的情况下，参数估计比较容易，在解析模型时知道训练样本中观测序列每一个位置对应的真实隐变量标注。有监督情况下计算模型参数时，模型的转移概率的计算有

$$a_{ij} = \frac{A_{ij}}{\sum_{j=1}^{N} A_{ij}} \quad i = 1, 2, \cdots, N;\ \ j = 1, 2, \cdots, N$$

$$b_j(k) = \frac{B_{jk}}{\sum_{k=1}^{N_2} B_{jk}} \quad j = 1, 2, \cdots, N;\ \ k = 1, 2, \cdots, M$$

其中，A_{ij} 是隐变量从状态 i 转移到状态 j 的频数；B_{jk} 是隐变量状态为 j 但观测到的样本属性为 k 的频数。

当分析的文本集合中无法获得隐变量 H 时，学习问题可变成典型的包含隐变量的参数估计问题，需要采用 E-M 算法求解模型参数。在序列标注问题中，对应的 E-M 算法称为 Baum-Welch 算法，算法的伪代码如下。

输入

观测数据 $O=(y_1, y_2, \cdots, y_T)$。

输出

HMM 参数 $\theta=\{\boldsymbol{A} 、 \boldsymbol{B} 、 \boldsymbol{\pi}\}$。

Step 1　初始化

对 $n=0$，选取 $a_{ij}^{(0)}$、$b_j(k)^{(0)}$、$\pi_i^{(0)}$，得到参数 $\theta^{(0)}=\{A^{(0)},\ B^{(0)},\ \pi^{(0)}\}$。

Step 2 递推

对 $n=1,2,\cdots$ 有

$$a_{ij}^{(n+1)}=\frac{\sum_{t=1}^{T-1}\xi_t(i,j)}{\sum_{t=1}^{T-1}\gamma_t(i)}$$

$$b_j(k)^{(n+1)}=\frac{\sum_{t=1,y_t=k}^{T-1}\gamma_t(j)}{\sum_{t=1}^{T-1}\gamma_t(j)}$$

$$\pi_i^{(n+1)}=\gamma_1(i)$$

Step 3 终止

获得最终收敛的参数 $\theta^{n+1}=(\boldsymbol{A}^{(n+1)},\boldsymbol{B}^{(n+1)},\boldsymbol{\pi}^{(n+1)})$。

下式中 $\gamma_t(i)$、$\xi_t(i,j)$ 分别表示在给定参数和观测序列的情况下，位置 t 为状态 q_i 的概率，以及位置 t 为状态 q_i 同时位置 $t+1$ 为 q_j 的联合概率，即

$$\gamma_t(i)=P(x_t=q_i\,|\,O,\theta)$$

$$\xi_t(i,j)=P(x_t=q_i,x_{t+1}=q_j\,|\,O,\theta)$$

上述两个概率都可以按照观测值 $O=(y_1,y_2,\cdots,y_T)$ 和参数 $\theta^{(n)}=\{\boldsymbol{A}^{(n)},\boldsymbol{B}^{(n)},\boldsymbol{\pi}^{(n)}\}$ 计算生成，其中有

$$\gamma_t(i)=\frac{P(x_t=q_i,O\,|\,\theta^{(n)})}{P(O\,|\,\theta^{(n)})}=\frac{\alpha_t(i)\beta_t(i)}{P(O\,|\,\lambda)}=\frac{\alpha_t(i)\beta_t(i)}{\sum_{j=1}^{N}\alpha_t(j)\beta_t(j)}$$

$$\begin{aligned}\xi_t(i,j)&=\frac{P(x_t=q_i,x_{t+1}=q_j,O\,|\,\theta^{(n)})}{P(O\,|\,\lambda)}\\[2mm]&=\frac{P(x_t=q_i,x_{t+1}=q_j,O\,|\,\theta^{(n)})}{\sum_{i=1}^{N}\sum_{j=1}^{N}P(x_t=q_i,x_{t+1}=q_j,O\,|\,\theta^{(n)})}\\[2mm]&=\frac{\alpha_t(t)a_{ij}b_j(y_{t+1})\beta_{t+1}(j)}{\sum_{i=1}^{N}\sum_{j=1}^{N}\alpha_t(t)a_{ij}b_j(y_{t+1})\beta_{t+1}(j)}\end{aligned}$$

6.2.3　HMM 的预测问题

预测问题，是指在给定 HMM 参数时，根据观察的文本内容对分类属性进行标注。这个问题的基本结构类似于根据文本的一种显性编码推断对应的隐性编码。因此，预测问题也称作解码问题。当已知模型参数时，预测问题实际上就是找到特定观测词汇序列最有可能对应的分类序列。

由于文本序列通常较长，且每个要素分类的可能性很多，所以整个序列有很多种标注的可能性。若枚举所有序列标注情况并比较其概率，那么计算过程会非常耗时耗力，有些复杂的任务甚至是无法完成的。通常情况下，有两种常用算法可以完成预测问题，即近似算法和维特比算法（Viterbi Algorithm）。

❏　近似算法

近似算法是一种贪心算法，该算法依次对序列中每个位置的隐变量进行判断，并将每个位置的判断结果组合作为整个序列的判断结果。每个位置的隐变量概率有

$$\gamma_t(i) = \frac{\alpha_t(i)\beta_t(i)}{\sum_j \alpha_t(j)\beta_t(j)}$$

其中，$\alpha_t(i)$ 是状态 i 的转移概率；$\beta_t(i)$ 是状态 i 的发射概率。标注序列 $I = (x_1^*, x_2^*, \cdots, x_T^*)$ 可以根据下式进行计算：

$$x_t^* = \arg\max_i [\gamma_t(i)] \quad t = 1, 2, \cdots, T$$

对序列标注问题来说，每个位置的隐变量标注结果都会对其相邻位置隐变量的标注结果产生影响，因此，以各位置的结果作为整体序列的结果并不符合客观情况，该算法的准确度相对较低。

❏　维特比算法

近似算法并不能找到全局最优的路径，只能获得一个近似的最优解。维特比算法可以采用动态规划（Dynamic Programming）方法求解文本序列上隐变量的最优路径，即给定模型参数下的状态序列。动态规划内容不是本书介绍重点，此处只给出 Viterbi 的伪代码以便读者编程。

输入

HMM 参数 $\theta=\{A, B, \pi\}$ 和观测序列 $O=(y_1, y_2, \cdots, y_T)$。

输出

隐变量状态序列 $I = (x_1^*, x_2^*, \cdots, x_T^*)$。

Step 1 初始化

$$\delta_1(i) = \pi_i b_i(y_1) \quad i = 1, 2, \cdots, N$$

$$\psi_1(i) = 0 \quad i = 1, 2, \cdots, N$$

Step 2 递推

对 $t = 2, 3, \cdots, T$ 有

$$\delta_1(i) = \max_{1 \leqslant j \leqslant N_1} [\delta_{t-1}(j) a_{ji}] b_i(y_t) \quad i = 1, 2, \cdots, N$$

$$\psi_1(i) = \arg \max_{1 \leqslant j \leqslant N_1} [\delta_{t-1}(j) a_{ji}] \quad i = 1, 2, \cdots, N$$

Step 3 终止

$$P^* = \max_{1 \leqslant i \leqslant N_1} \delta_T(i)$$

$$i_T^* = \arg \max_{1 \leqslant i \leqslant N_1} [\delta_T(i)]$$

Step 4 最优路径回溯

对于 $t = T-1, T-2, \cdots, 1$ 有

$$x_t^* = \psi_{t+1}(x_{t+1}^*)$$

由此可获得最优标注序列 $I^* = (x_1^*, x_2^*, \cdots, x_T^*)$。

在 HMM 中，隐变量有 N 个取值，观测变量有 M 个取值。求解所有序列的观测变量和隐变量的联合概率分布，需要估计的参数个数为所有的状态转移概率（N^2）、发射概率（NM）及开始概率（N）之和：

$$N_p = N^2 + NM + N$$

从概率的结构形式上看，HMM 和朴素贝叶斯模型有很大相似性。两种模型都是利用变量的马尔可夫性质对联合概率分布进行简化的。

在实际应用中，HMM 也存在一些固有缺陷。例如，在进行序列标注分析时，可观测的变量为词汇，而词汇本身的取值空间非常大，规模通常为整个词典大小。因此，需要估计的参数 NM 乘积项也就会比较大。在这种情况下，要求训练数据集合规模要足够庞大，这样才能对模型的参数进行准确、有效的估计。

对进行分析的文档集合来说，很多词汇出现次数较少，有些词汇甚至完全没有出现过。很多概率项 $P(y_i \mid x_i)$ 由于数据量不足，无法被有效估计，这导致大多数序列的概率无法有效判断。

6.4　最大熵模型和最大熵马尔可夫模型

如上文所述，HMM 虽然在处理序列标注问题时可以取得比较好的效果，但是其对训练集合的要求较高。HMM 需要克服数据缺失导致的参数无法估计的问题。其中，模型中最主要的无法被估计的参数是有关发射概率的参数。

在有监督的条件下，有

$$b_j(k) = \frac{B_{jk}}{\sum_{k=1}^{M} B_{jk}} \quad j = 1, 2, \cdots, N; \quad k = 1, 2, \cdots, M$$

因此，词典中每个词汇都必须要进行足够多的观测量才可以有效地进行参数估计。特别地，当模型中的隐变量涉及分类标签较多时，样本不足的缺陷会越发显著。

实际应用中，不必把每个词汇单独作为变量取值。这样操作一方面会导致变量的取值过多，另一方面模型所考虑的词汇特征有限。此外，以词汇本身作为观测变量也无法有效描述词汇在文档中的位置信息。

对于词性分析的序列标注任务，句子的起始位置词汇为名词的可能性很大，而句子的结束位置词汇为形容词的可能性很低。因此，词汇的位置特征对隐变量的判断有很大参考价值。

基于以上考虑，在对文本的观测序列进行量化时，将每个词汇对象抽象为一组特征值比将其处理成单一特征值要有更多优势。因此，需要用一组属性值来描述词汇的模型，进而对序列标注问题建模。在这种情况下，用户的观察值不是某一个具体词汇，而是一组词汇属性。一方面词汇的特征向量被有效地降维，获得了更加简洁的表示形式；另一方面词汇的特征更加丰富。

对于序列标注问题，可以对现有的 HMM 进行改进，可提出最大熵马尔可夫模型。最大熵马尔可夫模型在实现隐变量预测时，也可以实现观测变量从词汇到词汇特征组合的映射。最大熵隐马尔可夫模型解决了观测变量特征稀疏的问题，也让观测变量的特征内涵更加丰富。

6.4.1 最大熵模型

在介绍最大熵马尔可夫模型之前，首先引入最大熵模型。最大熵模型的根本目的是实现用一组有具体含义的较少特征来表示高维度的稀疏观测变量特征。最大熵模型是实现最大熵马尔可夫模型的基础。模型基于概率分布的最大熵假设为：在给定约束下,某一个未知分布一定表现为最均匀的状态,事件的特征最为无序。

熵是用来描述随机变量的有序性的统计指标。对于某个随机变量，熵越大，其概率分布越均匀，该变量越无序。从信息论的角度，熵越大，概率分布能够提供的有用决策信息越少，对事物的判断或预测越困难。反之，熵越小，概率分布越不均匀，此时变量存在一定的有序性或规律性，概率分布可以提供的有价值信息越多。

基于最大熵原则，可以求解特定约束下的概率分布。最大熵原则，是指求解概率分布时，除了已知条件约束，不应当再使得概率分布包含额外的信息。此时，优化目标是使概率分布的熵值最大，优化约束和观察到的数据相关，需要保证基于观测变量的经验分布与理论分布相等。

在构建最大熵的优化问题之前，首先定义概率的熵值如下：

$$H(P) = -\sum_x P(x) \log P(x)$$

其中，x 是离散变量；$P(x)$ 是该变量的边缘概率分布。容易证明，$H(P)$ 的取值范围满足：

$$0 \leqslant H(P) \leqslant \log |x|$$

其中，$|x|$ 是变量 x 可能的取值个数。概率的熵值一定是大于或等于 0 的，并且存在某一个上界。

与 HMM 不同，最大熵模型是一个判别模型，该模型假定由观测变量（x）决定需要估计的不可观测变量（y）。在对不可观测变量进行估计时，直接构建概率模型来学习数据的分类边界 $P(y|x)$ 即可。

按照熵的基本定义，可以写出条件概率 $P(y|x)$ 对应的条件熵指标。于是有，优化目标为（x 的取值空间很大）

$$H(P) = -\sum_{x,y} P(x,y) \log P(y|x)$$

其中，优化问题的根本目标是对 $P(y|x)$ 求解，上式可以进一步展开：

$$H(P) = -\sum_{x,y} P(x)P(y|x) \log P(y|x)$$

在已有训练数据的情况下，可以将上式进一步改写为

$$H(P) = -\sum_{x,y} \tilde{P}(x)P(y|x) \log P(y|x)$$

其中，$\tilde{P}(x)$ 是模型的经验分布。

对于最大熵模型，需要引入特征函数的概念，用特征函数来表达优化问题的约束条件。定义特征函数 $f(x,y)$：

$$f(x,y) = \begin{cases} 1 & x与y满足某一关系 \\ 0 & 其他 \end{cases}$$

在实际应用中，一般定义多个特征函数 $f(x,y)$ 来描述特征与分类结果之间的关系。因此，可以从多个属性维度来描述特征变量 x 对 y 进行判断的信息价值。

设计好特征函数后，优化问题中的约束条件可以用特征函数来表示。约束条件的构造基础是，使得通过训练集合学习到的模型参数 $P(y|x)$ 计算的特征函数期望 $E_p(f_i)$ 与实际观测到的特征函数期望 $E_{\tilde{p}}(f_i)$ 一致，即

$$E_p(f_i) = E_{\tilde{p}}(f_i)$$

更具体地，有

$$E_p(f_i) = \sum_{x,y} \tilde{P}(x) P(y \mid x) f_i(x,y)$$

$$E_{\tilde{P}}(f_i) = \sum_{x,y} \tilde{P}(x,y) f_i(x,y)$$

综上所述，可以将优化问题改写为标准的最小化问题：

$$\min_{P \in C} [-H(P)] = \sum_{x,y} \tilde{P}(x) P(y \mid x) \log P(y \mid x)$$

$$\text{s.t.} \quad E_p(f_i) - E_{\tilde{p}}(f_i) = 0 \quad i = 1, 2, \cdots, n$$

$$\sum_y P(y \mid x) = 1$$

根据优化理论，有约束的优化问题可以通过引入拉格朗日乘子 $w_i (i = 0, 1, 2, \cdots, n)$ 转化为无约束的优化问题。定义拉格朗日函数：

$$L(P,w) \equiv -H(P) + w_0 \left[1 - \sum_y P(y \mid x) \right] + \sum_{i=1}^n w_i \left[E_{\tilde{p}}(f_i) - E_p(f_i) \right]$$

$$= \sum_{x,y} \tilde{P}(x) P(y \mid x) \log P(y \mid x) + w_0 \left[1 - \sum_y P(y \mid x) \right]$$

$$+ \sum_{i=1}^n w_i \left[\sum_{x,y} \tilde{P}(x,y) f_i(x,y) - \sum_{x,y} \tilde{P}(x) P(y \mid x) f_i(x,y) \right]$$

优化问题可以转化为

$$\min_{P \in C} \max_w L(P,w)$$

此时，该问题可以进一步转化为其对偶问题：

$$\max_w \min_{P \in C} L(P,w)$$

在求解该问题时，首先求内部的极小化问题，其解是有关拉格朗日乘子 w 的函数，有

$$\psi(w) = \min_{P \in C} L(P,w)$$

该函数的解为

$$P_w = \arg\min_{P \in C} L(P,w) = P_w(y \mid x)$$

通过求解外部优化问题，可以得到最优条件下的 w，再由 P_w 的函数形式可计算得到优化目标 $P(y|x)$。通过求解内部优化问题，优化目标 $P(y|x)$ 与拉格朗日乘子 w 的关系为

$$P_w(y|x) = \frac{1}{Z_w(x)} \exp\left(\sum_{i=1}^{n} w_i f_i(x,y) \right)$$

其中，$Z_w(x)$ 为标准化系数，可以保证概率之和为 1，有

$$Z_w(x) = \sum_y \exp\left(\sum_{i=1}^{n} w_i f_i(x,y) \right)$$

6.4.2 最大熵马尔可夫模型

最大熵马尔可夫模型结合了 HMM 和最大熵模型的优点。一方面，最大熵马尔可夫模型与 HMM 一样，描述了隐变量之间的条件依赖关系；另一方面，最大熵马尔可夫模型采用最大熵约束，通过引入特征函数，将高维度的稀疏词汇特征转化为若干基于特征函数的布尔特征。最大熵模型，打破了观测变量之间彼此独立的限定条件，使得参数估计过程存在更多参考信息。

需要注意，HMM 是产生式模型，而最大熵马尔可夫模型是最大熵模型的衍生模型，是判别式模型。为了避免混淆，此处定义最大熵马尔可夫模型的观测变量为 $O = (o_1, o_2, \cdots, o_l)$，需要估计的隐变量或状态变量为 $S = (s_1, s_2, \cdots, s_T)$。对 HMM 来说，由 S 来决定 O；对最大熵马尔科夫模型来说，则由 O 来决定 S。HMM 与 MEMM 的模型结构比较如图 6.3 所示。

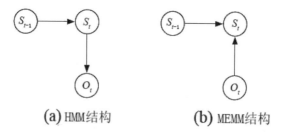

(a) HMM结构　　　　　**(b)** MEMM结构

图 6.3　HMM 与 MEMM 的模型结构比较

对最大熵马尔可夫模型来说，可以用 $P(s|s',o)$ 代替最大熵模型中的 $P(y|x)$。其中，$P(s|s',o)$ 是最大熵马尔可夫模型中需要估计的模型参数。为了将模型的参

数估计过程进一步简化,将最大熵马尔可夫模型按照隐变量状态空间分隔成 $|S|$ 个参数子集,每一个子集都特指在限定前置隐变量情况下的判别概率。$P_{s'}(s|o)$ 是限定前一个隐变量为 s' 时需要估计的条件概率参数。

最大熵马尔可夫模型的参数估计问题等价于 $|S|$ 个标准最大熵模型参数估计的问题(由于隐变量的状态集合远远小于观测变量的状态集合,这样操作是可行的)。

参考 HMM 的 Viterbi 算法,可类似地写出基于动态规划的在给定模型参数和观测序列的情况下隐变量序列的条件概率,推导出最有可能的隐变量序列结果。改进的 Viterbi 算法的递推公式为

$$\alpha_{t+1}(s) = \sum_{s' \in S} \alpha_t(s') P_{s'}(s|o_{t+1})$$

其中,$\alpha_t(s)$ 是在给定观测序列 $o_1, o_2, \cdots, o_t$ 的情况下位置 t 的状态为 s 的概率。

参考最大熵模型,在最大熵马尔可夫模型中,特征函数可以定义为

$$f_{<b,s>}(o_t, s_t) = \begin{cases} 1 & b(o_t) \text{ is true and } s = s_t \\ 0 & \text{else} \end{cases}$$

其中,b 是某二元判别函数。因此,基于特征函数的优化问题约束可以表示为

$$\frac{1}{m_{s'}} \sum_{k=1}^{m_{s'}} f_a(o_{t_k}, s_{t_k}) = \frac{1}{m_{s'}} \sum_{k=1}^{m_{s'}} \sum_{s \in S} P_{s'}(s|o_{t_k}) f_a(o_{t_k}, s)$$

其中,t_k 是概率 $P_{s'}(\cdot)$ 涉及的词汇位置节点。

基于特征函数约束,求解拉格朗日方程的对偶问题的内部优化问题,有

$$P_{s'}(s|o) = \frac{1}{Z(o,s)} \exp\left[\sum_a \lambda_a f_a(o,s)\right]$$

其中,λ_a 是基于特征函数 $f_a(o,s)$ 的约束条件对应的拉格朗日乘子。

最后,原始优化问题转化为对拉格朗日乘子 λ_a 的优化问题。由于拉格朗日方程的外部优化问题通常无法获得解析解,需要用迭代的方法近似估计全局的最优参数值。常用的方法有 GIS(General Iterative Scaling)算法,其求解思路是不断地按照某个方向去寻找更优的参数位置(随机梯度下降法的基本理念)。GIS 的求解方法如下。

❑ GIS 算法

Step 1：对训练集合中的每一个特征函数计算均值，有

$$F_a = \frac{1}{m_s} \sum_{k=1}^{m_s} f_a(o_{t_k}, s_{t_k})$$

Step 2：对拉格朗日乘子进行初始化，如 $\lambda_a^{(0)} = 1$。

Step 3：在第 j 个迭代周期，根据拉格朗日乘子可以计算概率条件参数 $P_{s'}^{(j)}(s|o)$，进而可以计算特征函数的期望值，有

$$E_a^{(j)} = \frac{1}{m_s} \sum_{k=1}^{m_s} \sum_{s \in S} P_{s'}^{(j)}(s|o_{t_k}) f_a(o_{t_k}, s)$$

Step 4：在参数约束条件下，按照下式更新当前参数：

$$\lambda_a^{(j+1)} = \lambda_a^{(j)} + \frac{1}{C} \log\left(\frac{F_a}{E_a^{(j)}}\right)$$

其中，C 是某预先设定的足够大的常数，以保证有

$$f_x(o, s) \geqslant 0 \quad \forall o, s$$

Step 5：不断执行更新操作，直到参数收敛。

6.5 条件随机场

6.5.1 标注偏置问题

HMM 和最大熵模型的概率图模型都是有向图模型，本小节介绍一种基于无向图模型的解决序列标注问题的统计模型——条件随机场。条件随机场只考虑变量间的关联关系，不考虑变量间的影响方向。

条件随机场的提出是对最大熵马尔可夫模型的改进。虽然最大熵马尔可夫模型通过引入特征函数对 HMM 中有关观测变量的不合理的独立性假设和高维度特性进行了改进，但是最大熵马尔可夫模型却存在标注偏置（Label Bias）的缺陷。条件随机场的优点在于，解决了最大熵马尔可夫模型的标注偏置问题。

标注偏置问题是隐变量在状态转移过程中分支数不同导致的，如图 6.4 所示。

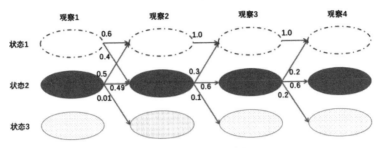

图 6.4 标注偏置示例

在图 6.4 中有三个隐变量状态，需要对长度为 4 的观察值序列进行标注。图 6.4 中给出了在每个观测值的情况下隐变量的状态转移概率。在最大熵马尔可夫模型的条件下，可以推测计算出最优的隐变量路径是 1-1-1-1（空心部分）。但实际情况是，隐变量路径为 2-2-2-2（实心部分）更加合理。

由图 6.4 可知，只要隐变量到达状态 1，就会一直停留在状态 1，即无论后面的观察值是什么，隐变量都只有一种路径方向可以选择。在这种情况下，观察变量就变得毫无意义，仅仅依赖隐变量的转移规律，就可以直接估计隐变量序列的结果。对路径 2-2-2-2 来说，在给定观测变量下，每次都需要从三条给定路径中选择出一条有效的变化方向。因此，相比于路径 1-1-1-1，在路径 2-2-2-2 的确定过程中，观测变量消除了更多的信息不确定性，隐变量状态序列的判断更加充分地利用了观测序列的信息。

综上可知，当某个前置隐变量状态开始的路径的方向较少时，观测变量的信息价值比较小；当某个前置隐变量状态开始的路径的方向较多时，观测变量的信息价值则相对较大。而在判断隐变量的路径时，应该倾向于观测变量信息价值较大的路径。

造成标注偏置的原因主要在于，在最大熵马尔可夫模型中需要求解的变量是条件概率，需要满足如下约束：

$$\sum_s P_{s'}(s \mid o) = 1 \quad \forall s'$$

在计算路径概率时，所有的概率都被同等对待。

如果存在一种广义的条件概率，对该类条件概率不限定概率之和为 1。那么更有效的约束条件应该是，对于某些出发路径较多的 s'，有

$$\sum_s P_{s'}(s \mid o) > 1$$

而对于某些出发路径较少的 s'，则有

$$\sum_s P_{s'}(s \mid o) < 1$$

对于条件随机场模型，不直接定义隐变量的状态转移概率，只对变量之间的关联关系进行量化，可有效解决标注偏置的问题。

6.5.2　条件随机场的基本原理

条件随机场定义在无向图模型 $G = (V, E)$ 上，具有马尔可夫性质，条件随机场上的变量存在如下关系：

$$P(Y_v \mid X, Y_w, w \neq v) = P(Y_v \mid X, Y_w, w \sim v)$$

其中，$w \sim v$ 表示与节点 v 相连的节点；$w \neq v$ 表示图中除 v 外的所有节点。若该公式对图中任意节点 v 都成立，那么称条件概率分布 $P(Y \mid X)$ 为条件随机场。

对于条件随机场的联合概率分布，可以采用 Hammersley-Clifford 定理来定义并求解：

$$P(Y) = \frac{1}{Z} \prod_c \psi_c(Y_c)$$

其中，C 是无向图中的最大团（两两节点相互连接）；Y_c 是 C 节点对应的随机变量；$\psi_c(Y_c)$ 是 C 上定义的严格正函数。

条件随机场概率图模型如图 6.5 所示。

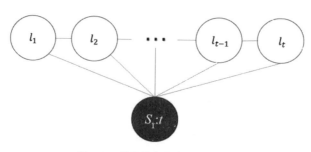

图 6.5　条件随机场概率图模型

作为处理序列标注模型的常见模型，条件随机场模型的基本结构与 HMM 和最大熵马尔可夫模型比较类似。其中，隐变量之间相互依赖，同时所有隐变量都与观测变量序列存在相关性。

条件随机场与前面模型的主要差异在于：不区分变量的影响方向，只考虑变量间的相关性；观测序列中的元素不是独立地对隐变量的判断产生影响，而是整体作为隐变量序列的判断依据。条件随机场的另外一个优点是，允许引入观测变量的全局特征。

根据图 6.5，可以定义特征函数表示观测变量和隐变量之间的关系。根据 Hammersley-Clifford 定理，特征函数定义在所有相邻的隐变量和整个观测序列之上，有

$$f_j(l_{t-1}, l_t, x, t) = \begin{cases} 1 & \text{satisfy certain condition} \\ 0 & \text{else} \end{cases}$$

整个观测序列的联合概率分布可以表示为

$$P(l \mid s) = \frac{\exp\left[\sum_{j=1}^m \sum_{t=1}^n \lambda_j f_j(l_{t-1}, l_t, x, t)\right]}{Z}$$

其中，归一化系数 Z 可以表示为

$$Z = \sum_l \exp\left[\sum_{j=1}^m \sum_{t=1}^n \lambda_j f_j(l'_{t-1}, l'_t, x, t)\right]$$

条件随机场对序列标注问题的模型结构的表达能力大于 HMM 和最大熵马尔可夫模型。条件随机场的特征函数既可以表达隐变量的状态依赖关系，也可以表达隐变量与观察变量的关联关系。可以进一步将特征函数展开为

$$f_j(l_{t-1}, l_t, x, t) = \begin{cases} t_m(l_{t-1}, l_t, x, t) & m = 1, 2 \cdots, K_1 \\ s_n(l_t, x, t) & n = 1, 2 \cdots, K_2 \end{cases}$$

条件随机场模型需要求解的参数为每个特征函数对应的权重，该权重在含义上等价于最大熵马尔可夫模型中的条件概率。然而，由于对该系数的求解不受任何约束条件影响，可以有效地避免模型的标注偏置问题。条件随机场的模型参数估计也可以采用 IIS 算法求解。

6.6 本章小结

本章对文本分析中的序列标注问题的相关技术进行了介绍。序列标注问题是一种特殊的分类问题，虽然被标注的对象和分类问题一样，需要根据已知信息分配某个预定义的分类标签。但是，在判断分类结果时，不仅需要考虑被分类对象自身的属性特征，还需要考虑在空间上与其具有时序关系的对象的分类结果信息。

序列标注问题在文本分析中具有广泛应用，主要被用于词汇序列中对词汇特定角色进行判断，如词性标注、命名实体识别、分词等任务。另外，序列标注问题并不是文本分析的专属问题。日常生活中，所有具有时序关系的数据都可以进行序列标注建模分析，包括股票价格信息、语音音频信息、连续的画面像素信息等。

本章介绍了三种最常见的序列标注问题的建模方法和求解方法，包括 HMM、最大熵马尔可夫模型、条件随机场。其中，HMM 是产生式模型，每个位置的观测变量仅由对应位置的隐变量决定，而隐变量的状态仅依赖于前一个位置的隐变量状态。最大熵马尔可夫模型的基础是最大熵模型，最大熵模型通过引入特征函数有效地解决了特征稀疏的问题。最大熵马尔可夫模型是最大熵模型在序列标注问题中的具体体现，属于判别式模型。条件随机场属于无向网络图模型，对最大熵马尔可夫模型进行了进一步优化。条件随机场在目标函数优化时对参数进行了全局的标准化，有效地避免了标注偏置问题。

第 7 章

信 息 检 索

　　信息检索是文本分析十分重要的应用领域。当前，大多数商业网站都将信息检索作为其核心服务类应用。信息检索涉及的文本分析方法十分广泛，构造信息检索的具体应用需要采取的技术手段也十分复杂。

　　当前，信息检索已经成为独立的研究领域，该技术在网络环境中为用户提供了越来越丰富的实用价值。本章将对信息检索的主要技术原理进行介绍，详细解读当前主流的三类方法，包括基于空间模型的方法、基于概率模型的方法，以及基于语言建模的方法。

7.1　信息检索的基本概念

　　信息检索的含义非常广泛，其技术上的应用形式也比较多样。学术上，信息检索的一般化定义如下：信息检索是从大规模非结构化数据（通常是文本）的集合（通常保存在计算机上）中找出满足用户信息需求资料（通常是文档）的过程。

　　信息检索就是用计算机的手段帮用户查找其需要的文本信息。信息检索是一个自动化查找过程，而查找的对象通常是文本。因此，其核心技术属于文本分析的范畴。大多数信息检索应用都是网络环境下的在线应用，其形式也相当多样化。最常见的信息检索应用是搜索引擎，包括百度、Google 等。现在人们几乎无法在没有信息检索功能的网络环境中自由汲取并利用海量信息。

信息检索属于文本分析的内容类应用，其重点是为网络用户提供内容上的服务。信息检索一方面是一类文本分析方法，另一方面是一种技术产物。在构建信息检索应用时，除了要完成对数据查找的基本任务，还应当重视整个信息检索系统的具体应用场景。一个一般化的信息检索系统通常包括以下三个重要步骤。

❑ **理解用户需求**

对于传统的人工检索方式，查找文档的主体就是信息需求者，因此不涉及理解信息需求的问题。但是，当用计算机代替人来完成检索任务时，就需要计算机对用户的信息需求进行有效的理解。用户一般以计算机规定的格式将自身的信息需求进行编码，通过计算机对编码内容进行解读，来实现对用户需求的重现。解码后，信息要尽可能地与用户的原始信息需求保持一致，同时信息在形式上应当有利于直接进行文本分析及对用户所需文档对象的搜索。信息检索系统的编码和解码过程如图 7.1 所示。

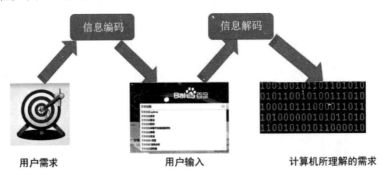

图 7.1　信息检索系统的编码和解码过程

基于信息论的知识，信息在编码和解码的过程中会由于各自的干扰因素产生扭曲失真的问题。所以，计算机所理解的用户需求与用户实际的信息需求往往存在一定偏差。理解用户的信息需求是信息检索系统第一个重要环节，是整个检索工作的基础。一个好的信息检索系统应当尽可能正确地理解并表示用户的信息需求。

❑　查找文档

当系统对用户的信息需求进行表示后，就可以对满足条件的文档进行查找，并将结果反馈给用户。基于结构化需求进行文档查找有很多具体的策略，信息检索技术需要同时保证结果的相关性与算法过程的时效性。

相关性是指反馈结果与用户的需求应当是一致的。实践中，可以设计很多有效的检索模型来保证结构化的需求被反馈结果满足。时效性是指文档的查找过程需要具有很高的效率。用户在使用检索系统时通常要进行大量的交互，且对交互的响应间隔十分敏感，因此，时效性对用户对系统的整体体验感知意义重大。

❑　反馈文档

系统在找到满足需求的文档集合后，需要将结果以合适的形式反馈给用户。系统所反馈的结果应当有利于用户对信息的进一步理解与处理。

首先，反馈结果应当蕴含优先级原则。很多情况下，满足用户检索需求的文档很多，但是电脑的网页只能容纳有限信息，这就要求在给定的反馈集合下对不同的结果进行推荐排序。一般来说，对相关性高的文档对象赋予较高的排位，而对相关性较低的文档对象赋予较低的排位甚至不予显示。图 7.2 为百度搜索引擎的查询反馈内容结构。

图 7.2　百度搜索引擎的查询反馈内容结构

其次，反馈文档应当将结果以合适的形式展示给用户，帮助用户快速高效地对结果进行浏览。用户可以基于系统反馈的结果进行信息的二次筛选，从中过滤出真正满足自身需求的文本内容。例如，很多搜索引擎会截取网页中关键的内容段落予以显示，并对匹配到的词条项目进行高亮显示，这样用户就可以快速地逐条浏览反馈内容，并了解各反馈项的实际匹配情况。

另外，有些搜索引擎还会对反馈的结果进行聚类或分类。用户可以基于搜索内容进行深层次的信息分析与探索。从这个角度看，具有丰富反馈形式的检索系统也是十分有效的文本分析工具。

7.2　信息检索的应用场景

7.2.1　搜索引擎

搜索引擎是信息检索领域里最重要、最典型的应用，用户在搜索引擎中显示地输入信息需求，并获得满足条件的内容反馈。正确理解用户在系统界面输入的信息需求，是大多数搜索引擎在技术发展上的主要瓶颈。

互联网搜索引擎是最主要的搜索引擎形式，用户可以利用搜索引擎高效地查找有价值的网站资源。在互联网搜索引擎中，用户通常以自由文本的形式在给定的文本框中输入关键词来表示信息需求。然后，搜索引擎反馈给用户一系列的网站链接，并对反馈结果进行特定的排序。当前，用户已经习惯利用搜索引擎来获取互联网环境中大量的信息资源，很多时候搜索引擎不仅能够帮助用户满足自身的信息需求，甚至可以帮助用户更好地理解自身的信息需求。图 7.3 展示了根据2017 年末统计数据得到的主要搜索引擎在国内的市场份额。

从广义上看，搜索引擎不仅限于对网站的检索，还可以对专业领域的信息进行搜索。对专业信息进行搜索的最主要的搜索引擎类别是学术搜索引擎。学术搜索引擎可以根据研究者提供的关键词搜索学术文献，帮助研究者开展科研工作。学术搜索引擎允许用户根据学术文档的结构化特征更加准确地描述自身的信息需求，除了关键词条件，用户还可以通过定义文献的标题、年份、期刊等限制条件来限定检索系统的反馈结果。图 7.4 为 Google 学术搜索引擎高级搜索界面，其允许用户在多个域内对检索条件进行定义。

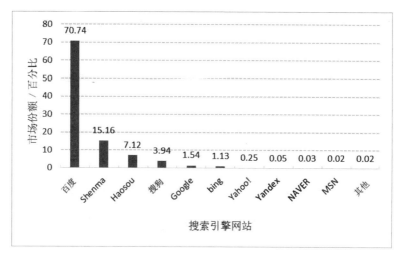

图 7.3 主要搜索引擎在国内的市场份额

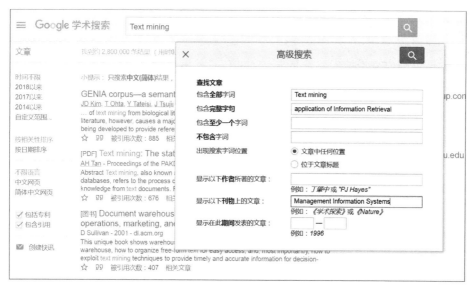

图 7.4 Google 学术搜索引擎高级搜索页面

另外一种比较重要的搜索引擎应用是开放性问答社区的问题搜索工具。知乎是国内著名的开放性问答社区，在知乎平台上，所有用户都可以向他人提问或回答别人提出的问题。知乎是一个专业化平台，用户的回答通常具有较高的质量，因此，被回答过的问题构成了丰富的知识库。用户有时候会在提问前主动搜索感兴趣的问题及对应的回答，以丰富自己对特定领域的知识需求。图 7.5 为知乎平台的问题搜索引擎界面及反馈结果。

图 7.5　知乎平台的问题搜索引擎界面及反馈结果

7.2.2　内容推荐

如果对用户来说搜索引擎是主动式的信息检索应用，内容推荐则是被动式的信息检索应用。当前，很多互联网应用都十分重视内容推荐功能的开发，使网站上信息的利用率及用户对网站的使用体验得到了综合提升。

内容推荐不是基于用户显示提供的信息需求来为用户提供内容反馈，而是基于用户的在线历史行为记录自动地分析、提取用户的信息需求，并基于推测的需求向用户进行内容推送。相比信息检索，内容推荐的应用具有如下诸多优点。

（1）内容推荐应用充分利用了网站上海量的用户行为信息，在需求分析时采用的数据源更加丰富。相关应用可以更准确地挖掘用户的信息需求，其既包括用户的显性需求也包括用户的隐性需求。

（2）用户在搜索引擎中输入的信息需求具有表达形式的局限——检索框中的信息总是存在固有的内容偏差，内容推荐则主要依据用户的行为信息分析需求。因此，内容推荐应用可以在一定程度上使得用户的需求表达更加灵活、准确。

（3）在内容推荐过程中，用户只是被动地接受网站传达的信息，不需额外付出过多的精力对需求进行编码并表达。内容推荐应用使用户对网站应用的综合体验得到提升。

（4）当用户没有具体的信息需求目标时，用户也可以从网站上获得感兴趣的内容并愿意在网站上花费宝贵的时间和精力。具备内容推荐的网站可以更好地增加用户的黏性。

　　内容推荐应用有许多具体的使用场景。首先，其可以增强或补充已有的搜索引擎技术。例如，在百度搜索引擎中，网站除了根据用户输入的内容反馈相应的网站链接，还会为用户提供其可能感兴趣的信息，如图 7.6 所示。

图 7.6　百度搜索引擎新闻热点推荐

　　其次，内容推荐应用可以自动地修正用户的信息需求，猜测用户真实的搜索意图，弥补用户对需求表达能力的不足。

　　如图 7.7 所示，百度搜索引擎在用户输入信息需求后，会根据后台的算法自动地计算出用户可能的真实信息需求。搜索引擎可以将相关内容推荐给用户，帮助用户快速定位合理的检索任务。

图 7.7　百度搜索引擎信息需求推荐

7.3 基于空间模型的信息检索

基于空间模型的方法是信息检索系统中最基础、最常使用的方法。该方法将用户需求文本和被检索的文本都处理成数值向量的形式，并将高维空间中距离用户需求文本最近的候选对象优先反馈提交给用户。

基于空间模型的方法的重点主要有两方面：如何将文本转化为向量，以及如何定义向量的空间距离。基于空间模型的方法主要包括两个主要步骤，即文档查找和文档排序，相关内容将在本节进行介绍。此外，本节还将介绍信息检索的客观评价指标。

7.3.1 文档查找

在信息检索应用中，用户通常通过输入自由文本 q 来描述信息需求，被查找的文档集合记为 $D = \{d_1, d_2, \cdots, d_N\}$。搜索引擎的目的是在 D 中找到满足条件的子集 D^*，并将 D^* 中的文档对象根据相关性排序后反馈给用户。

在信息检索之前，首先需要将需求 q 和文档集合 D 中的对象进行预处理，将其转化成词的集合的形式。对需求 q 的预处理通常会采用实时算法，而对 D 的预处理一般在检索计算之前进行。假如用户输入的信息需求为"Chinese food"，那么系统先将其切分为"Chinese"和"food"两个词汇，然后在文档集合中找到同时包括两个词汇的文档。

在实际应用中，D 是非常大规模的文档集合，逐条对候选文档对象判断是否存在用户输入的关键词是十分消耗计算资源的工作，不利于搜索引擎的实时技术。因此，在实践中通常要采用倒排索引的数据结构来对文档集合进行预处理。这样，有利于快速地根据关键词条件来获得满足用户信息需求的文档集合。

倒排索引是基于文档的布尔模型的，即将每一篇文档都表示成一个长度为词典大小的向量；每个维度的位置取值为 1 或者 0，分别表示词汇在文档中是否出现。文档集合 D 中的所有文档都可以转化成布尔向量，将各文档向量拼凑在一起就可以获得"文档—词汇"矩阵。

将"文档—词汇"矩阵进行 90° 旋转，就可以获得"词汇—文档"矩阵。尽管新矩阵包含的信息含义与旋转前的矩阵是一致的，但是该数据结构十分有利于高效地进行信息检索。"词汇—文档"矩阵的行标记对应词汇标号，列标记对应文档标记，一个典型的"词汇—文档"矩阵示例如图 7.8 所示。

	document1	document2	document3	⋯	documentN
Weather	0	1	1		0
Boat	1	0	0		1
Forest	0	0	0		1
Policeman	1	1	1		1
New York	1	0	1		0
⋮					

图 7.8 "词汇—文档"矩阵示例

在信息检索系统中，可以用倒排链表来表示上述"词汇—文档"矩阵，每个链表的表头为特定的词汇项，词汇项后面跟随一个以文档编号为基本元素的序列，该序列表示包含这个词汇项的文档集合，这种数据结构就称为倒排索引。一般的搜索引擎在对文档进行查询之前都需要为文档集合 D 构建倒排索引，搜索引擎需要不断地对网络环境中新出现的内容进行抓取与解析，并为其构建倒排索引。信息检索系统的倒排索引结构如图 7.9 所示。

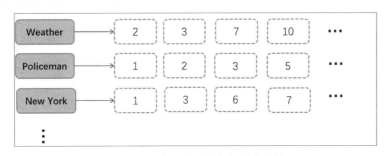

图 7.9 信息检索系统的倒排索结构

当信息检索系统获得一个新的需求时，先将其切分成若干词汇项。例如，通过 q 获得的词汇集合包括"Policeman"和"New York"，在倒排索引中（参考图 7.9）找到以"Policeman"为开头和以"New York"开头的链表，并对其进行交集操作。之后，找到同时在两个链表中出现的文档编号集合，根据图 7.9 为 {1,3,⋯ }。

7.3.2 文档排序

基于倒排索引可以从集合 D 获得满足搜索条件的文档集合 D^*，但在实际情况中，满足搜索条件的文档规模可能很大。如果直接将该结果反馈给用户，将会导致很低的用户体验。用户在进行信息检索时，由于计算机显示屏幕的空间有限，每一页只能浏览非常少的反馈项。于是，需要检索系统对 D^* 中的对象按照用户需求的相关性进行排序，让用户优先对相关性高的文档对象进行浏览与处理。

在进行文档查询后，搜索引擎进一步的重要工作就是对 D^* 的对象进行相关性计算和比较。对基于空间模型的方法来说，检索系统在计算文档相关性时，将 q 和 D^* 包含的对象都处理成数值向量。对于已经通过文档查找过滤的文档，每个文档项都满足 q 中的词汇条件，因此，在文档向量化时不能简单地采用布尔模型，要考虑词汇的权重信息。

假定 d 是 D^* 中任意一篇文档，那么，可以直接利用文档向量的距离来定义信息需求 q 与文档 d 的相关性，有

$$R(q,d) = \mathrm{Sim}(q,d) = \frac{qd}{\|q\|\|d\|}$$

其中，$\mathrm{Sim}(q,d)$ 是一种基于向量 cosine 距离的文档相关性量化方法；q 和 d 分别对应文档 q 和 d 的数值向量；$\|q\|$ 和 $\|d\|$ 表示向量长度；$\mathrm{Sim}(q,d)$ 对应两个向量的几何夹角。

除了采用 cosine 距离，还有很多向量距离的定义，如欧式距离、马氏距离等。由此可知，基于向量模型的检索方法的设计相对灵活，可以通过定义不同的向量距离调整检索系统的整体性能，以适应实际的应用。

向量中各词汇项的权重定义也是影响信息检索系统性能十分重要的因素。一般来说，可以采用 TF-IDF 指标来定义词汇权重，该指标是词汇 TF 指标和 IDF 指标的乘积。其中，TF 是词频，指词汇在文档中的频率；IDF 是逆文档频率，与词汇在文档集合中的稀缺性相关（参考第 3 章）。

上述讨论的文档排序方法只是针对文档主体部分的内容进行分析，对于结构化的查询对象，通常还需要考虑文档多个域信息的匹配情况。例如，当检索对象是学术论文时，被检索内容通常由"题目""摘要""正文"三部分组成，在进行相关性计算和排序时，需要综合考虑用户需求在这三部分的匹配情况。

一般情况下，对含有多个域的文档对象进行检索时，反馈文档的相关性指标可以表示为

$$R(q,d) = \sum_{i=1}^{k} \alpha_i \mathrm{Sim}(q,d_i) \quad \alpha_i \in (0,1), \ \sum_{i=1}^{k} \alpha_i = 1$$

其中，$\mathrm{Sim}(q,d_i)$ 是需求文本 q 与文档 d 的第 i 个文本域的文档向量相似度；α_i 是这个域的内容对于用户的重要性权重。α_i 的大小一方面可以根据经验人为设定，另一方面可以根据用户对系统的反馈结果自动调整。

7.3.3　系统评价

❑　方法设计

当采用常规的方式来度量信息检索系统的效果时，需要构建一个满足下面 3 个组成条件的测试集（Test Set）：

（1）文档集合；

（2）用于测试的信息需求集合；

（3）一组相关性判定结果，对每一个"查询—文档对"记录，赋予一个二值判定，即相关（Relevant）或不相关（Non-relevant）。

测试集合中的文档数量和文档需求数量应当比较合理，系统的评估水平是在所有信息需求上求平均值的结果。一般来说，50 条信息需求基本上就满足测试条件了。测试集合中的判定结果是人工标注的，作为黄金标准（Gold Standard），用于与系统的反馈内容进行对比及进一步的系统评价。

为了对比不同信息检索系统的性能，通常有一些标准测试集合供研发人员参考，下面罗列一些常用的测试集合。

◆　Cranfiled 测试集

——对信息系统效果进行精确评价的首个测试集，于 20 世纪 50 年代末期的英国收集，包含 1398 篇空气动力学期刊的文章摘要，225 个查询及所有的相关性判定结果。

◆　TREC 测试集

——全称为文本检索会议（Text Retrieval Conference），即从 1992 年开始由 NIST（National Institute of Standards and Technology，美国国家标准与技术研究所）组织的大型信息检索系统会议。该会议制定了很多测试任务，每个任务都有特定的标准测试集，包括含有 2500 万个网页的 Web 文档测试集 GOV2。

◆　NTCIR 测试集

——日本国立情报研究所的信息检索测试集（NACSIS Test Collections for IR

Systems，NTCIR），该项目构造了多个和 TREC 文档集规模相当的测试集，主要面向东亚语言和跨语言信息检索研究。

◆ 其他

——除了专业的为信息检索应用研发设计的测试集，用于文本分类任务评估的测试集也是非常重要的信息检索系统测试资源，如 Reuters-21578、Reuters-RCV1 等。

❑ **无序检测结果集合的评价**

无序检测结果集合的评价方法不考虑信息检索系统反馈的文档顺序，只考虑反馈的文档是否相关。在该评估体系下，信息检索系统被看作一个二元分类器，可直接采用对二元分类模型的评估算法对检索结果进行评价。参考第 4 章文本分类的内容，列出系统评价的混淆矩阵，如表 7.1 所示。

表 7.1　信息检索系统的二元分类混淆矩阵

	相关（Relevant）	不相关（Non relevant）
返回（Retrieval）	真正例（TP True Positive）	伪正例（FP False Positive）
不返回（Non Retrieval）	伪反例（FP False Negative）	真反例（TN True Negative）

基于表 7.1，可以进一步定义精确率（Precision）：

$$Precision=\frac{TP}{TP+FP}$$

召回率（Recall）：

$$Recall=\frac{TP}{TP+FN}$$

准确率（Accuracy）：

$$Accuracy=\frac{TP+TN}{TP+TN+FP+FN}$$

在实际应用中，相关的文档比例很低，不相关的文档则占据整个文档集合的大多数。因此，如果以准确率来评估系统，则会引导系统将所有文档都视为不相关的结果，最后用户得不到任何反馈文档。因此，在信息检索系统的评估过程中，通常只考虑"正例"的判断结果，并不太关注"反例"的判断结果。在实践中，精确率和召回率则是满足该条件的常用评估指标。

用户在使用搜索引擎时，通常对精确率和召回率都很敏感并且很重视。但是，很多时候用户对两个指标各自持有偏好。例如，对于一般的 Web 搜索，用户比较关注系统反馈内容的准确性，不喜欢反馈内容中夹杂太多干扰性信息；专业的信息搜索人员（如学术文献搜索）则更加追求内容上较高的召回率，其对信息噪声的容忍度较高。

❑ **有序检测结果集合的评价**

有序的评价方法考虑的不仅是系统反馈的结果是否相关，还考虑反馈结果出现的顺序。考虑反馈结果的顺序，相当于对反馈结果从先到后的子集依次进行分析。系统反馈给用户前 k 项、前 $k+1$ 项会得到不同的精确率和召回率，有序的评估方法需要在不同的子集截断位置进行判断并计算综合的结果。由于一般情况下，用户只会按照顺序浏览系统反馈的某个子集，并不会浏览所有文档集合，因此采用有序的方法对系统进行评估更加切合实际。

对反馈文档集合进行相关性排序，在每个文档位置截断处对应的文档子集可以分别计算其相应的精确率和召回率。将所有位置的精确率和召回率在坐标系中进行点的标记，并进行顺序连接，可以获得如图 7.10 所示的精确率-召回率曲线（Precision-Recall Curve）。精确率-召回率曲线包含了丰富的系统评价信息，其不仅考虑了系统的全集信息，还考虑了所有可能的顺序子集信息。基于精确率-召回率曲线可定义如下两个重要的综合评价指标。

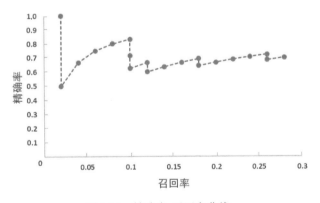

图 7.10 精确率-召回率曲线

插值平均精确率

首先，定义某个召回率水平上的插值精确率（Interpolated Precision），任意不

小于召回率水平 r 的召回率水平 r' 对应的最大精确率，可记为

$$P_{\text{interp}} = \max_{r' \geqslant r} P(r')$$

该指标定义的合理性在于：如果多看一些文档可以提高集合中相关文档比例，那么大部分用户都会这样做。

一般情况下，对若干个召回率水平 r 的插值精确率计算均值，并将其作为整个系统的综合评价指标。例如，可以定义一个 11 点插值平均精确率（Eleven-point Interpolated Average Precision），对每个信息需求分别在召回率水平 $0.0, 0.1, 0.2, \cdots, 1.0$ 等 11 个重要位置上计算插值精确率。最后，将每个信息需求在 11 个点上的插值平均精确率的结果进行汇总并取均值，可以得到整个信息检索系统的有序评价。

平均精确率均值

平均精确率均值（Mean Average Precision，MAP）是 TREC 中最常用的标准系统评估指标，该指标不对精确率-召回率曲线进行插值分析，而考虑所有可能截断位置的有序子集的评估结果。MAP 具有非常好的区别性和稳定性，具体定义如下：

$$\text{MAP}(Q) = \frac{1}{|Q|} \sum_{j=1}^{|Q|} \frac{1}{m_j} \sum_{k=1}^{m_j} \text{Precision}(R_{jk})$$

其中，信息需求 $q_j \in Q$，对应的文档集合是 $\{d_1, d_2, d_3, \cdots, d_{mj}\}$；$R_{jk}$ 是在第 k 个文档位置截断获得的反馈文档子集。MAP 可以粗略地认为是某个查询集合对应的多条精确率-召回率曲线下的面积的均值。

7.4 基于概率模型的信息检索

与基于空间模型的信息检索方法相比，基于概率模型的方法提供了一种全新的对相关文档进行查询的技术框架。对于基于空间模型的方法，检索系统难以有效地理解用户的真实信息需求，其对文档的查找仅仅依赖于基于文本向量相似度的直观假设。而基于概率模型的方法从理论上挖掘了用户需求与反馈文档的内在关系，为反馈文档的相关性判断提供了稳定可靠的理论依据。

基于概率模型的方法需要直接计算，在给定查询需求 q 下，集合中任意文档 d

被判断为相关文档的概率。其中，以二值变量 R 来表示文档与需求的相关性，1 为相关，0 为不相关。信息检索系统需要将满足如下条件的结果反馈给用户：

$$P(R=1 \mid d,q) > P(R=0 \mid d,q)$$

7.4.1　二值独立模型

二值独立模型（Binary Independence Model，BIM）是当前影响力最大的信息检索概率模型，基于该模型的很多拓展方法在实践领域中获得了成功的经验。本小节将首先对二值独立模型进行详细介绍。

在二值独立模型中，无论是查询需求还是被查询的文档都被表示为布尔向量，向量每个维度上的取值为 1 或者 0，分别表示词典中某个词汇是否出现。基于布尔值的文档向量既不考虑词汇出现的词频，也不考虑词汇出现的位置，因此不同的文档很容易具有相同的向量表示。独立性是指文档中不同的词汇彼此是否独立。二值独立模型无法识别词汇之间的关联。

根据基于概率模型的信息检索方法，需要对给定需求 q 和任意文档 d 的相关性进行计算，在将文档表示为布尔向量的基础上，有

$$P(R=1 \mid d,q) = P(R=1 \mid \boldsymbol{x},\boldsymbol{q})$$

$$P(R=0 \mid d,q) = P(R=0 \mid \boldsymbol{x},\boldsymbol{q})$$

其中，$\boldsymbol{x}$ 是文档 d 的向量化表示；$\boldsymbol{q}$ 是用户信息需求 q 的向量化表示。根据贝叶斯定理，上式可以写为

$$P(R=1 \mid \boldsymbol{x},\boldsymbol{q}) = \frac{P(\boldsymbol{x} \mid R=1,\boldsymbol{q})P(R=1 \mid \boldsymbol{q})}{P(\boldsymbol{x},\boldsymbol{q})}$$

$$P(R=0 \mid \boldsymbol{x},\boldsymbol{q}) = \frac{P(\boldsymbol{x} \mid R=0,\boldsymbol{q})P(R=0 \mid \boldsymbol{q})}{P(\boldsymbol{x},\boldsymbol{q})}$$

由于存在如下关系：

$$P(R=1 \mid \boldsymbol{x},\boldsymbol{q}) + P(R=0 \mid \boldsymbol{x},\boldsymbol{q}) = 1$$

在进行文档相关性的判断时，不需要直接对 $P(R=1 \mid \boldsymbol{x},\boldsymbol{q})$ 和 $P(R=0 \mid \boldsymbol{x},\boldsymbol{q})$ 进行计算，只需要知道二者的比值即可：

$$O(R \mid \boldsymbol{x}, \boldsymbol{q}) = \frac{P(R=1 \mid \boldsymbol{x}, \boldsymbol{q})}{P(R=0 \mid \boldsymbol{x}, \boldsymbol{q})}$$

其中，$O(R \mid \boldsymbol{x}, \boldsymbol{q})$ 也称为概率 $P(R=1 \mid \boldsymbol{x}, \boldsymbol{q})$ 的优势率（Odds Rate）。当该指标大于 0.5 时，可以认为文档与信息需求是相关的。优势率指标可以用于各反馈项在相关性方面的具体排序，将上述公式展开有

$$O(R \mid \boldsymbol{x}, \boldsymbol{q}) = \frac{\dfrac{P(\boldsymbol{x} \mid R=1, \boldsymbol{q}) P(R=1 \mid \boldsymbol{q})}{P(\boldsymbol{x}, \boldsymbol{q})}}{\dfrac{P(\boldsymbol{x} \mid R=0, \boldsymbol{q}) P(R=0 \mid \boldsymbol{q})}{P(\boldsymbol{x}, \boldsymbol{q})}} = \frac{P(R=1 \mid \boldsymbol{q})}{P(R=0 \mid \boldsymbol{q})} \frac{P(\boldsymbol{x} \mid R=1, \boldsymbol{q})}{P(\boldsymbol{x} \mid R=0, \boldsymbol{q})}$$

在对文档的相关性进行分析时，$\dfrac{P(R=1 \mid \boldsymbol{q})}{P(R=0 \mid \boldsymbol{q})}$ 作为常数项可以忽略，因此只需要对 $\dfrac{P(\boldsymbol{x} \mid R=1, \boldsymbol{q})}{P(\boldsymbol{x} \mid R=0, \boldsymbol{q})}$ 进行估计。直接对 $\dfrac{P(\boldsymbol{x} \mid R=1, \boldsymbol{q})}{P(\boldsymbol{x} \mid R=0, \boldsymbol{q})}$ 进行计算是十分困难的，为了简化问题，二值独立模型引入了条件独立假设。

假设 7.1：　一个词汇在文档中是否出现与其他词汇在同一篇文档中是否出现相互独立。

综上所述，有

$$O(R \mid \boldsymbol{x}, \boldsymbol{q}) \propto \frac{P(\boldsymbol{x} \mid R=1, \boldsymbol{q})}{P(\boldsymbol{x} \mid R=0, \boldsymbol{q})}$$

$$\propto \prod_{t:x_t=1}^{M} \frac{P(x_t=1 \mid R=1, \boldsymbol{q})}{P(x_t=1 \mid R=0, \boldsymbol{q})} \prod_{t:x_t=0}^{M} \frac{P(x_t=0 \mid R=1, \boldsymbol{q})}{P(x_t=0 \mid R=0, \boldsymbol{q})}$$

其中，$P(x_t=1 \mid R=1, \boldsymbol{q})$ 是在相关文档中某个词汇出现的概率，也可记为 P_t；$P(x_t=1 \mid R=0, \boldsymbol{q})$ 是不相关文档中某个词汇出现的概率，简记为 u_t，于是有

$$O(R \mid \boldsymbol{x}, \boldsymbol{q}) \propto \prod_{t:x_t=1}^{M} \frac{P_t}{u_t} \prod_{t:x_t=0}^{M} \frac{1-P_t}{1-u_t}$$

此外，还有如下假设。

假设 7.2：没有在查询中出现的词汇在相关文档和不相关文档中出现的概率相等。

对于任意满足 $q_t = 0$ 条件的 x_t 项，有 $P_t = u_t$，即

$$O(R \mid \boldsymbol{x}, \boldsymbol{q}) \propto \prod_{t:x_t=q_t=1}^{M} \frac{P_t}{u_t} \prod_{t:x_t=0,q_t=1}^{M} \frac{1-P_t}{1-u_t}$$

$$\propto \prod_{t:x_t=q_t=1}^{M} \frac{P_t(1-u_t)}{u_t(1-P_t)} \prod_{t:q_t=1}^{M} \frac{1-P_t}{1-u_t}$$

$$\propto \prod_{t:x_t=q_t=1}^{M} \frac{P_t(1-u_t)}{u_t(1-P_t)}$$

在计算机系统中，连乘形式的计算通常对精度要求较高，容易产生误差。因此，一般采用取对数的方式代替连乘形式公式的计算，有

$$O(R \mid \boldsymbol{x}, \boldsymbol{q}) \propto \sum_{t:x_t=q_t=1}^{M} \left(\log \frac{P_t}{1-P_t} - \log \frac{u_t}{1-u_t} \right)$$

在实际应用中，定义检索状态值变量（Retrieval Status Value，RSV）对文档的相关性大小进行判断：

$$\text{RSV}_d = \sum_{x_t=q_t=1} c_t$$

其中，$c_t = \log \dfrac{P_t}{1-P_t} - \log \dfrac{u_t}{1-u_t}$。

通过 RSV_d 的形式可知，只要知道任意词汇的 P_t 及 u_t 参数，就可以对文档的相关性进行合理的判断。

7.4.2　模型参数估计

词汇 P_t 及 u_t 参数的具体数值需要通过文档集合的统计信息进行估计，下面将分别介绍理论上的参数估计方法和实践应用中的参数估计方法。

❑ **概率模型的理论参数估计方法**

若要计算任意词项 t 在整个文档集合中的 c_t，首先应为词项 t 构造在文档集合中的统计列联表，如表 7.2 所示。

表 7.2　词项在文档集合中的统计列联表

	文档	相关	不相关	总计
词项出现	$x_t = 1$	s	$\text{df}_t - s$	df_t
词项不出现	$x_t = 0$	$S - s$	$(N - \text{df}_t) - (S - s)$	$N - \text{df}_t$
总计		S	$N - S$	N

表 7.2 中，df_t 是包含 t 的文档数目，基于该统计列联表可以计算 c_t 中的参数。采用极大似然估计，有

$$P_t = \frac{s}{S}$$

$$u_t = \frac{\text{df}_t - s}{N - S}$$

于是，参考上文 c_t 的形式，有

$$c_t = \log \frac{s / (S - s)}{(\text{df}_t - s) / [(N - \text{df}_t) - (S - s)]}$$

为了避免词项 t 对应的列联表中的数据导致 P_t 或 u_t 变成 0 值概率，可以考虑在估计概率时加入先验信息，对参数估计结果进行平滑处理。例如，在上面公式中的每个变量取值上都加上 1/2。于是，c_t 可以修正为

$$c_t = \log \frac{\left(s + \frac{1}{2}\right) / \left(S - s + \frac{1}{2}\right)}{\left(\text{df}_t - s + \frac{1}{2}\right) / \left[(N - \text{df}_t) - (S - s) + \frac{1}{2}\right]}$$

❑ **概率模型的实践参数估计方法**

假设相关文档只占所有文档的一小部分，则可以通过整个文档集合的统计数字来计算与不相关文档有关的统计量。于是，在某查询下不相关文档中出现词项 t 的概率为

$$u_t = \frac{\text{df}_t - s}{N - S} \approx \frac{\text{df}_t}{N}$$

于是有

$$\log \frac{1-u_t}{u_t} = \log \frac{N-\mathrm{df}_t}{\mathrm{df}_t} \approx \log \frac{N}{\mathrm{df}_t}$$

通常，词汇的逆文档频率指标（IDF）对 u_t 来说是十分客观有效的近似取值。

然而，对 u_t 的近似方法对于 P_t 的计算并没有太大的参考价值。现实中，主要采用以下 3 种技术手段处理 P_t：

（1）如果已知文档集合中的某些相关文档，可以直接采用相关文档中词项出现的频率来对 P_t 进行估计，此处采用了相关反馈的技术手段。

（2）对 P_t 统一采取某一个特定的常数，如令 $P_t = 0.5$。

（3）令 P_t 为与 df_t 相关的某一特定的统计量。例如，可以令 $P_t = \frac{1}{3} + \frac{2}{3}\frac{\mathrm{df}_t}{N}$。该形式中，$P_t$ 会随着 df_t 的增长而增长，更加贴近客观情况。

下面详细介绍如何利用已知文档集合中的相关文档对 P_t 进行估计。在该方法中，需要不断地采用迭代方法对 P_t 的取值进行优化，优化的基础是每次用户对反馈文档的相关性进行标记反馈的情况，具体步骤如下。

Step 1： 首先，假设所有查询中词项的 P_t 是常数，如将 0.5 作为给定初始值。

Step 2： 利用当前的 P_t 和 u_t 的估计值对相关文档集合进行预测，并将反馈呈现给用户。

Step 3： 用户不断地与反馈结果交互，修正反馈结果。用户对文档的某个子集 V 进行人工标注，将其划分为相关子集 VR 与不相关子集 VNR 两部分，要保证二者之间没有交集。

Step 4： 利用已知相关文档和不相关文档对 P_t 重新估计。如果 VR 和 VNR 足够大，则可以直接通过集合中的文档数目进行极大似然估计，有

$$P_t^{(k+1)} = \frac{|\mathrm{VR}_t| + \kappa P_t^{(k)}}{|\mathrm{VR}| + \kappa}$$

该式为典型的贝叶斯后验概率形式。其中，VR_t 是 VR 中包含词项 t 的文档子集；κ 表示先验概率的权重，对应先验判断的伪样本个数。一般情况下，当用户标注样本集合较少时，κ 取值为 5 比较符合客观情况。

Step 5： 不断重复 Step2~Step4，对 P_t 进行优化。

基于人工相关反馈的参数估计方法来优化动态的、递增式的信息检索系统，该优化过程构成一个循环模式，如图 7.11 所示。

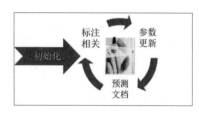

图 7.11　搜索引擎的迭代优化过程

　　系统根据当前的参数可以为用户提供有价值的信息检索反馈内容，用户在得到系统反馈时对系统进行标注。信息检索系统基于用户标注的内容主动学习用户的检索行为偏好，然后更新模型中的关键参数，从而保证系统在下一阶段中可以更好地为用户提供检索服务。

7.5　基于语言模型的信息检索

　　信息检索的目标是使查找的文档与用户的文本需求尽可能一致，基于对一致性的不同理解，最终会产生不同的信息检索方法。基于语言建模的方法认为，对于所有的文档对象，无论是被检索的候选文档，还是用户的信息检索需求，都对应一个语言模型。如果某篇文档对应的语言模型很有可能生成当前用户的查询信息，那么这篇文档就是一个质量比较高的文档，应当被检索系统反馈。

7.5.1　语言模型

　　有关语言模型的问题在第 3 章有关文本建模的内容中已有详细讨论，即用一组概率模型来描述文本的产生过程。语言模型是文档的抽象表示，反映文档的内涵，而文档是语言模型的具体表现。用语言模型（而不是文档的词汇本身）来描述文档对象可以获得深层次的语义信息，表示结果更加真实客观。语言模型可以让文档对象降维，同时模型中蕴含的先验的结构知识也可以增加文档内容的丰富性。

　　语言模型本质上是基于概率的，一个语言模型是从词汇表的字符串到概率的映射关系。一种最简单的语言模型等价于一个概率有穷自动机，该自动机由一个节点组成，也只有一个生成不同词汇项的概率分布，例如：

$$\sum_{s \in \Sigma^*} P(s) = 1$$

概率有穷自动机在生成每个词汇后，该模型决定是继续按照某个特定的概率分布生成下一个词汇，还是停止于终止状态（终止状态与词典中某个特殊词汇对应，暂定为 Stop）。只要已知每个词汇对应的产生概率，就可以获得任意给定的词项序列的概率——文档的产生概率。当已知文档集合时，相应地，也可以反推出其背后的语言模型。一个典型的概率有穷自动机模型框架如图 7.12 所示。

图 7.12 一个典型的概率有穷自动机模型框架

语言模型有各种复杂的形式和种类，如 pLSI 主题模型和 LDA 主题模型等。在信息检索领域中，不常使用较为复杂的语言模型。一般来说，将统计语言模型用于信息检索领域的大部分工作只用到了一元（Unigram）语言模型。在一元语言模型中，不考虑词汇的上下文关系，每个位置上词汇出现的概率一样且相互独立。对于任意给定词汇序列 $t_1, t_2, \cdots, t_n$，有

$$P(t_1, t_2, \cdots, t_n) = P(t_1) P(t_2) \cdots P(t_n)$$

此外，也可以将该 Unigram 模型进一步复杂化，假设每个位置词汇出现的概率依赖于其前面位置的词汇，即词汇的概率是上下文依赖的。如果词汇的概率只依赖于前面一个位置的词汇，则模型称为二元（Bigram）语言模型，类似地，依赖于前面两个位置的词汇则称为三元语言模型，依次类推。

其中，二元语言模型的词汇序列概率可以表示为

$$P_{b_i}(t_1, t_2, \cdots, t_n) = P(t_1) P(t_2 \mid t_1) \cdots P(t_n \mid t_{n-1})$$

在 Unigram 语言模型中，用户只要知道所有词汇的边缘概率 $P(t_i)$，就可以估计任意给定词汇序列（文档）的概率；在 Bigram 模型中，用户可以依赖边缘概率 $P(t_i \mid t_j)$ 对文档的产生概率进行估计。

相比较而言，Bigram 模型对文档的表示更加准确，但其比 Unigram 模型需要

估计更多参数。当给定文档集合的规模不够充分时，会产生参数估计数据的稀缺问题，导致文本分析过程承担更大的过拟合风险。因此，在选择语言模型时，分析者需要很好地权衡模型复杂性提高的收益，以及数据稀疏性导致的弊端。

7.5.2　查询似然模型

语言建模是信息检索中通用的形式化方法，有多种具体的形式。信息检索中最基本的语言模型是查询似然模型（Query Likelihood Model）。在该模型中，信息检索遵循如下基本原理工作。

对文档集合中的每篇文档 d 构造语言模型 M_d，信息检索的目的是按照给定查询需求 q，获得文档 d 的概率 $P(d|q)$，同时对其进行排序。将 $P(d|q)$ 进一步展开，有

$$P(d|q) = \frac{P(q|d)P(d)}{P(q)} \propto P(q|d)P(d)$$

其中，$P(d)$ 默认是均匀分布的（也可以根据用户的经验赋予先验概率）。因此，对文档进行排序的核心基本上取决于 $P(q|d)$。文档 d 被抽象成了语言模型 M_d，因此，该概率可以表示为 $P(q|M_d)$。

查询似然模型提供了基于概率的方法的基本框架，文档反馈任务的核心在于 $P(q|M_d)$ 的计算。在不同的语言模型中文档 d 都有不同的模型映射 M_d，会得到不同的文档排序。因此，如何对文档进行建模将直接影响信息检索系统功能的发挥。

在该模型中，每篇文档都被看作一门独立的语言——对应于不同的模型参数。在每种语言下，查询需求产生的概率是不同的，系统需要为用户找到最可能产生用户信息需求的语言，如图 7.13 所示。

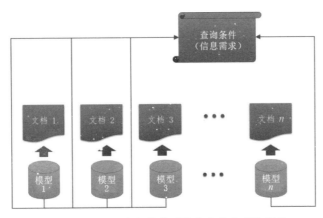

图 7.13 基于查询似然模型的信息检索系统框架

为了更好地解释查询似然模型的基本原理，采用具体的语言模型 M_d 来说明。考虑最简单的 Unigram 模型，文档概率完全由词汇的边缘概率决定，则有

$$F'(q \mid M_d) = \prod_{t \in V} P(t \mid M_d)^{\mathrm{tf}_{t,q}}$$

其中，$\mathrm{tf}_{t,q}$ 是词汇 t 在需求 q 中的词频；$P(t \mid M_d)$ 表示在语言模型 M_d 中词汇 t 的生成概率。$P(t \mid M_d)$ 的参数值需要采用极大似然估计从文档 d 中推断。一般情况下，有

$$P(t \mid M_d) = \frac{\mathrm{tf}_{t,d}}{L_d}$$

其中，$\mathrm{tf}_{t,d}$ 是文档 d 中词汇 t 的词频；L_d 是文档的长度。于是，可以进一步得到查询内容与文档相关的概率估计结果：

$$P_{\mathrm{mle}}(q \mid M_d) = \prod_{t \in q} \frac{\mathrm{tf}_{t,d}}{L_d}$$

在实际应用中，由于大多数文档都比较短，在对应的语言模型估计过程中，会遇到比较显著的数据稀疏性问题。当文档 d 中不存在某个词汇 t 时，对应查询内容与文档相关的概率 $P_{\mathrm{mle}}(q \mid M_d)$ 取值为 0，对应的候选文档就一定没有被系统反馈的可能性；反之，某个偶然情况下文档 d 中的某个并不重要的词汇 t 出现了，这个词汇又恰巧满足当前的查询需求 q，则该文档的价值就存在被高估的风险。

解决数据稀疏导致的过拟合的常用技术一般为平滑技术，即用基于贝叶斯估

计的先验概率信息对基于当前数据估计的模型参数结果进行修正。例如，可以先将整个文档集合 C 看作一个非常大的文档，然后估计整个文档集合的语言模型 M_c。在实际操作中，词汇在文档 d 的语言下产生的概率为

$$P(t \mid M_d) = \frac{\mathrm{tf}_{t,d} + \alpha P(t \mid M_c)}{L_d + \alpha}$$

其中，$P(t \mid M_c)$ 是词汇的先验概率；α 是先验概率的权重。除了基于贝叶斯估计的平滑技术，在实践中还会采用最简单的线性平滑方法，如：

$$P(t \mid M_d) = \lambda \frac{\mathrm{tf}_{t,d}}{L_d} + (1 - \lambda) P(t \mid M_c)$$

基于语言建模的信息检索方法为信息检索领域带来的全新的研究视角，将信息检索和文本建模工作有机地结合起来。基于语言建模的方法能够优化当前的权重计算方法，并提供科学的理论依据。基于语言建模的方法的核心在于利用文档的隐性结构——模型，进行文档与信息需求的匹配。

查询似然模型的方法是将候选文档映射成模型，然后匹配信息需求。反之，也可以将信息需求映射成模型，然后匹配候选文档。在一般的情况下，可以同时将文档和信息需求映射成语言模型，把文档和信息需求的相关性的计算问题转化为语言模型间的比较问题。选择对查询内容还是对文档进行模型抽象化，决定了基于语言模型方法的基本技术框架间的差异。不同基于语言模型的信息检索方法框架如图 7.14 所示。

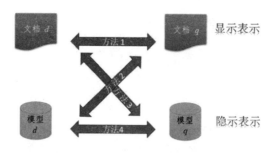

图 7.14　不同基于语言模型的信息检索方法框架

语言模型的本质是词汇的概率分布。因此，语言模型的比较就是词汇概率分布的比较。假定词汇在文档的语言模型中的概率是 $P(t \mid M_d)$，词汇在查询的语言模型中的概率是 $P(t \mid M_q)$，两个概率模型间的相关性可以采用 KL 距离

（Kullback-Leibler Divergence）来衡量。该距离越小，语言模型之间的相关性越大，文档越能够满足当前需求：

$$R(d:q) = \text{KL}(M_d \parallel M_q) = \sum_{t \in V} P(t \mid M_q) \log \frac{P(t \mid M_q)}{P(t \mid M_d)}$$

7.6 本章小结

本章介绍了文本分析技术在信息检索领域中的应用。信息检索的核心任务在于从大规模的文本集合中找出满足用户信息需求的资料，主要包括三个步骤，即理解用户需求、查找文档、反馈文档。

信息检索的具体应用主要可以分为两个类别，搜索引擎、内容推荐系统。从用户的角度来说，搜索引擎是主动式的信息检索工具，其依赖于用户显示地提供信息需求来获得内容反馈，需要用户清晰准确地对信息需求进行表达；而内容推荐系统是被动式的信息检索应用，其依赖于用户的隐性信息需求，需要系统从用户的在线活动信息中进行深层次的挖掘。本章主要对搜索引擎的相关方法进行了介绍，在方法设计中，假定存在用户给定文本形式的查询条件。

本章主要介绍三类主要的信息检索方法。

基于空间模型的方法：该方法是信息检索领域中最常用的方法，把用户需求和候选文档都转化成数值向量，然后计算用户需求的向量与所有候选文档向量之间的距离，并将反馈距离较近的文档作为检索结果。在方法设计中，应当着重考虑如何有效地对向量之间的距离进行定义。基于空间模型的方法也适用于对包含多个域的文档集合进行查询。此外，本章还介绍了若干信息检索系统的评价方法，包括无序监测结果集合的评价和有序监测结果集合的评价。

基于概率模型的方法：在该方法中，候选文档与用户提供的信息需求的匹配性被定义为在给定查询的情况下任意文档被判断为相关文档的概率。二值独立模型是当前最有影响力的概率检索模型，此模型涵盖两个重要的参数，即相关文档和不相关文档中某个词汇出现的概率 P_t 和 u_t。其中，可以采用基于人工反馈的迭代方法不断地对参数 P_t 进行优化更新。

基于语言建模的方法：该方法依赖于文本建模技术，用建模后的隐性信息来代替原始的文本内容，并对信息需求和候选文档进行匹配。基于语言模型的方法为信息检索技术提供了全新思路。该方法增加了算法的灵活设计机制，有利于根据具体的语言特性来对算法进行有效的设计。基于语言模型的方法的典型模型是查询似然模型，该方法将每篇候选文档各自转化为独立的语言模型，并将其看作不同的生成语言，然后，观察最可能产生当前信息需求的语言（文档）并将其作为最佳匹配反馈项。

第 *8* 章

文 本 摘 要

在网络环境中，充斥着大量的具有信息价值的文本内容，如新闻、博客、学术评论、百科知识等，这些信息可能都是用户在浏览网站时非常关心的内容。互联网技术在满足人们日益增长的信息需求的同时，也使得用户面临着非常严重的信息过载问题。大量的在线文本内容使得用户的信息处理成本严重增加，因此，需要采用计算机辅助的自动方法帮助用户快速高效地理解文本内容，提高用户对信息的筛选与处理效率。

为了满足上述需求，本章将主要介绍文本摘要技术。该技术采取用户可以理解的方式对文本内容进行压缩，使得用户可以快速地通过较短的文本领会原文档的基本内容。文本摘要技术既可以应用于单篇文档，也可以应用于文档集合，最后向用户输出的内容为文本中原有的句子、短语或词汇。文本摘要的技术核心在于对文本中包含的语言要素根据信息质量进行有效的评估和排序。

8.1 文本摘要的基本概念

在互联网环境下，信息的获取变得非常便捷，用户可以高效地获取大量的文本信息。在这种情况下，网络用户开始面对非常严重的信息过载问题，在信息本身不再稀缺的情况下，真正稀缺的是用户处理信息需要耗费的时间资源。这就需要借助文本摘要技术帮助用户对大量的文本内容进行自动的简化处理，让用户更高效地处理网络环境中的海量信息。

文本摘要技术的核心工作是对原始文本进行压缩，用若干有代表性的句子或词语来表示原始文本内容。文本摘要输出的结果类似于科研论文中"摘要"和"关键词"的内容，其区别在于文本摘要依赖于自动化的文本挖掘方法而非人工的信息处理手段。文本摘要技术具备以下 4 个基本特征。

❑　**精简性**

原始文本内容既可以是单篇文档也可以是一个文档集合，其特点是内容量大，需要耗费用户宝贵的时间资源。因此，文本摘要技术提供内容的最基本特征就是内容具有精简性，输出结果仅保留原始文本中最重要的、最有代表性的信息成分，对无关的或冗余的信息则予以过滤删除。

❑　**等价性**

文本摘要技术反馈给用户的内容应当与原始文本内容一致，在信息压缩和转化过程中不能存在失真内容。用户基于文本摘要技术对文章的理解应当尽量达到与直接阅读原始文本内容等价的效果。

当前，文本摘要技术的实现主要采取内容筛选的思路，即对文本中的句子或词进行量化评估，筛选高质量的内容作为摘要内容反馈给用户。摘要内容不是另外产生的，而是从原始文本内容中抽取的，这种方法一方面有利于技术实现，另一方面更容易保证等价性的基本原则。

❑　**相关性**

相关性原则是指文本摘要技术反馈给用户的内容应该与用户对信息处理的客观需求一致。文本摘要的核心在于文本要素的信息质量评估，故不同的质量评估方法会产生不同的摘要结果，进而影响算法表现。因此，在设计文本摘要技术时，需要特别关注用户的需求，应当构造与用户需求一致的评估指标。

在实践中通常考虑的问题有：用户需要的摘要内容是面面俱到的还是仅覆盖主要内容的、用户需要了解所有主题内容还是只对某一个主题感兴趣、用户需要根据摘要进行文档筛选还是要深入理解文章的主要内容……

❏　**可读性**

文本摘要内容应当有较强的可读性。可读性差的文本表现形式不仅会增加用户信息处理难度，还会提高对原始文本内容误解的可能性。从原始文本内容中直接抽取语言要素作为摘要内容，可以很好地保证内容的可读性。不同文本结构之间的可读性存在差异，一般来说，句子的可读性大于短语的可读性、短语的可读性大于词汇的可读性、词汇的可读性大于字符的可读性。

在实际应用中，摘要通常由句子的序列、短语的序列或词汇的序列组成。在文本挖掘领域，文本摘要默认为对句子进行提取，即关键句提取。但是在实际研究中，有关短语或词汇的摘要的理论工作却更加丰富，相应的技术称为关键短语提取（Key Phrase Extraction）或关键词提取（Key Word Extraction）。文本摘要技术在对相应的文本要素进行提取时，通常包括两种基本思路，即有监督的方法和无监督的方法。

有监督的方法，是指采用机器学习的方法将候选的文本要素划分为"关键"和"非关键"两类，此时文本摘要问题转化为典型的二元分类问题。有监督的方法依赖于人工标注的训练集合，该过程需要耗费大量的人力成本。有监督的方法比较适用于问题需求比较明确的领域。

对于无监督的方法，其关键是构建一个或若干个反映信息质量的指标来对文本要素进行客观评估，然后，基于评估结果对文本要素进行排序和提取。无监督的方法灵活度较高，不依赖于某个特定的领域，通用性强，并且在建模时没有因构建训练集合而产生的高昂的成本。基于此，无监督的方法逐渐成为未来研究趋势。

文本摘要包括关键词提取、关键短语提取和关键句提取，其中关键词提取涵盖了大多数技术细节，关键短语提取和关键句提取的方法可在关键词提取的基础上进行。本章将以关键词提取方法为主进行介绍，并对与关键短语提取和关键句提取有关的内容进行适当拓展。

8.2　文本摘要的应用场景

8.2.1　信息检索

信息检索技术可以帮助用户自动地对无关信息进行筛减，但是并不能帮助用户对文本内容进行理解，文本摘要正是对信息检索在这方面不足的重要技术补充。此外，信息检索技术在处理文本时无法表现得绝对精确，其反馈给用户的结果中有一部分无关文档需要进行人工处理，而文本摘要技术可以加快这一人工环节的进程。

例如，很多搜索引擎除了向用户反馈网页中文章的标题，还会反馈一些网页中的相关文字的摘要作为参考信息。这些摘要可以帮助用户在文章标题的基础上更好地理解网页的主要内容，更高效地进行页面的浏览和信息的搜索。在实践中，可以将文本摘要技术用于搜索引擎，从而将反馈的网页文本及关键词的句子展示给用户。搜索引擎中的文本摘要如图 8.1 所示。

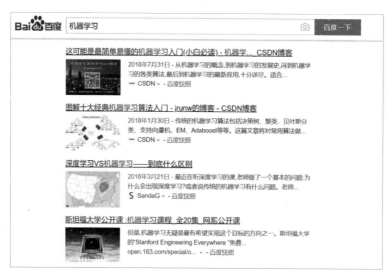

图 8.1　搜索引擎中的文本摘要

除此以外，可以将文本摘要技术用于搜索引擎倒排索引的构建。由于网页中的文本内容通常较多，实践中不需要对所有词汇进行倒排索引，那么就需要对网页上的文本特征进行有效的筛选。通过设计合理的关键词提取算法，可以提取有代表性的特征来表示原始文档，并以这些特征构建索引。以此为基础构建的搜索引擎一方面可以提高查询算法的运作效率，另一方面可以降低文档中噪声特征的干扰。

8.2.2 信息压缩

信息压缩是文本摘要技术最直观的应用，简要说就是用简短的文本代替原文本，对主要内容进行总结，帮助用户快速浏览信息。与信息压缩相关的具体应用场景十分广泛如下所示。

（1）用于处理网络环境中每天大量涌现的新闻报道，帮助用户快速浏览其感兴趣的社会动态，充分利用闲暇阅读时间。

（2）用于自动地对科学文献进行总结。尽管很多文献已经具备人工标注的摘要内容，但是文章中的摘要只和单篇文章相关。文本摘要可对科学文献集合进行批量处理，帮助科研工作者完成半自动的文献综述任务。

（3）可以用于处理电子化的上市公司年报，辅助投资者快速把握某一企业或某一行业的整体信息，使其更有效地进行投资决策。

（4）在教育领域，文本摘要可以对某一教材或某一课程的讲义进行自动标注，实现对整个课程客观完整的概括，帮助学生了解课程的主要内容，更好地进行选课及自我培养管理（见图 8.2）。

课程概述

　　本课程的开始阶段从英语写作的基础讲起，通过选词和造句的讲解，让学生的英语写作打下坚实的语法基础；之后过渡到段落写作，段落写作旨在教会学生如何提出明确观点并进行具体、充分的论证；最后过渡到学期的核心部分，即五段式论文写作，通过讲解及例文分析，学生们能够掌握各类论述文章如对比、因果分析、下定义及议论文写作的基本框架，能够写出结构合理、条理清晰、论述恰当的五段式文章。

授课目标

本课程以大学英语四级写作目标及要求为参考，旨在提高学生的英语写作水平，能够做到表达清晰，条理清晰，文字通顺，语言运用恰当等，是一门全面、系统讲解英语写作知识和技巧的课程。

课程大纲

Week1: Course Introduction and Effective Word Choice
Lesson 1-Course Introduction and Meanings of Words
Lesson 2-Levels of Words
Lesson 3-Specific and General Words
Test 1 for Course Introduction and Effective Word Choice
Week2: Effective Sentences

图 8.2　在线课程的文本摘要

（5）在政府社会治理方面，可以对政府工作报告进行深度解析和总结，帮助政府各级机关单位、相关社会团体、群众更好地理解工作报告中心思想，更有效地组织社会资源的开展。

8.2.3　用户画像

在社交网络上，网络用户每天会产生大量的在线活动，发表观点、撰写文章、与朋友互动、点评商品或服务……这些活动都会以文本的形式记录在网络环境中。在虚拟的网络环境中，用户存在的状态在大多数情况下是匿名的，因此，这些在线活动产生的文本就成为用户被网络上其他实体识别的重要依据。

通过文本摘要技术，可以对用户网络活动产生的所有文本进行关键词提取，抽取能够表达用户日常行为的主题词，这些主题词也被称作用户画像，可以客观全面地回答用户是谁这个关键问题。图 8.3 是对 Twitter 上某用户网络活动进行关键词提取产生的词云图，通过该图，可以得知此用户比较热衷于电子技术和电子产品。

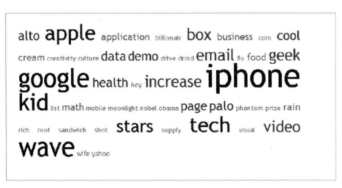

图 8.3　基于文本摘要的用户画像

基于文本摘要的用户画像可以解决在线应用问题。例如，从社交需求方面，通过用户画像可以更好地了解他人的基本特征，从而进行与在线社交有关的决策，有些应用通过用户画像的基本信息可以直接实现好友的自动推荐；此外，社交媒体上的用户画像信息可以帮助商家更好地了解产品或服务的市场需求分布，更有效地对市场进行细分，实现更有针对性的市场运营决策。

8.2.4　知识管理

通过文本摘要技术，可以有效地实现在网络环境中的知识管理工作。在Web2.0 模式的网络时代，用户可以自由地对知识进行创造、分享，每天都会有大量文本形式的信息产生。随着这些知识的不断增加，需要对其进行有效的组织和管理，才能让网络用户更好地对其进行利用。当前常规的方法是手动地添加文本信息的主题标签，但是这个过程耗时、耗力，且标注结果也不够客观，因此，可以采用文本摘要技术自动地提取知识页面的主题词来对其进行标注。

文本摘要技术也可以用于大型在线知识百科的构建过程，如百度百科、Wikipedia 等。在线知识百科由主题词条组成，每个词条由一个独立的页面进行描述。词条页面包含对词条内涵的文字解释，文字解释由词汇组成，因此又会涉及其他知识概念。在线百科通常会在页面中某些文字解释词汇上添加超链接，这些超链接会将网页导向该词汇对应的百科页面，从而构建知识间的联系。Wikipedia词条超链接，如图 8.4 所示。

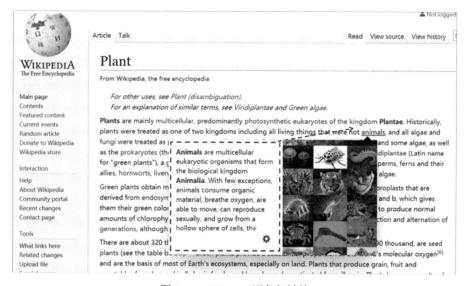

图 8.4　Wikipedia 词条超链接

在实践中，会通过文本摘要技术寻找词条页面中重要的主题词，并在对应主题词上添加超链接。这种方式可以有效地帮助用户理解百科内容，除了对当前页面进行理解，也可以通过其他相关概念实现知识的辅助学习。该技术在教育领域、知识管理领域都是十分重要的实践探索。

8.3 关键词提取的特征设计

文本摘要中大多数研究工作专注于关键词提取任务，广义的关键词提取包括对词汇的提取和对短语的提取。关键短语的提取可以在关键词提取工作的基础上展开，本节先讨论与关键词提取相关的技术方法。

关键词提取工作包括有监督的方法和无监督的方法。有监督的方法通过已知词汇属性来对词汇是否属于关键的类别进行预测，无监督的方法则根据特定的指标对词汇进行重要性评估和排序。无论是有监督方法中的属性还是无监督方法中的指标，都需要对词汇特性进行量化。

有监督的方法在建立预测模型时，需要人工事先规定词汇特征。词汇可选择的特征很多，基本上是根据数据分析专家的经验指定的。有些特征和分析的文本领域无关，而有些特征很大程度上依赖于进行处理的文本领域。对于后者，在算法研发过程中还需要与领域专家合作。本节介绍一些常用的作为有监督算法属性的词汇统计指标，主要包括词频特征、词汇基础特征、词汇位置特征，以及词汇标记特征。

8.3.1 词频特征

词频特征是与词汇在文档或文档集合中出现的频率相关的特征。实践证明，该特征与词汇的重要性有着非常直接的关系。词频特征的相关指标被广泛用于信息检索及文本分类等领域的特征筛选，常用的词频特征主要包括以下几个。

❑ **词频**

词频是词汇在目标文档中出现的频率，记为 n_w^d。通常认为词频越大，词汇的重要性越大。

❑ **总词频**

在实践中除了考虑词汇在当前文档中出现的频率，有时候也关注词汇在整个文档集合中出现的频率，记为 Freq_w，有

$$\mathrm{Freq}_w^d = \sum_d n_w^d$$

❑　文档频率

文档频率指在整个文档集合中出现该词汇的文档个数，记为 N_w。词汇重要性一般与文档频率成反比。

❑　逆文档频率

逆文档频率可由文档频率推导获得，是信息检索领域中重要的权重指标。逆文档频率反映词汇在文档集合中的稀缺性。逆文档频率越大，词汇区分度越强，记为 IDF_w：

$$\text{IDF}_w = \log \frac{N}{N_w}$$

❑　平均频率

平均频率是指词频的平均值，记为 AvgFreq_w，有

$$\text{AvgFreq}_w = \frac{\sum_d n_w^d}{N}$$

❑　TF-IDF 指标

TF-IDF 指标是信息检索领域常用的综合指标，反映词汇在文档中的重要性。TF-IDF 是一个复合指标，是词频和逆文档频率的乘积：

$$\text{TFIDF}_w = n_w^d \log \frac{N}{N_w}$$

❑　相对频率

相对频率类似平均频率，但在平均化处理时，只对出现过特定词汇的文档进行计算，记为 ReAvgFreq_w：

$$\text{ReAvgFreq}_w = \frac{\sum_d n_w^d}{N_w}$$

8.3.2　词汇基础特征

词汇基础特征包括与词汇固有属性相关的特征，蕴含着词汇在结构、语义、语法等方面的关键信息。

❑ **词性**

不同词性词汇包含的信息量大小存在显著差异。一般来说，名词词性的词汇对于文章内容的概括性较好，因此，大多数关键词提取算法主要考虑将名词作为候选关键词进行分析。在分析文本时，为了获得词性，通常在提取关键词之前对语料进行语法分析。

❑ **词汇长度**

词汇本身的长度对词汇是否为关键词的概率也会产生显著影响，对于中文，一般统计词汇包含的字数；对于英文，一般统计词汇包含的字符数。一般情况下，作为关键词的词汇在长度上比较适中，过长或过短的词汇都不适合作为关键词。

❑ **语义密度**

除了从语法的角度来观察词汇，还可以看词汇语义层面的内容。例如，可以基于本体库来观察词汇包含的语义项目的数量，即语义密度。语义项目多的词汇往往内涵丰富，从而更容易成为关键词。另外，还可以将语义密度定义为语义网中与其他概念的逻辑连接数目，相关信息可以参考 Wikipedia 词条间定义的超链接关系。

8.3.3 词汇位置特征

除了词汇频率，词汇出现在文章中的位置也蕴含了非常重要的和关键性判断有关的线索。词汇在文章中不同位置出现，代表的重要性意义通常是不同的。根据实践经验，在提取关键词时可以考察的重要位置信息主要有以下几个方面。

❑ **文章前 N 个词汇**

对于某些类型的文章，关键词容易在文章的起始位置出现，作为引导整篇文章内容的概要。因此，可以将词汇是否在文章前 N 个位置中出现作为重要特征，用布尔变量表示，N 通常是预先设定的阈值。

❑ **文章后 N 个词汇**

另外，对某些文章来说，关键词容易在文章的末尾出现，作为对整篇文章的通篇性总结。可以将词汇是否在文章后 N 个位置中出现作为重要特征，用布尔变量表示，N 通常是预先设定的阈值。

❑　**基于正向位置的权重**

除了用布尔变量表示词汇的位置特征，也可以用连续变量来描述词汇的位置信息。例如，可以用某个变量来反映词汇与文章起始位置的相关性。设计词汇出现位置与文章位置相关的单调函数，位置值是词汇（第一次）出现时距离文章起始位置的相对距离，可表示为 W_w^{pos}：

$$W_w^{\mathrm{pos}} = f(l_w^+)$$

其中，$f(\cdot)$ 是自行定义的单调函数；l_w^+ 是词汇距离文章起始位置的距离。

❑　**基于负向位置的权重**

类似地，可以构造连续变量反映词汇与文章末尾位置的相关性，设计词汇出现位置与文章位置相关的单调函数，位置值是词汇（第一次）出现时距离文章结束的相对距离，可表示为 W_w^{neg}：

$$W_w^{\mathrm{neg}} = f(l_w^-)$$

其中，l_w^- 是词汇距离文章结束的距离。

❑　**标题位置**

如果词汇出现在标题中，那么这个词汇更有可能是关键词。因此，很多方法以词汇是否出现在标题中为重要的判断特征。标题是有层级划分的，包括文章整体的标题、章节标题、小节标题等。可以在算法中分别为文章不同层级的标题定义词汇的布尔特征。

❑　**标题内容相关性**

词汇如果与标题中的文本相关性较高，通常认为是更加贴合主题的。因此，词汇与标题内容的相关性也经常被看作重要的词汇特征之一。有很多方法可以定义和量化词汇与文本内容的相似性，如对应的文本向量的相似度。

8.3.4 词汇标记特征

❏ **特殊字体**

通常用布尔变量来定义词汇是否为特殊字体，特殊字体的词汇通常更可能为关键词。在实践中，可以判断词汇是否是"加粗内容""斜体内容""被括号内容""被引号内容""存在下划线"等。

❏ **短语结构**

有些词汇是短语的一部分，也可以作为特征进行提取，并辅助判断分析。例如，"物理实验"，其中，"物理"是短语中的一部分。在同一篇文章中，如果词汇经常被文章中出现的其他短语包含，则说明该词汇有比较重要的信息价值，更可能是关键词。

❏ **大写字母**

大写字母是在英文文本分析中比较常见的一种词汇特征，可以将词汇的首字母是否为大写或者词汇所有字母是否都为大写作为词汇重要性的判断。一些研究证实，包含大写字母的词汇更可能是关键词。

8.4 关键词提取的有监督算法

有监督算法本质是构造词汇是否为关键词的预测模型，许多传统的机器学习方法都适用于解决关键词分类的问题，主要包括以下几种模型。

❏ **决策树模型**

决策树（Decision Trees）是重要的机器学习算法，是对候选关键词进行分析的十分关键的分类模型，其主要目的是对数据进行分类。对进行分析的数据集合来说，每个属性的取值都是离散的。对于初始的数据集合，每抽取一个属性，就可以获得一个对应的数据划分结果。对决策树进行介绍不是本书的重点，前文中并没有涉及有关决策树的知识，故本节仅对其原理做简要介绍。

基于属性对数据集合进行划分后，会获得很多个数据子集。每个数据子集又可以继续选择某个其他属性进一步进行划分。这样，原数据集就会通过逐个增加属性不断地被细分，最后，每一个细分的子集中的分类结果就会越来越一致。

属性不断增加的过程就是对数据集合进行提纯的过程，即将原始数据集合划分为更加纯净的很多小的数据子集的过程。决策树模型生成的关键是如何选择合适的属性来逐步对原数据集合进行划分，同时还需要考虑每一次选择什么属性、选择的顺序是什么。决策树模型的基本结构如图 8.5 所示。

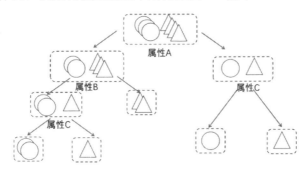

图 8.5　决策树模型的基本结构

假设给定数据集包含属性 A、属性 B、属性 C 和属性 D。其中，每个属性都有两个离散的取值可能。一种候选的数据提纯方案如图 8.5 所示，分析结果形成一个树状结构，故称其为决策树模型。

该模型中，第一次初始集合按照属性 A 划分，分为两个子集。左边的子集按照属性 B 划分，右边的子集按照属性 C 划分，依次类推。在最后生成的子集中，所有样本分类标签都是一样的（用不同形状区分类别）。每一次对数据子集进行划分时选择的属性都应当是在其所有上游分支的数据集合中没有被选择过的。

根据已有数据生成的决策树模型可以对新的数据样本进行分类，每一个新的数据都可以按照图 8.5 中描述的划分顺序依次进入各个树的分支，最后落入最下方的子集。最终，将对应子集的训练样本标签作为新样本的预测标签。由于每个数据子集选择划分的属性是随意的，所以给定数据集合可以与许多可能的决策树模型对应。

为了对新样本进行有效的预测，可采用一定的机器学习方法获得有效的决策树模型。当前成熟的决策树模型有 ID3 和 C4.5。

决策树模型表达能力有限，容易受在训练数据中标注噪声的干扰，并且经常会产生过拟合的模型。因此，在关键词提取任务中决策树的使用越来越少。当然，由于决策树模型训练速度较快，可以用于构造简单模型，对不同词汇特征的质量进行评估，从而帮助数据分析师对初始词汇分类特征进行筛选。

❑ **朴素贝叶斯模型**

朴素贝叶斯模型（Naive Bayesian Model）增加了决策树模型的表达能力，可以认为是决策树模型的升级版模型。在朴素贝叶斯模型下，每个属性组合对应的不是某一种特定的分类结果，而是分类的概率。与决策树模型相比，朴素贝叶斯模型的稳定性更高，这在一定程度上缓解了过拟合问题。

与决策树模型一样，使用朴素贝叶斯模型的前提是预先将词汇属性转化为离散值。文档中的候选关键词通常包含很多连续性指标，应当事先将属性取值按照预定义的数值区间进行分割，每个离散的区间对应一个特定的离散类别。离散化过程的主观性较大，因此，朴素贝叶斯模型中仍然包含很多主观的不确定性的因素，对人工经验的依赖较大。

❑ **Logistic 回归模型**

Logistic 回归（Logistic Regression）模型是常用的处理二分类的回归模型，可以很好地解决判别关键词的问题。Logistic 回归模型的优点是可以获得较好的解释力，从而帮助数据分析师系统地了解每个词汇属性对于关键词判别的重要性权重及影响方向。除此以外，也可以直接采用一般的多元线性回归模型对关键词分类问题进行求解。

❑ **SVM 模型**

SVM 模型在解决标准的二元分类问题中十分常见，因此，可以有效地用于词汇"关键"或者"非关键"的划分。SVM 模型的基本原理是，将已有的数据实例映射成高维空间上的数据点，然后找到一个足够可靠的超平面把这些数据点分成两类。其中，每一类数据点都恰好对应"关键"或者"非关键"的分类标签。

软间隔 SVM 模型经常与 Logistic 模型进行比较分析。SVM 模型与 Logistic 模型相比，其优点在于结果依赖的训练样本较少，训练效率更高。而其缺点在于，无法输出分类概率，只能输出判别的超平面。另外，SVM 模型可以通过引入核（Kernel）的概念增加模型的非线性特征，用一个曲面而不是一个平面来代表分类超平面。基于核的 SVM 模型比传统的 Logistic 模型的表达能力更加丰富。

8.5　关键词提取的无监督算法

无监督的关键词提取算法不需要基于人工标注的样本训练的统计模型，只需要构造特定的关键词统计指标即可。首先，领域专家根据经验设计并构造关键词指标，为每个词汇基于其特定的属性计算一个关键值。其次，将所有候选关键词根据计算出来的关键指标从高到低排序。最后，选择排位在前 K 词汇作为结果输出。

无监督的关键词提取算法不需要事先构造预测模型，进行关键词提取的模型本质上是一个打分模型。该打分模型不是通过已有数据集合训练获得的，而是人工指定的。这种方法的优点是不需要通过耗费高昂的人力资本来获取有标注的数据集合，只要构建打分的指标就可以实时地对任意文档进行关键词提取。根据设计的指标的复杂程度，词汇关键指标可以分为简单指标和复合指标。

8.5.1　简单指标设计

简单指标，是指可以直接观察到的或者只经过简单的数量计算就可以获得的统计指标，上文讨论的词汇分类特征都可以直接作为简单指标进行关键词排序。然而，词汇是否为关键词是一个非常复杂的问题，单一的简单指标只能反映词汇在某一个维度的信息，很难有效地对候选关键词进行客观准确的排序。

简单指标通常可以直接选取信息检索中常用到的词汇权重。在信息检索领域中，被赋予高权重的词项通常会在相似度匹配时产生更大的影响，而这些高权重的词项，就是关键词。从这个角度看，关键词提取工作和信息检索的工作是重合的，只是二者考虑的应用侧重点不同。

其中，通过关键词提取获得的词汇关键性指标可以作为词汇的权重项用于信息检索；搜索引擎信息检索的用户反馈也可以反过来指导关键性指标的定义，进而获得满足用户实际应用需求的关键词提取方法。

8.5.2　复合指标设计

复合指标，是指将已有的一系列简单词汇关键性指标组成新的关键性指标，通常是简单指标的加权求和或加权乘积。对于复合指标，除了指标中各子指标的组成部分，其对应的权重大小也对关键词提取算法的性能具有重要的影响。

假设 $k_1(x), k_2(x), \cdots, k_m(x)$ 是词汇基于不同方法获得的关键性指标。采用加权求和的方法时，复合指标可表达为

$$\mathrm{IMP}(x) = \sum_i c_i k_i(x) \qquad \sum_i c_i = 1$$

采用加权乘积的方法时，复合指标可以表达为

$$\mathrm{IMP}(x) = \prod_i k_i(x)^{c_i} \qquad \sum_i c_i = 1$$

权重大小可以基于专家的经验进行判断。另外，在很多情况下也可以采用机器学习的方法对权重进行调参，此时基于复合指标的方法等价于有监督的关键词提取算法。

8.6 基于图模型的关键词提取算法

与基于简单指标和复合指标的算法相比，基于图模型的关键词提取算法也是当前主流的无监督关键词提取算法。图模型将文档抽象为复杂的网络结构，然后，用复杂网络分析的技术手段解决关键词提取问题。图模型对指标的设计更加精巧，对应的文本模型表达能力也更强。

在文档的图结构模型中，每个节点通常对应文章中出现的一个词汇，图中的边代表词汇之间的关系。词汇之间的关系是人为预定义的——可以是语义关系，也可以是空间结构关系。当前，图模型中最常用的边的关系是词汇共现关系。词汇共现关系是在同一篇文章中词汇之间的一种相邻关系。这种相邻关系可以表现为在空间上紧密相邻，也可以表现为在一定范围内相邻（词汇间隔大小称为窗口）。

在构造文章的图模型结构时，通常先对整篇文章进行分词。然后，让其首尾相连构成一个词汇序列。遍历整个词汇序列，提取文档中所有的相邻关系，并根据这些相邻关系构造图模型中的点和边。

词汇之间的边通常是有权重的。一般来说，权重的大小和共现关系的强弱有关。两个词汇如果经常在某个窗口内同时出现，则共现关系较强，求边的权重更

大。图 8.6 为词汇共现网络示意图。

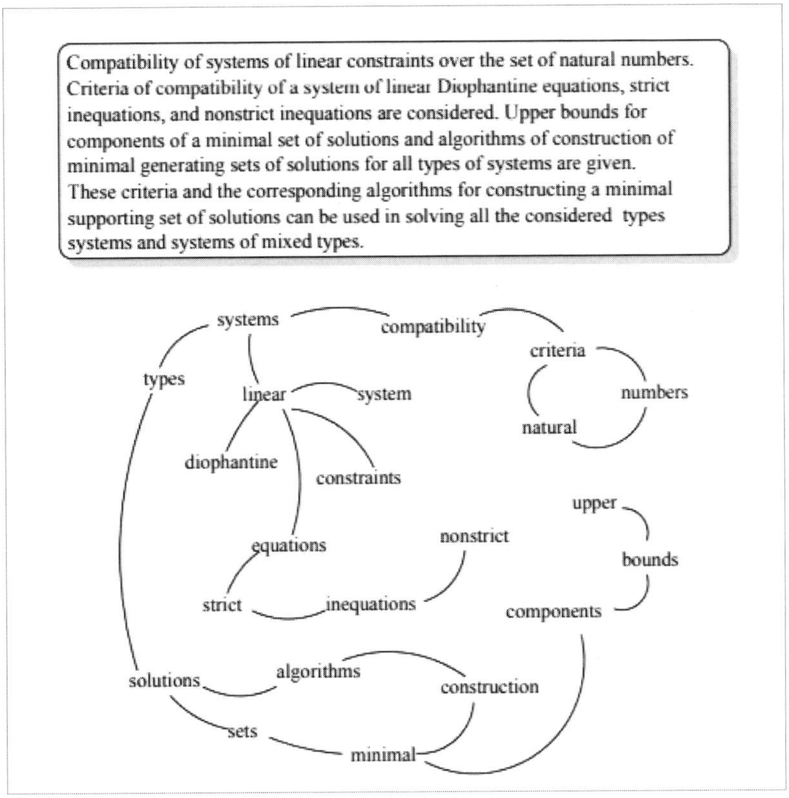

图 8.6　词汇共现网络示意图

图 8.6 上面部分是原文内容，下面是对应的词汇网络，整篇文章是一个全连通图。基于图模型可定义各种复杂网络算法，分析其中词汇节点的重要性。

一个节点的重要性在给定网络拓扑结构中越高，这个节点对应的词汇的重要性越高，词汇的关键性指标越大。根据这种思路，文本的关键词提取问题被抽象为复杂网络的分析问题。复杂网络的分析问题具有丰富的理论工作，这极大地拓宽了当前文本关键词分析的技术手段。

为了更好地介绍网络中节点的重要性分析方法，首先，定义文档对应的图模型结构，用公式可表示为

$$G = (V, E)$$

其中，G 表示复杂网络结构，由节点集合 V 和边集合 E 组成，有 $E \subseteq V \times V$。假设存在节点 $u \in V$ 和 $v \in V$，那么可以定义边 $e_{uv} \in E$ 为从节点 u 指向节点 v 的边。图 G 可以分为很多种子类型，基于不同子类型结构可以定义不同的算法或指标。

首先，根据图模型中的边是否有权重，复杂网络可以分为有权重网络（Weighted Graph）和无权重网络（Unweighted Graph）。在有权重网络中所有边的权重是不同的，可以任意定义并赋值。在无权重网络中，默认所有边的权值为 1。

其次，根据图模型中的边是否有方向，复杂网络可以分为有向网络（Directed Graph）和无向网络（Undirected Graph）。在有向网络中，任意一条边需要指定从哪个节点指向哪个节点，所有边都是有方向的，从节点 u 指向节点 v 的边 e_{uv} 与从节点 v 指向节点 u 的边 e_{vu} 是截然不同的两条边。在无向网络中，不需要为边指定方向，e_{uv} 和 e_{vu} 是同一条边。

8.6.1 图模型静态指标算法

基于文档的图模型结构，可以通过图中的节点定义统计指标反映节点的重要性及在对应文档中词汇的重要性。节点的重要性指标有多种具体形式，本书大体将其分为两类，即静态指标和动态指标。静态指标可基于已有统计量通过一次性计算直接获得，动态指标则需要通过构造迭代的算法不断收敛得到。

静态指标主要有如下几种。

❑ 节点的度

度（Degree）是指与目标节点 v 直接相连的边的个数，或者与目标节点直接相连的节点的个数，可以用符号 $N(v)$ 表示。在有向边的情况下，节点的度可以分为出度和入度。其中，出度为从目标节点指向外部的边的个数，入度为指向目标节点的边的个数，分别记为 $N_{out}(v)$ 和 $N_{in}(v)$。

❑ 聚集系数

聚集系数（Clustering Coefficient）是用来描述节点周围边的密度的指标，该指标的计算考虑目标节点的直接邻接节点，可以理解为任意两个邻接节点间存在一条边的概率。聚集系数是一个比率指标，分子是目标节点的邻接节点间实际的边数，分母是目标节点的邻接节点间可能存在的最大边数。可记为

$$c(v) = \frac{2E(v)}{|N(v)\|N(v)-1|}$$

其中，$E(v)$ 是目标节点 v 周围邻接节点间实际存在的边数。

❑　边中心度

边中心度（Clustering Coefficient）定义为节点的实际度数占最大可能度数的百分比：

$$C_d(v) = \frac{N(v)}{N-1}$$

有向边的边中心度可以记为

$$C_d^{in}(v) = \frac{N_{in}(v)}{N-1} \quad 或 \quad C_d^{out}(v) = \frac{N_{out}(v)}{N-1}$$

❑　节点强度

节点强度（Strength of Vertex）是指所有与目标节点直接连接的边对目标节点的贡献。边的贡献用边被赋予的权重表示，因此，节点的强度可以通过对边权重的求和计算：

$$s(v) = \sum_u w_{uv}$$

在有向网络的情况下，可以定义：

$$s_{in}(v) = \sum_u w_{uv} \quad 和 \quad s_{out}(v) = \sum_u w_{vu}$$

注意，在有向网络中边 e_{uv} 和 e_{vu} 是不同的两条边，因此 $s_{in}(v)$ 与 $s_{out}(v)$ 对应完全不同的结果。

❑　选择性

选择性（Selectivity）指标对有权重的网络比较有意义，该指标是指相邻的边的平均贡献率。选择性指标的计算如下：

$$e(v) = \frac{s(v)}{N(v)}$$

在有向网络中，又可以进一步规定：

$$e_{\text{in}}(v) = \frac{s_{\text{in}}(v)}{N_{\text{in}}(v)} \quad \text{及} \quad e_{\text{out}}(v) = \frac{s_{\text{out}}(v)}{N_{\text{out}}(v)}$$

❑ 亲密中心度

亲密中心度（Closeness Centrality）指标是基于网络中节点间的距离来定义的。亲密中心度指标的核心思想是，节点与目标节点的距离越短，该节点的位置处于越中心的位置，同时该节点的重要性越大：

$$C_c(v) = \frac{N-1}{\sum_{u \neq v} d_{uv}}$$

其中，d_{uv} 表示节点间的距离。网络结构中节点 u 到 v 的距离被定义为从 u 到 v 的所有路径中最短的路径的长度（经过边的个数）。

❑ 介数中心度

介数中心度（Betweenness Centrality）指标用来反映目标节点充当关键媒介的可能性，而一个节点是否是关键媒介，取决于该节点是否出现在关键路径中。在网络中，任意两节点间的距离是若干个路径中最短的路径。很多时候最短路径不止一个。例如，节点 u 和节点 t 之间总共有 10 条路径，而其中的最短的路径可能有 4 条。在这 4 条路径中，目标节点 v 出现的次数越多，节点 v 对于 u 和 t 越重要。

在上例中，若节点 v 出现 3 次，则可以用 3/4=0.75 来反映 v 对 u 和 t 的重要性。在网络中，有很多类似于 u 和 t 的节点对，可以计算节点 v 对于所有可能的 u 和 t 的重要性，并计算其平均水平。相应的指标则可以称为介数中心度，由如下公式计算：

$$C_b(v) = \frac{2 \sum_{v \neq u \neq t} \dfrac{\sigma_{ut}(v)}{\sigma_{ut}}}{(N-1)(N-2)}$$

其中，σ_{ut} 是节点 u 和 t 间最短路径的个数；$\sigma_{ut}(v)$ 是节点 u 和 t 间经过目标节点 v 的最短路径个数。亲密中心度和介数中心度都是基于节点间距离进行定义的，其区别在于，亲密中心度只考虑目标节点和一个节点的位置关系，介数中心度考虑了目标节点和两个节点间的位置关系。

8.6.2　图模型动态指标算法

在评估网络中节点的重要性时，静态指标往往只能基于目标节点的局部网络结构对节点的关键性指标进行计算。动态指标与静态指标相比的优点在于，动态指标可以考虑网络的全局结构，用迭代的方法在整体上同时对所有节点指标进行计算。当前，主流的动态指标主要有以下几个。

❑　**特征向量中心度**

虽然特征向量中心度（Eigenvector Centrality）是比较数学的定义，但是其内涵是比较直观的。基于特征向量中心度的定义认为，目标节点的重要性取决于其邻接节点的重要性，这是一个基于迭代思想的重要性指标定义。基于该思路，目标节点的重要性不仅取决于其与邻接节点的连接情况，还与邻接节点的邻接节点有关，以此类推。

暂且先不引入特征向量的概念，可以先基于上述想法写出中心度指标的递推形式：

$$C_t^{EV}(v) = \sum_u w_{uv} C_{t-1}^{EV}(u)$$

该式可以写成矩阵乘积的形式，即

$$\boldsymbol{C}_t^{EV}(v) = \boldsymbol{W}\boldsymbol{C}_{t-1}^{EV}(v)$$

其中，$\boldsymbol{C}_t^{EV}(v)(N \times 1)$ 是表示在迭代时刻 t 所有节点的重要性指标的向量；$\boldsymbol{C}_{t-1}^{EV}(v)$ $(N \times 1)$ 表示迭代时刻 $t-1$ 所有节点的重要性指标的列向量；$\boldsymbol{W}(N \times N)$ 是广义的邻接矩阵，用于描述节点间边的连接情况。

在无权重的网络中，有

$$W_{uv} = \begin{cases} 1 & \text{if } u \in \text{Neighbor}(v) \\ 0 & \text{else} \end{cases}$$

在有权重的网络中，有

$$W_{uv} = \begin{cases} w_{uv} & \text{if } u \in \text{Neighbor}(v) \\ 0 & \text{else} \end{cases}$$

于是有

$$C_t^{\mathrm{EV}}(v) = W^t C_0^{\mathrm{EV}}(v)$$

这里引入线性代数有关特征向量的知识。如果一个矩阵 $M(m \times m)$ 是满秩的，那么可以定义一个矩阵方程：

$$Mx = \lambda x$$

其中，λ 是一个维度为 1 的标量；x 是长度为 m 的向量。可以证明，有 m 个 λ 可以满足上式，按照从大到小的排序，不妨将其记为 $\lambda_1, \lambda_2, \cdots, \lambda_m$，这些指称为矩阵 M 的特征值。每一个 $\lambda_i (1 \leqslant i \leqslant m)$ 对应的方程的解 x_i 称为对应的特征向量（限定 x 为单位向量）。矩阵 M 存在 m 个特征向量。任意给定的维度为 m 的向量都可以由 x_i 的线性组合来表示。

借助特征向量和特征值的概念，可以规定：

$$C_0^{\mathrm{EV}}(v) = \sum_i c_i v_i$$

其中，v_i 是 W 的特征向量。矩阵 W 的 N 个特征值为 $k_1, k_2, \cdots, k_N$，指定 k_1 是其中最大的特征值，有

$$C_t^{\mathrm{EV}}(v) = W^t \sum_i c_i v_i = \sum_i c_i k_i^t v_i = k_1^t \sum_i c_i \left(\frac{k_i}{k_1}\right)^t v_i$$

当 $t \to \infty$ 时，有

$$C_t^{\mathrm{EV}}(v) = c_1 k_1^t v_1 \propto v_1$$

只要解得 v_1，就可以对 $C_t^{\mathrm{EV}}(v)$ 进行量化，获得网络中节点的相对重要性指标。因此，上述问题可以转化为求解如下矩阵方程的问题：

$$Wv = k_1 v$$

❑ HITS 指标

HITS（Hyperlink - Induced Topic Search）一种常用的复杂网络分析算法，最早被用于分析互联网站点的重要性，该方法是由康奈尔大学(Cornell University)的 Jon Kleinberg 于 1997 年提出的，是 IBM 公司阿尔马登研究中心 CLEVER 研究项目中的一部分。当前 HITS 是 Teoma 搜索引擎的核心算法，也是基于迭代原理的

算法。

HITS 算法定义了两类节点，一类是枢纽节点，也称为 Hub 节点；另外一类是权威节点，也称为 Authority 节点。Authority 节点是在内容上高度相关的节点；Hub 节点是包含了很多指向高质量 Authority 节点的网络节点。HITS 算法的基本思想是，节点的 Hub 属性和 Authority 属性具有相互增强的作用，有如下基本假设：

基本假设 1：一个好的 Authority 页面会被很多好的 Hub 页面指向；

基本假设 2：一个好的 Hub 页面会指向很多好的 Authority 页面。

在进行 HITS 算法时，按照如下步骤进行：

a. 对所有的节点的 Authority 指标和 Hub 指标进行初始化，以节点 v 为例，定义起始值为 $\text{Authority}_0(v)$ 和 $\text{Hub}_0(v)$。

b. 更新节点的 Authority 指标，有

$$\text{Authority}_{t+1}(v) = \sum_{u \in \text{Neighbors}(v)} \text{hub}_t(u)$$

c. 更新节点的 Hub 指标，有

$$\text{Hub}_{t+1}(v) = \sum_{u \in \text{Neighbors}(v)} \text{Authority}_{t+1}(u)$$

d. 对所有节点的 Authority 指标和 Hub 指标进行标准化处理。

e. 持续迭代直到各节点的指标收敛。

❑ **PageRank 指标**

和 HITS 指标类似，PageRank 也是十分重要的分析互联网超链接的复杂网络算法。该算法也基于迭代思想，其认为网络节点的重要性可以基于其邻接节点的重要性定义。PageRank 假定在网络中存在一个不断访问各个节点的访问者，该访问者在任意时刻只能沿着网络的链接结构跳转到下一个位置。访问者在跳转时对当前节点的邻接节点的访问是随机的，每个邻接节点被访问的概率与其链接权重成正比。

基于上述思想，可以写出迭代形式的访问概率（间接访问概率）：

$$P^{t+1}(v) = \sum_{u \in \text{Neighbors}(v)} \frac{P^t(u)\omega_{uv}}{\displaystyle\sum_{t \in \text{Neighbors}(u)} \omega_{ut}}$$

在很多情况下，用户对网络节点的访问还考虑重定向概率，上式可以修改为

$$P^{t+1}(v) = \alpha P^*(v) + (1-\alpha) \sum_{u \in \text{Neighbors}(v)} \frac{P^t(u)\omega_{uv}}{\sum_{t \in \text{Neighbors}(u)} \omega_{ut}}$$

其中，$P^*(v)$ 是目标节点 v 的重定向概率，可以理解为节点被直接访问的概率，$P^*(v)$ 的大小与网络的拓扑结构无关；系数 α 和 $(1-\alpha)$ 分别表示目标节点被直接访问和间接访问的相对重要性，称为概率调和系数。

当迭代次数 $t \to \infty$ 时，上述迭代式子对于所有网络节点 v 收敛。此时，每个节点获得了稳定的被访问的概率 $P(v)$，这个概率称为节点的 PageRank 指标。在不考虑重定向概率的情况下，PageRank 指标和特征向量中心度指标等价。

在实际操作中，迭代次数不需要很大，毕竟计算资源是宝贵的，没必要苛求绝对的精度。可以通过观察迭代的差异比率来控制算法的停止条件，该比率定义为

$$r^t = \frac{1}{N} \sum_v \left| \frac{P^{t+1}(v) - P^t(v)}{P^t(v)} \right|$$

在进行 PageRank 算法时，需要对各个节点的被访问概率进行初始化。经过验证可知，稳定条件的访问概率与初始概率赋值是不相关的。因此，可以采用随机的方法使概率初始化。

PageRank 算法应用在文本分析中有时也被称为 TextRank 算法，PageRank 在进行文本关键词提取时获得了非常好的性能，很多基于图模型的方法都是在 PageRank 算法的基础上进行算法的改进和创新的。当前，很多重要模型参数的设置会影响 PageRank 的性能，包括构造词汇共现网络的窗口大小、重定向概率 $P^*(v)$、概率调和系数 α。

8.7 关键词提取的技术优化

关键词提取在实践应用中是一个难度较高的文本分析任务，因此，传统的关键词提取算法总是存在很大待改进空间。下面，将针对文本关键词提取的具体应用难点，提出有针对性的技术优化方案。

8.7.1　长文本问题优化

在实际应用中，关键词提取处理的文档类型是广泛多样的，既有很短的文本类型，如微博、评论、广告等，也有很长的文本类型，如学术论文、工作报告、文档集合等。无论短文本还是长文本，其在关键词提取处理方面难度都很大。处理短文本数据的难点在于很难从文本中提取足够充分有效的结构化信息，而处理长文本数据的难点主要在于其候选关键词较多。

对长文本来说，文本对象包含的词汇规模很大，而最终展示给用户的关键词集合往往是有限的。因此，在处理长文本时总是包含大量干扰因素。这一点在对文档集合进行分析时尤为突出。为了降低处理长文本的难度，在提取关键词前通常要采取一些经验规则对候选关键词集合进行过滤，具体方法如下。

❑　**基于停用词表**

停用词表，是指语言学家总结的无实际意义的词汇集合，这些词汇在实践中不提供有效的信息价值，因此被认为无法充当文档对象的关键词。在关键词系统中可以采取已有的标准停用词表，如《百度停用词列表》《四川大学智能实验室停用词库》《哈工大停用词表》等，也可以构建自定义的停用词表。典型的停用词有啊、哎、哎哟、比方、比如、非但、可是、根据等。

❑　**减少搜索范围**

设定一些经验规则，可以限定关键词存在于文档的某些特定位置。这样，就可以减少候选关键词的数量，降低文本分析的难度。例如，可以假设候选关键词处于与文档标题文本相似度较高的段落，或处于全篇总结性段落。

❑　**语法分析**

实践表明，被选为关键词的词汇在词性上具有一定规律性，通常名词较多。因此，在抽取文档的关键词时，很多时候需要预先对文本进行语法分析。可以对各个词汇进行词性标注，然后进一步抽取名词词性（也可以考虑其他特定词性）的词汇将其作为关键词候选项。

❑　**语义合并**

语义合并的目的在于降维，借助同义词典或知识库来对含义相同或相近的词汇进行合并。这样做有两个优点，一个是减少了候选关键词的个数，降低了关键词提取的出错概率；另一个是丰富了部分词汇的上下文结构信息，增加了关键词判断结果的可靠性。

❑ **基于统计指标**

文档的关键词往往是对文档内容判断比较有信息价值的文本特征，因此，关键词提取任务在很大程度上类似于文本特征提取任务。因此，在应用中可以基于在文本分类和文本聚类任务中对文本特征过滤的统计指标来选取候选关键词，考虑的指标有 MI、信息增益、χ^2 指标等。

另外，还有一种基于知识库的统计指标，其有效利用了 Wikipedia 的网页结构信息，如下：

$$\text{Wikiscore}(w) = \frac{\text{count}(D_{\text{Link},w})}{\text{count}(D_w)}$$

其中，D_w 是所有包含词汇 w 的 Wikipedia 网页集合；$D_{\text{Link},w}$ 是所有包含词汇 w 的超链接的网页集合。

8.7.2 短文本问题优化

在短文本的关键词提取任务中，每个词汇的词频都较少，词汇的上下文信息有限。因此，对候选词汇通常缺乏足够的信息来判断其价值，需要借助外部文本作为先验知识来对当前文档信息进行补充。例如，有学者通过引入相似文档集合对当前文档进行拓展，丰富当前文档的图结构，在拓展的图结构中采用 PageRank 算法实现关键词提取。

例如，在对 d_i 进行关键词提取时，先定义基于 cos 距离的文档相似度：

$$\text{Sim}(\boldsymbol{d}_i, \boldsymbol{d}_j) = \frac{\boldsymbol{d}_i \boldsymbol{d}_j}{\|\boldsymbol{d}_i\| \times \|\boldsymbol{d}_j\|}$$

之后，基于该相似度选择最接近的 k 个文档，加上 d_i 文档，共 $k+1$ 篇文档构建拓展文档集合 D，构建 D 的词汇共现网络。在计算词汇共现网络边的权重时，有

$$\omega(u,v) = \sum_{d_j \in D} \text{Sim}(\boldsymbol{d}_i, \boldsymbol{d}_j) \times \text{count}_{d_j}(u,v)$$

从上式可知，权重大小是所有词汇对的共现次数进行累加的结果。共线性频数的强度为拓展文档 d_j（$d_j \in D$）与分析文档 d_i 的文本相似度。

8.7.3 多主题特征优化

在提取关键词时，被选择的词汇一方面应当对文档具有一定代表性，另一方面需要与文档的主题具有相关性。文档对象通常会涉及多个主题，在默认情况下提取的关键词应该对文档主题内容进行有效覆盖。用户在提取关键词时，对主题的需求分为以下三类。

❑ **对某一类主题感兴趣**

用户并不想了解文档的全部信息，只关注文档某一个方面的内容。用户在浏览文档时通常具有一定目的性，因此，只有和用户关心的主题相关的文本内容对用户来说才具有价值。在提取关键词时，既要考虑词汇对文章的代表性，又要考虑词汇与特定主题的相关性。下面介绍一种基于 LDA 主题模型的 PageRank 算法，该算法可以在提取关键词时考虑到候选词汇与主题的相关性。

通过 LDA 主题模型，可以获得文档集合中每个文档对象的主题分布，也可以知道每个主题下各个词汇出现的概率。后者的概率分布信息对于判断词汇和主题的相关性具有重要实践意义。PageRank 算法可以分析词汇在文档中的重要性，但是没有考虑词汇与主题的关系，如果能将主题模型中词汇在各主题下出现的概率信息融合到 PageRank 算法中，则会产生与用户需求更加契合的关键词结果。

PageRank 算法的核心在于指标迭代函数的定义，可以写为

$$P^{t+1}(v) = \alpha P^*(v) + (1-\alpha) \sum_{u \in \text{Neighbors}(v)} \frac{P^t(u)\omega_{uv}}{\sum_{t \in \text{Neighbors}(u)} \omega_{ut}}$$

其中，$P^*(v)$ 是节点沿着网络路径被随机访问的先验概率，这个变量在整个词汇空间上通常被认为是等概率的。然而，在基于主题模型的 PageRank 算法中，考虑 $P^*(v)$ 是节点对应的词汇在特定主题上的概率分布，可以定义：

$$P^*(v) = P(w_v \mid z) \quad \text{或} \quad P^*(v) = P(z \mid w_v) \quad \text{或} \quad P^*(v) = P(z \mid w_v)P(w_v \mid z)$$

在某个主题 z 下生成的 PageRank 指标记为 $P_z(v)$。如果用户仅对某个主题 z 感兴趣，则需要按照 $P_z(v)$ 对候选关键词进行排序并提取对应的关键词项。两个主题的 PageRank 算法示例如图 8.7 所示。

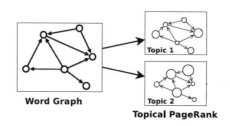

图 8.7　两个主题的 PageRank 算法示例

❑　**对主要的主题感兴趣**

除了上述讨论的情况，在很多情况下用户只对文章主要的主题感兴趣，因此，在文章主要主题的文本范围内提取关键词即可。基于该假设，实际上可以在一定程度上减少候选关键词的个数，降低文章中其他无关文本信息因素的干扰。

一种有效的方法是，对文档中出现的词汇根据语义相似度构建网络结构，节点间边的权重与词汇语义上的相似性对应，而非词汇在文档中的共现关系。计算词的语义相似性时可以采用本体知识库中的语义信息或通过词嵌入模型获得词汇的向量化表示。词嵌入模型的细节可参考深度学习专题的有关内容（第 11 章）。

对基于语义相似度的网络结构采用社区发现（Community Detection）算法，依据边的稀疏关系和权重大小将其划分成若干子网络。之后，对每个子网络进行评价，以识别各子网络的重要性。最后，从重要的子网络结构中对关键词进行提取。

在计算网络重要性时，需要考虑两方面因素：网络密度（Density）、网络信息量。网络密度可以基于所有边的权重进行求和，然后对节点个数求平均值。网络信息量可以通过对所有词汇的信息量指标求和来计算，词汇信息量采用上述 Wikiscore 指标来计算。图 8.8 为 *Apple to Make ITunes More Accessible For the Blind* 对应的语义相似度网络。

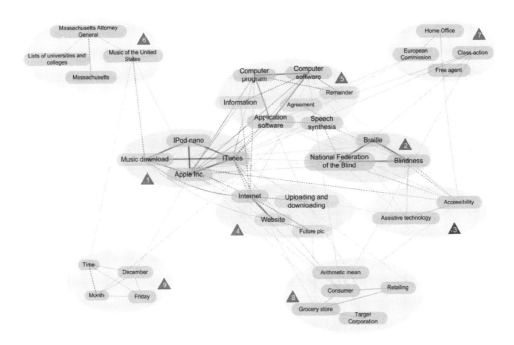

图 8.8　文档的语义相似度网络

在应用中，需要确定提取词汇对的重要子网络的个数，采取的方法类似于 K-means 聚类方法对聚类个数的确定，即寻找拐点。子网络评分对应排序如图 8.9 所示。

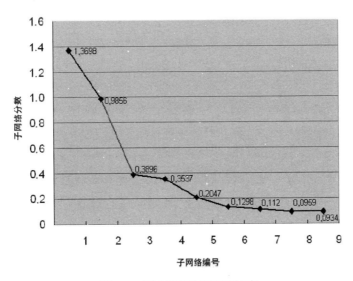

图 8.9　子网络评分及对应排序

❑ 对所有主题感兴趣

在一些情况下，用户会对文档所有的主题都感兴趣。在提取关键词时，应当考虑词汇与各主题的关联性。可以采用基于 LDA 主题模型的 PageRank 算法进行处理，即在对网络中的节点进行排序时，考虑节点的综合打分：

$$R(v) = \sum_{z} P(z)P_z(v)$$

其中，$P_z(v)$ 是在主题 z 下进行 PageRank 算法的指标；$P(z)$ 是文档中词汇为主题 z 的概率。另外，还可以在有关网络社区发现的方法的基础上进行关键词提取。一般不在算法中对网络社区进行筛选，而将所有网络社区按照规模来分配关键词的个数作为结果。

8.7.4 时序特征优化

在很多情况下，分析的文本对象具有时序特征，其涉及的主题随着时间的推进而发生变化。满足该特征的文本对象包括社交网络上的用户动态、会议纪要、虚拟社区的聊天记录等。通常，分析的文本对象不属于静态文档对象，属于动态流数据类型。

在提取关键词时，候选关键词具有时间维度信息。在对候选关键词进行打分时会赋予时间比较接近的词汇更高的权重。例如，可以设计基于时间信息加权的 PageRank 指标，概率迭代公式可以表示为

$$P^{t+1}(v) = \alpha P^*(v) + (1 - \alpha) \sum_{u \in \text{Neighbors}(v)} \frac{P^t(u)w_u\omega_{uv}}{\sum_{t \in \text{Neighbors}(u)} w_t\omega_{ut}}$$

其中，w_u 表示节点的权重，有

$$w_u = \text{DecayRate}^{(y-t_u)/24}$$

其中，节点权重的计算考虑了时间因素，y 是当前进行文本分析的时间节点；t_u 是词汇 w_u 出现的平均时间节点。若词汇 w_u 文本流中出现的时间点为 $t_w^1, t_w^2, \cdots, t_w^n$，那么有

$$t_u = \frac{t_w^1 + t_w^2 + \cdots + t_w^n}{n}$$

词汇出现的时刻与文档分析的时间越接近，词汇的重要性越大。

8.7.5 歧义问题优化

关键词提取任务处理的对象是词汇。但是，同一个词汇往往对应多个意思。而很多关键词提取算法要求对词汇与主题的相关性进行理解，这就要求用户需要知道某个词汇在文章中出现时对应的具体含义，即需要考虑歧义处理（Word Sense Disambiguation）。歧义处理主要可以分为两种方法：基于知识的方法（Knowledge-based Approaches）和基于数据的方法（Data-driven Approaches）。

基于知识的方法主要利用了词汇对应的各语义项下的 Wikipedia 页面描述的信息，把每一个语义对应成一篇文档，并抽象成文档的向量。然后，比较词汇各语义文档向量与词汇对应的文档向量的相似度，就可以知道为词汇赋予哪一个具体的语义。

在进行歧义处理时，如果假设词汇在文本中只以某一个含义出现，则将整篇文档作为上下文进行分析；如果假设词汇在文本中可以呈现出不同含义，那么就将以词汇为原点向前直到前一个词汇出现位置和向后直到后一个词汇出现位置之间的词汇序列作为上下文。

基于数据的方法的核心思想是构造机器学习方法，实现对语义进行区分的分类预测模型。构造预测模型需要有标注的文本集合，而 Wikipedia 本身就是非常好的有标注的文本集合。在 Wikipedia 的语义页面中，词汇会出现多次，每一次出现都对应一个上下文信息。这些上下文信息可以看作数据的训练特征，而样本的分类标签就是 Wikipedia 页面代表的具体语义。一般来说，根据给定上下文信息，用户可以采用的特征有当前词汇、当前词汇的词性、左右若干个（通常为 3个）词汇、左右若干个词汇的词性等。

8.8　关键短语提取

在关键词提取的基础上可以进行关键短语提取工作。在该技术中，词汇不单独出现，而作为短语中的成分在文本中出现。在这种情况下，仅仅提取词汇就会使原始语义结构被破坏。为了保证语义的完整性，进行关键短语提取很多时候更加接近实际应用场景。进行关键短语提取一方面，文本重要信息的原始含义可以被完整保留；另一方面，增加了输出文本摘要结果的可读性。

关键短语提取比一般关键词提取任务多加一个短语提取的任务环节。提取短语时需要对各词汇的词性进行识别，即从文档中解析出全部带有词性标注的词序列（n-grams，n 小于某一阈值）作为候选项。关键短语通常为名词短语，故需要设计名词短语匹配模板，利用该模板可以在候选项中找出所有满足条件的名词短语。

很多时候，短语模板并不能涵盖所有情况。因此，词汇在文本集合中的统计信息也是重要的判断参考信息。常见名词短语匹配模板（英文）如表 8.1 所示。

表 8.1　常见名词短语匹配模板（英文）

模　式	含　义	举　例
A-N	形容词　名词	Linear Function
N-N	名词　名词	Regression Coefficients
A-A-N	形容词　形容词　名词	Gaussian Random Variable
A-N-N	形容词　名词　名词	Cumulative Distribution Function
N-A-N	名词　形容词　名词	Mean Squared Error
N-N-N	名词　名词　名词	Class Probability Function
N-P-N	名词　介词　名词	Degree of Freedom

在对关键短语进行评价时，可以同时采用有监督的方法和无监督的方法，其基本原理和关键词提取十分类似。可以定义一些重要的统计指标来对候选关键短语进行描述，并将这些指标应用于有监督或无监督的算法。

与短语相关的统计指标主要可以分为短语性指标和信息性指标两大类。其中，短语性指标评价了一个 n-gram 能够成为短语的可能性；信息性指标评价了短语对于文档的重要程度。被提取的候选 n-gram 需要同时满足较高的短语性指标和较高的信息性指标。

8.8.1 短语性指标

❑ MI

短语性指标主要用于衡量短语中各个组成词汇的紧密程度，而 MI 是量化词汇相关性的重要指标。任意两个词汇的 MI 可以表示为

$$I(w_1, w_2) = \log \frac{P(w_1, w_2)}{P(w_1)P(w_2)}$$

其中，$P(w_1, w_2)$ 表示两个词汇在语料集合中相邻出现的概率；$P(w_1)$ 和 $P(w_2)$ 表示两个词汇出现的边缘概率。MI 指标越大，两个词汇的关系越紧密。

假如将某个候选 n-gram 表示为 $w_1, \cdots, w_n$，那么可以通过计算所有邻接词汇的平均 MI 统计值来衡量其短语性水平，有

$$\text{Phraseness}(w_1, \cdots, w_n) = \frac{1}{n-1} \sum_{k=2}^{n} I(w_{k-1}, w_k)$$

❑ 均值与方差

可以根据词汇在文档集合中出现的位置来衡量词汇间的关系。将两个词汇在文档中同时出现时的相对距离定义为 Offset，Offset 值包含正、负两个方向。Offset 值的均值和方差可以表示两个词汇出现位置的分布关系。

Offset 的均值越小，两个词汇出现的位置越接近；Offset 的方差越小，两个词汇间的关系越稳定。由经验可知，当 Offset 的均值和方差都很小时，两个词汇间的关系越紧密，越容易构成短语。于是，可以构造基于均值和方差的评估指标来衡量 n-gram 的短语性，相应的短语性指标有

$$\text{Phraseness}(w_1, \cdots, w_n) = \frac{1}{n-1} \sum_{k=2}^{n} f\left[\text{Mean}(\text{Offset}_{k-1,k}), \text{Var}(\text{Offset}_{k-1,k}) \right]$$

8.8.2 信息性指标

短语的信息性指标的定义和词汇的重要性定义十分类似，最直观的一种方法是定义短语的 TF-IDF 指标，有

$$\text{TF-IDF}_{p,d} = \text{TF}_{p,d} \times \text{IDF}_p$$

其中，$TF_{p,d}$ 是短语 p 在文档 d 中的频率；IDF_p 是短语 p 的逆文档频率，分别有

$$TF_{p,d} = \frac{freq(p,d)}{size(d)}$$

$$IDF_p = -\log \frac{N}{DF_p}$$

其中，$freq(p,d)$ 是短语 p 在文档 d 中出现的次数；$size(d)$ 是在文档 d 中短语 p 的总数；N 是文档集合中的短语总数；DF_p 是文档集合中短语 p 出现的文档数。

8.9　关键句提取

文档摘要技术可以针对文档中的词汇、短语、句子来操作。其中，句子比词汇和短语蕴含的语义信息更丰富，更容易被用户理解。因此，关键句提取也是近年来非常热门的一类文本摘要技术。由于在进行信息提取时，句子的结构不能被破坏，所以与关键词提取和关键短语提取相比，关键句提取技术的灵活度较差。在文本摘要任务中，当对关键词提取、关键短语提取、关键句提取这三种方案进行选择时，需要在灵活性和可读性这两个维度上进行有效的利弊权衡。

关键句提取可以分为有监督方法和无监督方法。有监督方法要求定义句子的关键特征，并基于特征构造相应的预测模型；无监督方法直接按照特征值的大小进行排序和提取。关键句提取算法的特征构造方法主要有以下几种。

8.9.1　基于词汇关键性的方法

在进行关键句提取时，需要对各个句子的关键性进行评估。首先，将各候选句子处理成词汇集合的形式。其次，对每个词汇集合包含的词汇的关键性指标进行加总来表示句子的关键性水平。对于词汇关键性指标的计算在上文中已有介绍，此处不再赘述。基于词汇的方法比较偏向于将提取的长句子作为摘要结果，因此，必要的时候需要考虑对句子的长度值进行标准化。

8.9.2 基于句子特征的方法

除了从词汇的角度分析，还可以直接在句了层面对句子的关键性水平进行量化，再对其进行排序。比较常用的句子关键性特征如下。

❑ **线索词比例**

线索词，是指能够表明句子关键性的特殊词汇，这些词汇通常带有总结性质，蕴含整篇文章的逻辑结构信息，如总之、我们认为、综上所述等。线索词需要专家进行人工总结，不同的应用领域线索词存在较大差异。在进行关键句提取前，需要确定线索词词典。基于线索词的关键句指标如下：

$$S_{\text{clue}} = \frac{N_{\text{sc}}}{N_{\text{dc}}}$$

其中，N_{sc} 是句子中线索词的个数；N_{dc} 是整篇文章中的线索词个数。

❑ **数值型信息**

数值型信息对整篇文章具有较大价值，因此，具有数值型信息的句子可以认为更加重要。在进行关键句提取时，可以通过统计句子中数值型信息及数值型信息的比例，来对句子的关键性水平评估。

❑ **句子长度**

通过观察，关键句长度一般不能太长，也不能太短，需要在一定范围内才合适。在实际应用中，预定义一个标准的句子长度，当句子长度大于或小于这个预定义的长度水平时，就予以一个惩罚项：

$$\text{Cost}_s = | L_s - L^* |$$

其中，L_s 是句子的长度；L^* 是预定义的关键句长度的预期水平。在无监督方法中，句子的关键性与该特征值呈反向关系。

❑ **句子中心度**

句子中心度是考虑句子间相似性的指标，衡量目标句子与其他所有句子间的共同词汇数量。目标句子与其他句子的共同词汇数量越多，该句子的语义与整篇

文章的语义一致性越高，句子越适合作为整篇文章的关键句来反馈给用户。常用的一种句子中心度指标有

$$score = \frac{K_s \cap K_o}{K_s \cup K_o}$$

其中，K_s 是目标句子中的关键词个数；K_o 是其他句子中的关键词个数。关键词可以采用词汇的关键性指标进行定义并提取。

8.9.3 基于图模型的方法

基于图模型的方法和关键词提取算法中的图模型方法类似。首先，构造文档的图模型结构；其次，计算各个节点的重要性指标并排序，每个节点对应文档中的一个句子，边及边的权重通过句子间的相似关系进行计算。在实践中，可以直接用 PageRank 算法来计算句子的关键性指标。在 PageRank 算法中，应当根据句子间的相似度定义图模型中节点间边的权重。

例如，在计算句子 S_i 和句子 S_j 对应的节点的边的权重时，将其各自转化为词汇的集合形式 $W_{i1}, W_{i2}, \cdots, W_{iN_i}$ 和 $W_{j1}, W_{j2}, \cdots, W_{jN_j}$。此时，句子的相似性可以表示为

$$\mathrm{Sim}(S_i, S_j) = \frac{|W_k \mid W_k \in S_i \,\&\, W_k \in S_j|}{\log(|S_i|) + \log(|S_j|)}$$

图 8.10 是基于某篇英文新闻文档提取的句子集合，图 8.11 是该英文新闻文档对应的图模型结构。基于该图模型，可以采用 PageRank 算法获得该新闻的关键句结果。

3: BC–HurricaineGilbert, 09–11 339
4: BC–Hurricane Gilbert, 0348
5: Hurricaine Gilbert heads toward Dominican Coast
6: By Ruddy Gonzalez
7: Associated Press Writer
8: Santo Domingo, Dominican Republic (AP)
9: Hurricaine Gilbert Swept towrd the Dominican Republic Sunday, and the Civil Defense
　alerted its heavily populated south coast to prepare for high winds, heavy rains, and high seas.
10: The storm was approaching from the southeast with sustained winds of 75 mph gusting
　　to 92 mph.
11: "There is no need for alarm," Civil Defense Director Eugenio Cabral said in a television
　　alert shortly after midnight Saturday.
12: Cabral said residents of the province of Barahona should closely follow Gilbert's movement.
13: An estimated 100,000 people live in the province, including 70,000 in the city of Barahona,
　　about 125 miles west of Santo Domingo.
14. Tropical storm Gilbert formed in the eastern Carribean and strenghtened into a hurricaine
　　Saturday night.
15: The National Hurricane Center in Miami reported its position at 2 a.m. Sunday at latitude
　　16.1 north, longitude 67.5 west, about 140 miles south of Ponce, Puerto Rico, and 200 miles
　　southeast of Santo Domingo.
16: The National Weather Service in San Juan, Puerto Rico, said Gilbert was moving westard
　　at 15 mph with a "broad area of cloudiness and heavy weather" rotating around the center
　　of the storm.
17. The weather service issued a flash flood watch for Puerto Rico and the Virgin Islands until
　　at least 6 p.m. Sunday.
18: Strong winds associated with the Gilbert brought coastal flooding, strong southeast winds,
　　and up to 12 feet to Puerto Rico's south coast.
19: There were no reports on casualties.
20: San Juan, on the north coast, had heavy rains and gusts Saturday, but they subsided during
　　the night.
21: On Saturday, Hurricane Florence was downgraded to a tropical storm, and its remnants
　　pushed inland from the U.S. Gulf Coast.
22: Residents returned home, happy to find little damage from 90 mph winds and sheets of rain.
23: Florence, the sixth named storm of the 1988 Atlantic storm season, was the second hurricane.
24: The first, Debby, reached minimal hurricane strength briefly before hitting the Mexican coast
　　last month.

图 8.10　新闻文档句子集合

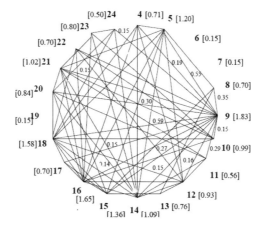

图 8.11　基于句子的图模型结构

8.10　本章小结

本章介绍了与文本摘要技术的有关内容。通过文本摘要技术，可以快速、有效地获得网络环境内文本数据中包含的关键信息，从而增加用户对文本信息的处理效率。文本摘要技术的主要应用场景包括信息检索、信息压缩、用户画像、知识管理等广泛领域。

从处理的对象看，文本摘要包括关键词提取、关键短语提取、关键句提取 3 个方面，即分别将词汇、短语、句子的集合作为摘要结果表示原文档的主要内容。文本摘要技术实现的一般思路是：将文档对象切分成词汇（短语、句子）的集合，然后，按照一定的方法提取其中一个词汇（短语、句子）子集输出。

文本摘要技术包括有监督方法和无监督方法，无论是有监督方法还是无监督方法，都需要构造一个或者一组描述文本对象的统计指标（特征）反映词汇（短语、句子）的重要性。在有监督方法中，可以基于统计指标构造一个（组）分类器，对词汇是否为关键词的分类结果进行判断；在无监督方法中，直接将统计指标作为客观依据，对词汇进行排序，并提取靠前的 N 项作为摘要结果输出。

具体地看，词汇（短语、句子）的统计指标包括一般的统计指标和基于图结构的复杂统计指标，其中，图结构指标依赖于文档的图模型结构。算法通常将文档对象表示成以词汇（短语、句子）为节点的图模型，并在图模型上采用复杂网络分析算法，来评估各节点的重要性指标。图模型中的节点的重要性与词汇（短语、句子）的重要性对应。

在进行文本摘要时，有许多操作上的实际技术难点，包括长文本问题、短文本问题、主题多样性问题、时序变化问题、语义歧义问题。对相关问题的有效解决是提升算法性能、增加用户对摘要反馈满意度的有效途径。

第 *9* 章

口 碑 分 析

在线口碑是互联网上重要的用户产生内容（User-Generated-Content），是指用户基于在线平台就特定的产品或服务所提供的主观性评价。一般来说，在线口碑既包括数值形式的打分信息，也包括文本形式的评论内容。尽管数值形式的打分信息已经能够在很大程度上反映用户对特定产品的情感态度，但利用文本挖掘技术解析文本形式的口碑评论，能够从中提取更加丰富的用户信息。

在线口碑可以帮助卖家及网络运营者更好地了解用户的购买决策行为及整个消费市场的偏好，从而更好地对产品和用户进行管理；此外，从用户角度来说，在线口碑也是比较产品、了解产品的重要信息渠道，基于在线口碑，特别是对口碑中文本信息的挖掘与展示，用户可以获得重要的消费决策辅助。

本章将重点介绍与挖掘在线口碑中与文本信息相关的重要技术方法，讲解如何从口碑中提取有价值的用户基于产品或服务的情感态度信息。本章对口碑的分析主要包括 3 个步骤，即确定评价对象、情感词提取与量化、态度形成与展示。通过这些步骤，可以有效地把文本形式的内容转化为数值形式的结构化信息，形成对特定产品项目的标准化描述。

包含数值信息和文本信息的电商的在线口碑如图 9.1 所示。

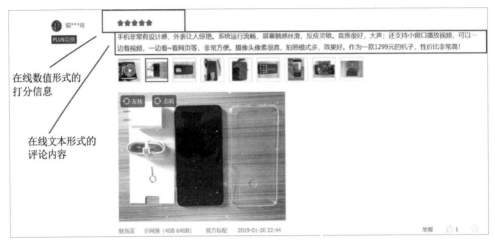

图 9.1　包含数值信息和文本信息的电商在线口碑

9.1　口碑分析的基本概念

在线口碑是网络上用户对产品或服务的主观评价，包含用户的主观情感信息。基于在线口碑信息，可以有效地预测用户的购买决策行为和产品的市场反应，帮助用户更高效地进行购买决策。在线口碑既包括在线打分的数值形式，也包括在线评论的文本形式。传统的口碑分析一般只关注在线打分内容，并不太关注在线评论文本内容的挖掘。然而，随着文本挖掘技术的发展，当前已经有不少成熟的方法可以从在线评论中提取非常有价值的产品信息。

本书提及的口碑分析主要指对口碑中文本内容的分析。从在线口碑文本中需要解析两类重要的信息：评价对象、评价水平。其中，评价对象是口碑描述的主体，评价水平是口碑发布者的主观情感倾向。

评价对象包括粗粒度对象和细粒度对象两个层次，粗粒度的评价对象与某一种产品的整体对应；细粒度的评价对象与产品的某个部分对应。用户在发表口碑时，既可能对产品的整体进行评价，也可能对产品的部分进行评价。但是，评价对象一定要和评价水平相绑定才具有现实意义。口碑描述的每一个主体都应当对应一个特定的主观态度，以反映用户对产品的基本意见，并将此作为整个口碑表达的核心内容。

口碑发布者在购买产品并体验产品后，会对产品形成主观认知。这些认知在口碑发布者的意识中是高度结构化的，但是只能用非结构化的自由文本进行表达。在线口碑分析的核心任务是采用文本挖掘技术从文本评价内容中恢复出原本结构化的用户认知，并展示给进行购买决策的用户及商家。可以认为，整个口碑分析任务包含 3 个关键环节：确定评价对象、情感词提取与量化、态度形成与展示。

确定评价对象，是指自动地识别评价主体，该过程需要文本分析系统对产品体系具有一定了解；情感词提取与量化，是指用特定的数值衡量用户的主观情感水平，该过程的基本任务是构建评论内容到数值的映射关系；态度形成与展示则主要解决评价对象与评价水平的匹配问题，该过程需要采用客观可行的方式定义口碑意见的具体形式，以供后续技术分析。

9.2　口碑分析的应用场景

在线口碑的应用场景可以从以下 3 个视角进行介绍，即用户视角、网站运营者视角、商家视角，如图 9.2 所示。

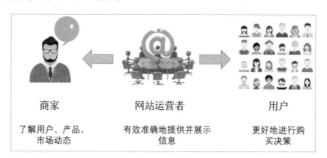

图 9.2　在线口碑分析的应用场景

9.2.1　用户视角的应用

从用户的视角看，在线口碑蕴含重要的有关产品质量的信息，这些产品信息可以有效地帮助用户更好地理解产品的基本属性，帮助用户更好地进行产品购买决策。

首先，通过在线口碑文本分析，可以对平台上的产品信息进行结构化的描述与展示。采用文本挖掘技术可以从在线口碑中提取与产品有关的属性信息，以产品属性为中心对产品进行标注，并基于标注内容对产品进行组织与分类，帮助用户快速定位满足自身需求的产品选项。

其次，可以基于在线口碑信息对用户进行产品推荐。B2C 或 O2O 网站可以从在线口碑中提取用户对产品的情感态度，以用户的市场反馈信息为基础，对产品的质量进行量化判断。基于产品的质量评估结果，网站可以针对用户进行产品自动排序与推荐，帮助用户聚焦更加优质的产品或服务，降低用户做出错误消费决策的风险。

最后，对口碑信息进行结构化分析可以帮助用户对比不同产品间的差异。当用户面对相似产品时，往往难以快速做出决策。因此，对不同产品采用标准化的框架进行统一的描述与展示，有利于对产品进行横向的对比。该技术可以帮助用户更有针对性地在多维度下权衡选择决策的利弊，从而更加理性地消费。

9.2.2　网站运营者视角的应用

在线口碑是网站的重要信息，会影响用户在网站上各种类型的行为。网站运营者可以通过对口碑信息与用户行为进行建模，分析在线口碑对用户在线行为的影响，确定如何对网站上的信息进行合理的展示与运营。

例如，用户在进行决策时，可以参考口碑的文本长度、口碑发布的时效性、口碑发布者的权威性、口碑的情感倾向、口碑的表达方式、口碑的内容相关性等诸多方面的因素。然而，网站运营者并不清楚哪种口碑要素在用户决策行为中起主导作用。网站运营者在对口碑信息与用户行为进行建模后，可以量化每种因素在用户决策中的具体影响，这能更好地指导网站运营者对平台上信息的管理。

9.2.3　商家视角的应用

与用户及网站运营者相比，在线口碑的信息价值对于商家具有更有显著价值。当前大多数电商都十分关注平台上用户的口碑信息，毕竟口碑信息中蕴含了大量客观的真实市场信息。

首先，商家可以通过对口碑信息进行分析，了解用户对产品的整体偏好，并对产品进行及时准确的评估。口碑分析一方面，可以帮助商家可以更好地制定产品的定价策略；另一方面，可以帮助商家对产品的销量进行预测，从而把产品的库存及运营成本控制在合理的水平。

其次，商家可以从在线口碑中解析出用户对产品各属性的偏好信息，即关注度，该信息可以帮助商家有针对性地对产品进行改进，或对下一代产品进行更好的设计。在产品的改进设计过程中，商家应当在产品特征的市场关注度和开发成本之间进行合理的均衡。

最后，在线口碑可以帮助商家及时获得用户对产品的反馈，尤其是产品的投诉信息。通过产品的投诉信息，商家可以及时发现产品存在的问题，并认识到哪些问题是用户不能容忍的，从而及时弥补相应的产品缺陷。对在线口碑进行分析是商家对用户进行客户关系管理的重要技术手段，做好相应的工作可以有效提升用户对产品及品牌的忠诚度。

9.2.4 其他应用

在本章中，在线口碑主要指在线网络购物平台或网络服务平台上用户对产品或服务的评价信息，在整个网络环境中，在线口碑具有更一般化的内涵。在线口碑可以广泛地被认为是在网络环境的任何场景下用户对特定对象的主观性评价，除了面向 B2C 或 O2O 平台的商品评价，还包括其他类型网站上的评论。例如，在在线社交网络中用户对某人或某事的态度表达、在线论坛上用户对某一话题发表的意见等。因此，对这些网络信息的挖掘与分析具有非常重要的社会价值。

9.3 基于词典的评价对象提取

在分析口碑时需要先明确评价对象，在线口碑的评价对象可以分为整体和部分两个层面。在整体层次，评价对象为整个产品或者服务；在部分层次，评价对象为产品的某个局部属性。在粗粒度的口碑分析任务中，需要了解用户对产品整体的评价；在细粒度的口碑分析任务中，需要了解用户对产品各个属性的具体评价。评价对象提取技术主要是针对细粒度的口碑分析任务提出的，其根本目的是解析出产品的重要属性。

一般来说，产品的属性可以大致分为五类：特性、部件、部件的特性、相关概念、相关概念的特性。以计算机为例对产品的属性进行说明：特性是针对计算机某个方面的特征，如计算机重量；部件是指计算机某个物理组成部分，如显示器；部件特性是指计算机某个物理组成部分的某个方面的特征，如显示器价格；相关概念是指与产品体验相关的一些重要评价对象，如客服；相关概念的特征则是指与产品体验相关的重要评价对象的某一方面特征，如客服时效性。

最理想情况是，在分析在线口碑的文本时，不仅能够找到具体的评价对象，还能够赋予各个评价对象具体的属性类别（特性、部件等），相应的结果可以支持非常精细的口碑分析需求。对于一般情况，只需对评价对象进行识别即可完成大多数分析需求。当前主要采用人工归类的方法对评价对象的属性类别进行判断。另外，在实践中，有时也会套用语料模板进行辅助性判断。

本章不强调产品属性类别的区分，重点在于讨论如何从语料集合中对产品属性进行提取。按照数据分析者对产品理解程度的不同，主要采取两类识别评价对象的方法：基于词典的方法和语料分析法。

有些用户对口碑中涉及的产品具有清晰的认识和理解，这些用户往往是产品的设计部门或销售部门。用户了解产品所有的技术参数、重要指标、产品部件、配套服务等信息，知道名词或者名词短语应当映射到哪一类产品属性。在这种情况下，用户一般会维护一个针对特定产品的术语表或概念库，并将其作为产品的专业词典。词典中定义了产品各个属性的信息，按照词典可以在任意给定的口碑文本中提取具体的产品属性并标记对应的属性类别。

基于人工定义的词典的方式提取口碑评价对象得到的结果的准确度相对较高，但是比较容易产生召回率低的问题。由于产品的属性是在词典中事先定义好的，有可能出现词典中的词条无法有效地涵盖所有口碑文本的情况。一方面，词典的构造者难以保证术语的完整性；另一方面，词典的构造者倾向于采用比较专业的词汇描述产品属性，与在线口碑中存在的大量的口语化表述难以产生较高的契合度。

9.4 基于语料的评价对象提取

用户很多时候无法有效地枚举产品的各属性与特征，但是可以在给定属性与特征的情况下对其进行比较准确的属性归类。在这种情况下，产品的属性不是事先定义的，而是基于给定的口碑文本集合自动分析产生的。用户需要设计一个算法自动地识别口碑集合中的名词或名词短语，并将其作为候选评价对象的集合；然后，根据一定的规则对其进行筛选与加工，生成最终的评价对象集合；最后，可以人工对集合中每一个评价对象的属性类别进行判断和标注。

❑ **名词短语识别**

在对口碑进行分析时，需要先对其进行分词操作，在分词过程中需要对每一个词汇的词性进行标注。根据词汇的词性，遍历所有口碑文档，可以找到可能成为名词短语的 n-gram 对象。本书针对中文语料的文本，推荐采用 BNP（Base Noun Phrase）模式对名词短语进行匹配和提取，BNP 模式主要包括以下几种结构：NN、NN+NN、JJ+NN、NN+NN+NN、JJ+NN+NN 和 JJ+JJ+NN。其中，NN 表示名词，JJ 表示形容词。

采用 BNP 模式不仅可以有效地识别口碑中的评价对象，还可以在一定程度上解决新词发现的问题。在线口碑的评价对象经常涉及比较专业的领域，在没有具体的专业词典指导分词任务时，很容易产生句子被过度切分的问题。例如，"不能/v 使用/v 蓝/a 牙/n 设备/n，/w 很/d 耽误/v 事/n，/w 建议/n 不/d 要/v 买/v 这/r 款/q 手机/n。/w"，其中，"蓝牙"是新词，并没有收录于传统的分词词典中。然而，根据 BNP 模式，该 n-gram 满足 JJ+NN 结构，仍然可以看作关键的产品属性并被提取。

在实际操作中，满足 BNP 模式的 n-gram 并不一定能构成有意义的名词或名词短语，需要采用计算机手段来进行判断。一种直观的方法是采用阈值进行判断，即设定某个阈值水平，当 n-gram 的频率大于该特定阈值时，予以保留。否则，该 n-gram 就被看作干扰的短语选项被过滤。另一种方法是，用边界平均信息熵（Boundary Average Entropy，BAE）统计指标进行判断，实验证明，该指标对于属性的判断具有比较好的识别效果。下面，对基于边界平均信息熵的属性识别方法予以详细介绍。

"熵"（Entropy）的概念最早来自热力学研究，在 1948 年被引入信息论领域并扩展为"信息熵"的概念。信息熵描述了接收信息排除冗余后包含的平均信息量，可表达某个事件的不确定性。假定离散变量 X 的取值为空间为 $\{x_1, x_2, \cdots, x_n\}$，

对应概率分别为 $\{P(x_1), P(x_2), \cdots, P(x_n)\}$，则变量 X 的信息熵可表示为

$$H(X) = -\sum_{i=1}^{n} P(x_i) \log P(x_i)$$

熵的取值越大，事件的不确定性越高，计算熵值需要知道事件发生的概率分布。在 NLP 的应用中，基于熵的概念有学者定义了左右信息熵，并以此来判断某个词语是否为边界词。某个字符串的左信息熵和右信息熵越大，这个字符串左右两边出现的词串组合的不确定性越大，同时这个字符串左边和右边越有可能成为词语边界，也就意味着该字符串独立成词（或词组）的可能性越大。

边界平均信息熵的概念可用于对候选 n-gram 进行分析过滤。假设 s 是需要进行判断的字符串；l 和 r 分别对应统计语料中 s 左右邻接出现的词串元素；$P(ls|s)$ 表示字符串 s 出现时其左边邻接字符串为 l 的条件概率；$P(sr|s)$ 表示字符串 s 出现时其右边邻接字符串为 r 的条件概率。那么 s 的左右信息熵可以表示为

$$\text{LE}(s) = -\sum_{l \in L} P(ls|s) \log P(ls|s)$$

$$\text{RE}(s) = -\sum_{r \in R} P(sr|s) \log P(sr|s)$$

对 n-gram 来说，当 $n=1$ 时，候选字符串表示为 w_i，有

$$\text{BAE}(w_i) = \frac{\text{LE}(w_i) + \text{RE}(w_i)}{2}$$

当 $n=2$ 时，候选字符串表示为 $w_i w_j$，有

$$\text{BAE}(w_i w_j) = \frac{\text{BAE}(w_i) + \text{BAE}(w_j)}{2}$$

同理，在 $n=3$ 时，有

$$\text{BAE}(w_i w_j w_k) = \frac{\text{BAE}(w_i) + \text{BAE}(w_j) + \text{BAE}(w_k)}{3}$$

在基于边界平均信息熵对字符串是否构成名词或名词短语进行判断时，通常还要结合基于阈值的方法，考虑字符串出现的频率，可以定义判断函数 $\delta(S, n)$ 如下：

$$\delta(S,1) = \begin{cases} 1 & \mathrm{freq}(w_i) \geqslant \alpha_1 \\ 0 & \text{else} \end{cases}$$

$$\delta(S,2) = \begin{cases} 1 & \mathrm{freq}(w_i w_j) \geqslant \alpha_2 \ \&\& \ \mathrm{BAE}(\overline{w_i w_j}) > \mathrm{BAE}(w_i w_j) \\ 0 & \text{else} \end{cases}$$

$$\delta(S,3) = \begin{cases} 1 & \mathrm{freq}(w_i w_j w_k) \geqslant \alpha_3 \ \&\& \ \mathrm{BAE}(\overline{w_i w_j w_k}) > \mathrm{BAE}(w_i \overline{w_j w_k}) > \mathrm{BAE}(w_i w_j w_k) \\ 0 & \text{else} \end{cases}$$

其中，S 是候选的 n-gram，当函数值为 1 时，表明该 n-gram 可以作为候选名词短语；当函数值为 0 时，则过滤该字符串。字符串上划线表示将词汇进行合并，此时 n 的维度降低，字符串的边界发生变化。如果合并后 n-gram 的边界平均信息熵变大，则应当将 n-gram 合并为整体的名词或名词短语。

举例说明，令 w_i 表示词汇"电源"，w_j 表示词汇"适配器"，其构成的 2-gram 词串"电源适配器"为潜在的名词概念短语。基于边界平均信息熵的名词短语识别过程如图 9.3 所示。

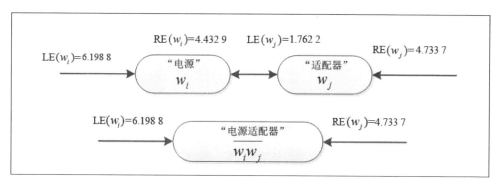

图 9.3　基于边界平均信息熵的名词短语识别过程

词汇合并前，有

$$\mathrm{BAE}(w_i w_j) = \frac{6.198\,8 + 4.432\,9 + 1.762\,2 + 4.733\,7}{4} = 4.281\,9$$

词汇合并后，中间的边界消失，有

$$\mathrm{BAE}(\overline{w_i w_j}) = \frac{6.198\,8 + 4.733\,7}{2} = 5.466\,25$$

满足条件 $\mathrm{BAE}(\overline{w_i w_j}) > \mathrm{BAE}(w_i w_j)$。词汇合并成新词串后，n-gram 的边界平

均信息熵变大，故可将词串"电源适配器"作为新发现的名词短语（候选产品属性）进行分析。

❑ 名词短语筛选

根据上述方法提取的名词短语只是评价对象的候选集合，还需要进一步从候选集合中提取真正与产品相关的词项。在用户评论中，通常会混杂大量与产品特征无关的名词概念。如下文的粗体部分，虽然都以名词概念出现，但却不直接构成与主体相关的产品特征。因此，对候选名词集合进行过滤对提高评价对象识别准确率十分必要。

给**老爸**买的电脑。键盘**左边**真的很热。因为音箱在键盘**下边**，声音很小。LED屏幕好像有**拖尾现象**，不过静态图片很清晰。我一直没找到哪个软件能设置**指纹**。

一种可行的判断名词短语是否与评价对象相关的指标是点间互信息（Pointwise Mutual Information，PMI）指标。假定名词词组是 w_s，表示产品本身的词汇是 w_t，两个词汇的 PMI 指标可以按下式计算：

$$\text{PMI}(w_s, w_t) = \log_2 \frac{P(w_s, w_t)}{P(w_s)P(w_t)}$$

该指标的计算依赖于某个外部（足够大的）语料集合。其中，$P(w_s)$ 是集合中的文档出现 w_s 的概率；$P(w_t)$ 是集合中的文档出现 w_t 的概率。该指标越大，w_s 与 w_t 的相关性越强，w_s 越适合作为评价对象。

可以实现 PMI 指标计算的语料集合的构造成本较高，更为有效的方法是借助第三方的搜索引擎功能来完成类似的任务。搜索引擎可以高效地反馈给用户包含某个特定词汇项的文档集合，其背后依托于网络环境中所有添加索引的网页对象。因此，可以将搜索引擎依托的网页集合作为计算 PMI 指标的语料集合。为了便于计算 PMI 指标，需对上面传统的 PMI 公式进行修正，修正后的指标计算公式为

$$\text{PMI}(w_s, w_t) = \frac{\text{Hits}(w_s + w_t)}{\text{Hits}(w_s)\text{Hits}(w_t)}$$

其中，$\text{Hits}(w_s)$ 和 $\text{Hits}(w_t)$ 分别表示搜索引擎反馈的包含 w_s 和 w_t 的网页个数；$\text{Hits}(w_s + w_t)$ 表示同时包含 w_s 和 w_t 的反馈网页数。

计算所有候选名词短语 w_s 与 w_t 的 PMI 指标后，将其按照特定的阈值过滤，进一步从候选名词短语中提取无关的词汇项，以获得更准确的评价对象集合。考虑到选择某一个产品名词 w_t 计算候选项的 PMI 指标可能会产生误差，在实践中，可以选择几个比较常用的产品名称的同义词来综合考量候选名词（名词短语）。

除了采用 PMI 指标，还有一些有用的规则可以提升口碑评价对象识别的准确率。其中，子串关联关系就是非常有用的一种判断准则。通过对在线口碑文本的观察，子串关联关系主要存在于以下三个语境。

其一，如果某个名词概念是需要提取的产品特征，则该特征会被用户在各种场合中反复评论。同一个概念往往会对应多重表述，而其中比较一般的情况是有些用户会使用概念名词全称，而有些用户会使用概念名词的简称。在很多情境下，同一概念名词间的全称和简称就会构成子串关联。例如，"电池"（简称）与"笔记本电池"（全称），"XP"（简称）与"XP 操作系统"（全称）。

其二，产品部件和产品部件特性间也会形成子串关联关系。用户在描述产品的部件时往往会将部件名称和部件特性合并评价，在一些场合也可能忽略对应的部件特性直接用部件名称来表达。因此，找到了子串关联关系，很有可能就找到了对应的产品部件和产品部件特性，如屏幕（部件）、屏幕色彩（部件特性）；按键（部件）、按键弹性（部件特性）。

其三，产品的属性包括抽象指代和具体指代，如"速度"属于抽象指代，"送货速度""开机速度""处理器速度"属于具体指代。在在线口碑中，对于同一产品属性，既有可能以抽象指代的形式出现，也有可能以具体指代的形式出现。因此，反映"抽象—具体"关系的子串关联结构也有利于发现关键评价对象。

通过名词短语筛选和子串关联分析可以获得具有层次逻辑结构的产品属性，用 XML 文档可以输出相应的评价对象列表，结果如图 9.4 所示。

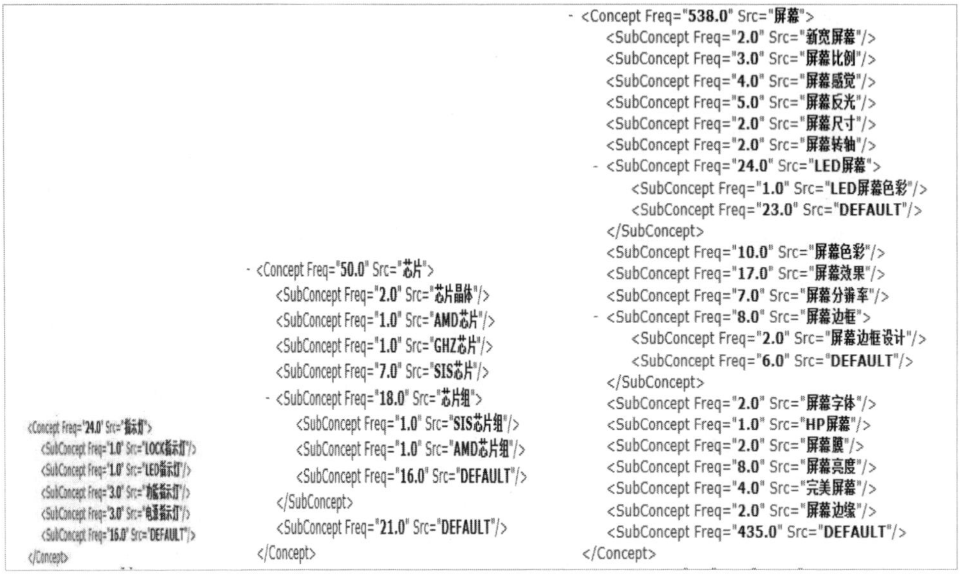

```
                                                              - <Concept Freq="538.0" Src="屏幕">
                                                                  <SubConcept Freq="2.0" Src="预宽屏幕"/>
                                                                  <SubConcept Freq="3.0" Src="屏幕比例"/>
                                                                  <SubConcept Freq="4.0" Src="屏幕感觉"/>
                                                                  <SubConcept Freq="5.0" Src="屏幕反光"/>
                                                                  <SubConcept Freq="2.0" Src="屏幕尺寸"/>
                                                                  <SubConcept Freq="2.0" Src="屏幕转轴"/>
                                                                - <SubConcept Freq="24.0" Src="LED屏幕">
                                                                    <SubConcept Freq="1.0" Src="LED屏幕色彩"/>
                                                                    <SubConcept Freq="23.0" Src="DEFAULT"/>
                                                                  </SubConcept>
                                                                  <SubConcept Freq="10.0" Src="屏幕色彩"/>
                            - <Concept Freq="50.0" Src="芯片">           <SubConcept Freq="17.0" Src="屏幕效果"/>
                                <SubConcept Freq="2.0" Src="芯片晶体"/>     <SubConcept Freq="7.0" Src="屏幕分辨率"/>
                                <SubConcept Freq="1.0" Src="AMD芯片"/>    - <SubConcept Freq="8.0" Src="屏幕边框">
                                <SubConcept Freq="1.0" Src="GHZ芯片"/>       <SubConcept Freq="2.0" Src="屏幕边框设计"/>
                                <SubConcept Freq="7.0" Src="SIS芯片"/>       <SubConcept Freq="6.0" Src="DEFAULT"/>
                              - <SubConcept Freq="18.0" Src="芯片组">       </SubConcept>
<Concept Freq="24.0" Src="指示灯">  <SubConcept Freq="1.0" Src="SIS芯片组"/>   <SubConcept Freq="2.0" Src="屏幕字体"/>
  <SubConcept Freq="1.0" Src="LOCK指示灯"/> <SubConcept Freq="1.0" Src="AMD芯片组"/> <SubConcept Freq="1.0" Src="HP屏幕"/>
  <SubConcept Freq="1.0" Src="LED指示灯"/>  <SubConcept Freq="16.0" Src="DEFAULT"/> <SubConcept Freq="2.0" Src="屏幕膜"/>
  <SubConcept Freq="3.0" Src="加电指示灯"/> </SubConcept>                  <SubConcept Freq="8.0" Src="屏幕亮度"/>
  <SubConcept Freq="3.0" Src="电量指示灯"/> <SubConcept Freq="21.0" Src="DEFAULT"/>  <SubConcept Freq="4.0" Src="完美屏幕"/>
  <SubConcept Freq="16.0" Src="DEFAULT"/> </Concept>                    <SubConcept Freq="2.0" Src="屏幕边缘"/>
</Concept>                                                              <SubConcept Freq="435.0" Src="DEFAULT"/>
                                                                   </Concept>
```

图 9.4　评价对象提取结果示例

9.5　评价水平量化

在口碑的评价对象确定后，下一步就是对口碑评价水平进行量化，将评价对象与评价水平进行结合，从而形成用户的意见。由于评价对象包括整体和局部两个层面的含义，所以评价水平的量化也可以从整体和局部两个维度展开。从整体的维度展开，就是对整个产品的用户主观评价进行判断；从局部的维度展开，就是围绕产品的各个属性对主观评价进行量化。

用户对产品的评价实际上就是用户的情感倾向，口碑评价水平的量化在文本挖掘领域也称为情感分析（Sentiment Analysis）。对文本的情感分析包括粗粒度分析和细粒度分析，其中粗粒度的情感分析的目的是对文本进行分类，将文本分为正面情感和负面情感两个基本类别；而细粒度的情感分析是把用户的情感态度看作连续的数值，其结果不仅区分情感的正负方向，还有程度之分。基于评价水平的整体局部的角度，以及衡量结果的粗细粒度的角度，在线口碑分析可以对应于不同类型的研究问题和方法，下文将分别对其进行介绍。

9.5.1 整体粗粒度情感分析

从整体的层面看，正面情感被认为是对产品的积极的、赞许的评价，发表口碑信息的用户对产品持满意的态度，愿意推荐其他用户使用或体验对应的产品；反之，负面情感被认为是对产品消极的、抵触的评价，发表口碑信息的用户对产品抱有厌恶的态度，不愿意推荐其他用户使用或体验对应的产品。

在情感分析任务中，需要把在线口碑的评论文本进行分类，区分出蕴含正面情感的类别和蕴含负面情感的类别。因此，整体维度的粗粒度情感分析本质上是一个二元的文本分类任务，前文有关文本分类的技术几乎都可以用于该情景的口碑分析。

一般来说，每一条在线口碑记录都可以用一个实数值来表示情感的强度。在粗粒度的分析任务下，用数字 1 表示正面情感，数字-1 表示负面情感。对平台所有口碑情感强度指标求和或取平均，可以计算平台用户对于产品的整体态度倾向。最终，可以按照结果是否大于 0 判断在平台上用户的整体态度是正面的还是负面的，相应结果可以帮助用户、产品厂商，甚至平台运营商进行相应的决策。

对口碑进行分类的算法很多，如果直接将评价文本中的词汇作为分类特征，那么可以采用决策树、朴素贝叶斯模型、SVM 等模型。在选择文本分类特征时，可以采用常用的统计筛选指标，也可以依据语言学经验知识。

基于语言学经验，口碑的分类以形容词和程度副词为特征的情况较多。其中，形容词大多承载个体的情绪（如很好、不错、优秀等），程度副词则起到对形容词的修饰作用（如十分、非常、稍微等）。然而，在大多数情况下，仅用形容词和副词仍然无法达到比较好的情感分类效果，其原因主要在于，很多形容词的情感是依赖特定评价对象的。例如，对于形容词"快"，"送货快"和"耗电快"表达了截然相反的主观意见。

基于以上考虑，可以发现文本的顺序对于口碑情感的分类判断十分重要。因此，如果完全采用不考虑文本结构信息的算法，很容易导致分类器不稳定。这里，提供几个比较常用的技术建议。

❑ **任务分解**

文本内容越长，越容易产生形容词、副词、对应于评价对象的名词，以及名词短语乱搭的问题，导致情感判断结果出现误差。因此，可以通过分解文本分类的单元，将其转化为相对较短的文本的分类问题来求解。

例如，可以将整个评价文本的段落分解为多个独立的句子。首先，假设句子间的情感倾向没有互相依赖关系；其次，对每一个句子的情感进行分类；最后，综合各个句子的情感倾向来判断整条评论的情感倾向。

❑ **采用 n-gram**

用 n-gram 代替词汇的优点就是可以在一定程度上将词汇的顺序信息涵盖在文本特征中，即用连续两个词汇或者连续三个词汇代替原有的单个词来训练情感分类模型。这样做以就近原则实现了评价对象和评价水平的匹配。但是，该技术操作仍然存在一定缺陷。例如，高维度的 n-gram 容易导致数据稀疏问题；在文本的态度转折处仍然存在词汇误匹配的风险。

❑ **语法分析**

对文本对象进行精益的语法分析，找到文本句子中各个组成部分间的修饰关系，从而将评价对象和评价水平进行完全匹配。另外，还可以将表示情感强度的副词加入评价对象和水平的配对结构。语法分析是十分复杂的文本分析任务，配对后结果可以基于简单的统计规则直接确定情感分类，不必再经过分类器的构建过程。

❑ **深度学习**

当前，随着计算技术的迅猛发展，还可以采用深度学习（参考第 11 章）方法对文本对象进行分类，如利用 CNN、RNN、LSTM 等神经网络模型对文本对象进行分类。深度学习方法的优点在于，可以最大化地利用深层次的语义信息，同时极大化地在模型中保留文本的词汇顺序信息。

9.5.2 整体细粒度情感分析

以细粒度的方式对口碑文本进行情感分析就是采用连续的数值来表示用户的情感倾向。通常，可以用-1～1 任意数值对口碑的情感水平进行量化。其中，数值-1 对应最负面态度，数值 1 对应最正面态度。在整体层面上采用细粒度分析，不仅可以知道某一条口碑记录对应的正负情感方向，还可以知道其具体的情感强度。

　　基于细粒度的情感分析研究产品整体市场反应更加真实客观。例如，某一产品的评价打分对应的实数为-1、-0.9、0.1、0.1 和 0.2，如果仅考虑口碑符号（粗粒度），则市场对产品的整体态度为正面的。但实际情况是，两个用户对产品持有明显的负面态度，而三个用户对产品持有比较中立的态度。因此，产品的整体市场反应为负面才更符合实际情况。通过细粒度分析，可以直观地得到市场的平均情感倾向为-0.3，属于负面情感态度。

　　细粒度情感分析通常无法抽象成分类问题或回归问题求解，只能人为地构造一个打分模型。在打分模型中，整个口碑文本的情感倾向主要由情感词决定。情感词在文本中主要表现为形容词，但需要注意的是，二者并不是完全等同的关系（在特殊情况下情感词也可呈现为其他词性，另外，口碑中的形容词也不一定都是情感词，只有与用户的产品态度反馈密切相关的形容词才是情感词）。

　　当前主流技术中，情感词大体可以分为三类：正面情感词、负面情感词、中性词。其中，正面情感词和负面情感词分别对应正面或负面的情感态度，在打分模型中分别用某一正实数或负实数表示；而中性词的情感倾向既可是正面的也可是负面的，但是由于其绝对值大小不显著，所以不对应具体的情感倾向，其在文本分析中也不重要。

　　如果已知所有情感词在口碑中对应的具体实数，就可以构造特定的规则（函数）来计算任意口碑评论的情感水平。其中，最常采用的方法是累加法，具体实现考虑以下几种情况。

❑　仅考虑情感词

仅考虑情感词时，假设口碑 T_i 中存在情感词 $w_{i1}, w_{i2}, \cdots, w_{in}$，各情感词对应的情感强度值分别为 $x_{i1}, x_{i2}, \cdots, x_{in}$。那么，整个口碑的情感倾向可表示为

$$v_i = \frac{x_{i1} + x_{i2} + \cdots + x_{in}}{n}$$

该方法需要强调的是，情感词的强度应当尽可能地分布在线性的数值空间。

❏　考虑情感词和程度副词

程度副词是形容词的修饰，会影响情感的强度。例如，对于形容词"漂亮"，如果加入副词"十分"变成"十分漂亮"，或加入副词"比较"变成"比较漂亮"，其产生的情感表达效果截然不同。

可以看出，程度副词会对情感强度起到缩小或放大的作用，但并不改变情感方向。在计算口碑的情感水平时，若考虑程度副词的作用，可以对结果准确率的提升起到很好的辅助作用。在考虑程度副词的情况下，口碑评价水平可以定义为

$$v_i = \frac{t_{i1}x_{i1} + t_{i2}x_{i2} + \cdots + t_{in}x_{in}}{n}$$

其中，t 对应修饰词汇 w 的程度副词。若词汇 w 没有对应的修饰词，则 t 取值为 1；若 w 对应的修饰词为"很""非常""十分"等表示夸张的副词，那么 t 取大于 1 的数值；反之，若 w 对应的修饰词为"稍微""略微""一点"等表示削弱的副词，那么 t 取值为 0～1。

❏　考虑情感词、程度副词、评价对象

在判断口碑的整体情感强度时，评价对象会对结果起到很关键的作用。在对产品进行评价时，用户通常会对产品的多个属性进行评价，但是不同产品属性对基于口碑进行消费决策的用户来说，具有不同的信息价值。例如，在对计算机的口碑评论中，用户对计算机鼠标的评论和对计算机 CPU 的评论在信息的重要性上，显然与对计算机整体评论具有显著差异。

在考虑情感词、程度副词的基础上，再结合评价对象的重要性信息，口碑的评价水平可以定义为

$$v_i = \frac{\alpha_{i1}t_{i1}x_{i1} + \alpha_{i2}t_{i2}x_{i2} + \cdots + \alpha_{in}t_{in}x_{in}}{\alpha_{i1} + \alpha_{i2} + \cdots + \alpha_{in}}$$

其中，α 是情感词 w 修饰的评价对象的重要性权重。用基于评价对象的重要性进行加权来计算口碑整体的情感强度，得到的结论更加满足用户对口碑的分析需求。

整体层面的细粒度情感分析需要考虑两个重点：一个是对词汇进行配对；另

一个是对各类词汇进行数值化处理。对词汇进行配对是将情感词、程度副词及评价对象名词短语进行匹配。一般来说，语法分析的方法比较严谨，但是采用词汇位置上的邻近关系来进行判断也可以获得比较好的效果；对词汇进行数值化处理包括三个具体问题，即对情感词进行数值化处理、对程度副词进行数值化处理及对评价对象的重要性权重进行数值化处理。

在对情感词进行数值化处理时，最重要的任务是确定符号方向。在实践中，可以人工对情感词列表进行整理，定义出正面情感词列表和负面情感词列表。最一般的方法就是简单地将正面情感词都规定为数值 1，负面情感词都规定为数值-1。但是，这种规定是不客观的，可以采用一种基于锚集合的方法来更精确地定义情感词的数值水平。

锚集合方法的基本思想是：定义两组用于锚定的词汇集合，一组词汇代表正面情感的集合，一组词汇代表负面情感的集合。情感词对应的数值可以定义为与两个集合相关性程度之差。词汇的相关性越倾向于正面集合，该计算值越大，其正面的语义强度越大。基于锚集合的情感词的数值水平称为 SO（Semantic Orientation）指标。

假设正面集合是 Pwords，负面集合是 Nwords，$A(w_1, w_2)$ 是词汇 w_1 和 w_2 的相关性指标，那么词汇 w 的情感值可定义为

$$SO(w) = \sum_{w_p \in \text{Pwords}} A(w, w_p) - \sum_{w_n \in \text{Nwords}} A(w, w_n)$$

可以设计不同的方法定义词汇间的相关性指标，最为常用的指标是 PMI 指标。另一种比较直观的方法是通过直接计算词汇的语义相似性来衡量彼此的相关性，如词汇向量的 cosine 指标。

在对情感词的极性进行计算时，通常还要预先确定情感词的范围，并将所有情感词共同构成情感词词典。构造情感词词典是在线口碑分析任务重要的基础工作。情感词词典主要包括通用情感词词典、领域情感词词典和新词情感词词典。

通用情感词词典是那些相对固定的情感词列表。列表中的词汇和词汇的情感极性已经被标准化。对于通用情感词词典，只需要进一步确定词汇的情感强度即可。常用的通用情感词词典包括：①中文褒贬义词典（清华大学李军）；②HowNet情感词词典；③台湾大学 NTUSD 简体中文情感词词典；④大连理工大学情感词汇

本体库。

与通用情感词词典相比领域情感词词典具有特殊性，与领域知识相关性较强，其包含的词汇只在某些特定语境场合中被看作情感词，因此不被通用情感词词典涵盖。例如，"好吃""美味""诱人"等词汇仅在餐饮领域的口碑中是情感词，对于电子产品的口碑并没有太大分析价值。领域情感词词典是对通用情感词词典的补充，其一方面可以完全由人工整理和定义；另一方面可以采用半自动的启发式方法提取发现。例如，可以采用词频（是否大于某一特定阈值）、词性（是否为形容词）、词汇位置（附近是否有程度副词）、PMI 指标（词汇与产品名称的共现关系）、SO 指标（其绝对值大于某一阈值）对情感词进行过滤提取。

新词情感词词典的特点是涵盖了大量网络用语和口头用语。该词典的时效性和变动性较强，需要随着分析任务发生的时间实时调整。这类词汇虽然收集难度较大，但是对于口语化程度非常高的在线口碑文本十分常见。典型的新词情感词词典包括"奇葩"等网络创新词汇。

对程度副词进行数值化处理比较随意，只需要满足对情感放大或缩小的逻辑关系即可。一般地，事先需要对常用程度副词进行规定。

另外，对评价对象重要性的数值化依赖于分析者的主观判断，需要分析者对产品的各属性进行深度理解与评估。在实践中，可以用问卷调查或专家小组讨论的方法确定属性的权重。

9.5.3　局部粗粒度情感分析

局部粗粒度情感分析的基本目的是针对产品的各个属性梳理对应的情感方向，判断口碑发布者对产品每个属性的情感是正面的还是负面的。综合平台所有在线口碑评论，可以知道产品每个属性的总体意见分布。以数码相机为例，遍历所有口碑信息可以得到图 9.5 形式的内容输出。

```
Digital_camera_1:
  picture quality:
    Positive:  253      <individual reviews>
    Negative:  6        <individual reviews>
  size:
    Positive:  134      <individual reviews>
    Negative:  10       <individual reviews>
```

图 9.5　数码相机的局部粗粒度情感分析结果

　　局部层面的粗粒度情感分析一方面可以自动地从评论中提取所有被提及的产品属性，统计每一类属性被评价的次数；另一方面可以帮助用户了解每个属性的评价中有多少条是正面评价，有多少条是负面评价。

　　局部层面的粗粒度情感分析和整体层面的粗粒度情感分析方法差不多。但是，对整体层面的粗粒度情感分析来说，对评价对象与评价水平进行匹配并非必要的技术环节。而对细粒度的分析来说，评价对象和评价水平的匹配十分重要，该过程直接影响输出结果的精度。

9.5.4　局部细粒度情感分析

　　局部层面的细粒度情感分析与局部层面的粗粒度情感分析一样，具有类似形式的输出结果，分析者可以知道产品在每个属性上的评价水平。局部细粒度情感分析与局部粗粒度情感分析结果的主要区别在于，对于每条评价的每个属性，分析者都会得到一个连续的评价值。平台对某个属性的评价不是用于反映整数水平，其统计结果更加精准、客观。

9.6　基于语言模型的情感分析技术

　　上文对在线口碑进行分析时，需要对在线口碑的评价对象进行提取，同时要进一步地对评价水平进行量化。口碑分析的核心任务是从在线口碑文本中提取评价对象词（Aspect Word），以及反映用户主观情感的意见词（Opinion Word）。数据分析者需要在对原始文本进行分词的基础上确立各个词汇的具体角色。

　　词汇角色的确立可以通过词典定义或基于经验构建的规则发现。然而，这些属性识别方法受人工行为的主观影响较大。同时，也比较耗费领域专家的人力成本。另外，考虑到对语料领域的依赖性，相关方法对于新兴应用领域的适应性也比较差。因此，在提取评价对象词和意见词的时候，采用统计建模分析方法，通过机器学习的手段自动地确立规则，更加符合未来口碑分析技术在多领域大规模应用的发展趋势。

9.6.1 最大熵 LDA 主题模型：模型性质

本小节介绍最大熵 LDA 主题模型，该模型在 Zhao 等 2010 年一篇名为 *Jointly Modeling Aspects and Opinions with a MaxEnt-LDA Hybrid* 的文章中有所介绍。该模型可以通过语料训练建模，自动识别文本中的评价对象词和意见词，其相应的结果有利于进行后续统计分析。在 Zhao 等的研究中，用概率的方法描述每个词汇在文本中的具体角色，角色的定义规则更加灵活。

在最大熵 LDA 主题模型中，无论是评价对象词还是意见词，都被赋予了特定主题的角色。用户进行文本分析不以词汇为分析维度，而以主题为维度展开。同一个主题可以对应多个对象词，同义词、近义词或者分析粒度很细的子对象都被统一为同一个主题被分析。这样，可以在分析展示层上达到降维效果，有效缓解了数据稀疏性问题。

另外，对于意见词，按照主题对各自角色进行区分也具有实践上的优点。最明显的优势在于，通过绑定意见词与主题，可以更好地对隐含评价对象进行分析。在某些场合中，用户不直接指代评价的对象，但是从意见词上很容易就可以判断出用户指代的内容。例如，对餐馆的评价为"清爽酥脆、可口美味，下次再带朋友来吃"。这条评价比较简短，只是简单地罗列了一些形容词。但实际上，基于经验可以很容易判断评价的主题是餐厅的食物。如果基于规则分析，则无法确定评价对象，基于统计模型的方法却可以获得相关的信息。

9.6.2 最大熵 LDA 主题模型：基本结构

在 Zhao 等对在线口碑的文本进行分析的研究方法，本质上是一个修正过的 LDA 主题模型。该方法定义了词汇的五个重要角色，这些角色基本上可以满足在线口碑分析的大部分需求，具体如下。

1. 背景词

背景词仅用来对口碑做修饰性的描述，与评价对象主题无直接关联。该角色对应的词汇概率分布记为 ϕ^B。

2. 通用评价对象词

通用评价对象词用来描述评价对象，但是不对应某个特定的主题，可认为指代的是产品或服务的总体。该角色对应的词汇概率分布记为 $\phi^{A,g}$。

3. 通用意见词

通用意见词用来描述用户的主观意见，不对应某个特定的主题，可认为是对产品或服务的总体意见。该角色对应的词汇概率分布记为 $\phi^{O,g}$。

4. 主题评价对象词

主题评价对象词用来描述评价对象，并且绑定到某个特定的主题，可认为指代的是产品或服务某个维度的具体属性。该角色对应的词汇概率分布的个数与主题的个数一样，共 T 个分布，其对应集合为 $\{\phi^{A,t}\}_{t=1}^{T}$。

5. 主题意见词

主题意见词用来描述用户主观意见，并且绑定到某个特定的主题，可认为是针对产品或服务某个维度的意见。该角色对应的词汇概率分布的个数与主题的个数一样，共 T 个分布，其对应集合为 $\{\phi^{O,t}\}_{t=1}^{T}$。

每一个词汇概率分布与传统 LDA 主题模型一样，都是由一个维度与词典规模相当的先验的 Dirichlet 分布抽样产生的。该模型中，假定所有词汇概率的先验分布的参数均为 β。

通过模型生成在线口碑文档 d 时，先根据参数为 α 的 Dirichlet 先验分布抽样产生主题的概率分布 θ^d；之后，对文档中的每一个句子 s，根据参数为 θ^d 的多项分布随机产生一个特定的主题 $z_{d,s}$；在 s 中的每一个词汇产生时，一方面考虑其对应的主题，另一方面结合其具体的词汇角色。

在最大熵 LDA 主题模型中，对每一个词汇 $w_{d,s,n}$（文档 d 的句子 s 的第 n 个词汇）都用两个关键的隐变量，即 $y_{d,s,n}$ 和 $u_{d,s,n}$，修饰词汇的具体角色。$y_{d,s,n}$ 从定义在集合 $\{0,1,2\}$ 上的多项分布抽样产生（参数为 $\pi_{d,s,n}$），分别代表词汇 $w_{d,s,n}$ 对应背景词、评价对象词或意见词；$u_{d,s,n}$ 从定义在 $\{0,1\}$ 上的二元伯努利分布（参数为 p）抽样产生，分别代表词汇对应通用的角色或主题相关的角色。因此，在抽取具体词汇时，按照如下公式进行：

$$
w_{d,s,n} \sim
\begin{cases}
\mathrm{Multi}(\phi^B) & \text{if } y_{d,n,s}=0 \\
\mathrm{Multi}(\phi^{A,z_{d,s}}) & \text{if } y_{d,n,s}=1;\ u_{d,n,s}=0 \\
\mathrm{Multi}(\phi^{A,g}) & \text{if } y_{d,n,s}=1;\ u_{d,n,s}=1 \\
\mathrm{Multi}(\phi^{O,z_{d,s}}) & \text{if } y_{d,n,s}=2;\ u_{d,n,s}=0 \\
\mathrm{Multi}(\phi^{O,g}) & \text{if } y_{d,n,s}=2;\ u_{d,n,s}=1
\end{cases}
$$

根据上述描述过程及相应变量的定义，可以构建在线口碑的文档产生的概率图模型。最大熵 LDA 主题模型如图 9.6 所示。

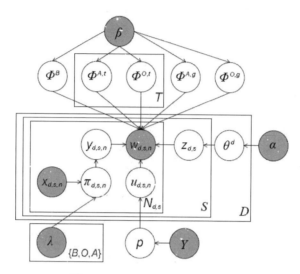

图 9.6　最大熵 LDA 主题模型

根据观察到的文档的词汇出现情况和先验已知信息（图 9.6 中灰色部分圆圈），可以估计整个模型中的隐变量（图 9.6 中白色部分圆圈）。在确定词汇的角色时，多项分布参数 $\pi_{d,s,n}$ 的信息尤为关键。将等概率作为先验信息进行估计，一般不会取得比较好的效果。因此，可以补充词汇的词性信息来辅助判断概率参数 $\pi_{d,s,n}$。

在上文提及的口碑分析方法中，对词汇角色的判断方法基于预定义的规则，相对比较僵硬。最大熵 LDA 主题模型采用一种灵活的方法，即最大熵模型（参考第 6 章）来获得概率形式的角色判断。在最大熵模型中，对于每一个词汇 $w_{d,s,n}$ 定义一个可以帮助区分词汇角色的特征向量 $\boldsymbol{x}_{d,s,n}$，其特征可以包括当前词汇、之前位置词汇或者后面位置词汇对应的词性。在最大熵模型中，$\pi_{d,s,n}$ 可以表示为

$$P(y_{d,s,n}=l\,|\,\boldsymbol{x}_{d,s,n})=\frac{\exp(\lambda_l\boldsymbol{x}_{d,s,n})}{\sum\limits_{l'}^{2}\exp(\lambda_{l'}\boldsymbol{x}_{d,s,n})}$$

其中，λ_l 是判断每一个角色类别对应的特征权重。通过最大熵模型，需要估计的未知参数大幅减少。同时，也引入了更多外部信息来进行模型的判断。

9.6.3　最大熵 LDA 主题模型：参数估计

最大熵 LDA 主题模型的参数估计可以采用 Gibbs Sampling 方法。在具体操作上，结合最大熵模型，按照下面两个步骤不断地对隐变量进行抽样。

Step 1
对主题隐变量 $z_{d,s}$ 抽样：

$$P(z_{d,s}=t \mid z_{\neg(d,s)}, \boldsymbol{y}, \boldsymbol{u}, \boldsymbol{w}, \boldsymbol{x}) \propto \frac{c_{(t)}^d + \alpha}{c_{(\cdot)}^d + T\alpha} \times \left(\frac{\Gamma(c_{(\cdot)}^{A,t} + V\beta)}{\Gamma(c_{(\cdot)}^{A,t} + n_{(\cdot)}^{A,t} + V\beta)} \prod_{v=1}^{V} \frac{\Gamma(c_{(v)}^{A,t} + n_{(v)}^{A,t} + \beta)}{\Gamma(c_{(v)}^{A,t} + \beta)} \right)$$

$$\times \left(\frac{\Gamma(c_{(\cdot)}^{O,t} + V\beta)}{\Gamma(c_{(\cdot)}^{O,t} + n_{(\cdot)}^{O,t} + V\beta)} \prod_{v=1}^{V} \frac{\Gamma(c_{(v)}^{O,t} + n_{(v)}^{O,t} + \beta)}{\Gamma(c_{(v)}^{O,t} + \beta)} \right)$$

其中，$c_{(t)}^d$ 是文档 d 中对应在主题 t 上句子的个数；$c_{(\cdot)}^d$ 是文档 d 中所有句子的个数；$c_{(v)}^{A,t}$ 是在文档 d 中词汇 v 为主题 t 下的评价对象词的频数；$c_{(v)}^{O,t}$ 是在文档 d 中词汇 v 为主题 t 下的意见词的频数；$c_{(\cdot)}^{A,t}$ 是在文档 d 中任意词汇为主题 t 下的评价对象词的频数；$c_{(\cdot)}^{O,t}$ 是在文档 d 中任意词汇为主题 t 下的意见词的频数（在统计时，不考虑当前分析句子 s）；$n_{(v)}^{A,t}$ 是在文档 d 的句子 s 中，词汇 v 为主题 t 下的评价对象词的频数；$n_{(v)}^{O,t}$ 是在文档 d 的句子 s 中，词汇 v 为主题 t 下的意见词的频数。

Step 2
对词汇"角色"隐变量 $y_{d,s,n}$ 和 $u_{d,s,n}$ 进行联合抽样，有

$$P(y_{d,s,n}=0 \mid \boldsymbol{z}, \boldsymbol{y}_{\neg(d,s,n)}, \boldsymbol{u}_{\neg(d,s,n)}, \boldsymbol{w}, \boldsymbol{x}) \propto \frac{\exp(\lambda_0 \boldsymbol{x}_{d,s,n})}{\sum_l \exp(\lambda_l \boldsymbol{x}_{d,s,n})} \frac{c_{(w_{d,s,n})}^B + \beta}{c_{(\cdot)}^B + V\beta}$$

以及

$$P(y_{d,s,n}=l, u_{d,s,n}=b \mid \boldsymbol{z}, \boldsymbol{y}_{\neg(d,s,n)}, \boldsymbol{u}_{\neg(d,s,n)}, \boldsymbol{w}, \boldsymbol{x}) \propto \frac{\exp(\lambda_0 \boldsymbol{x}_{d,s,n})}{\sum_l \exp(\lambda_l \boldsymbol{x}_{d,s,n})} g(w_{d,s,n}, z_{d,s}, l, b)$$

其中

$$g(v,t,l,b) = \begin{cases} \dfrac{c_{(v)}^{A,t} + \beta}{c_{(\cdot)}^{A,t} + V\beta} \cdot \dfrac{c_{(0)} + \gamma}{c_{(\cdot)} + 2\gamma} & \text{if } l = 1; \ b = 0 \\[2ex] \dfrac{c_{(v)}^{O,t} + \beta}{c_{(\cdot)}^{A,t} + V\beta} \cdot \dfrac{c_{(0)} + \gamma}{c_{(\cdot)} + 2\gamma} & \text{if } l = 2; \ b = 0 \\[2ex] \dfrac{c_{(v)}^{A,t} + \beta}{c_{(\cdot)}^{A,t} + V\beta} \cdot \dfrac{c_{(1)} + \gamma}{c_{(\cdot)} + 2\gamma} & \text{if } l = 1; \ b = 1 \\[2ex] \dfrac{c_{(v)}^{O,t} + \beta}{c_{(\cdot)}^{A,t} + V\beta} \cdot \dfrac{c_{(1)} + \gamma}{c_{(\cdot)} + 2\gamma} & \text{if } l = 2; \ b = 0 \end{cases}$$

基于最大熵 LDA 主题模型，对餐厅领域的在线口碑和旅馆领域的在线口碑进行建模分析，可以提取文档集合中各角色词汇列表，具体结果如图 9.7 和图 9.8 所示。由图 9.7 和图 9.8 可知，基于统计建模方法得到的评价对象词和意见词与日常经验认知的契合度很高，基于此很容易得到合理的主题内涵。

Food		Staff		Order Taking		Ambience		General
Aspect	Opinion	Aspect	Opinion	Aspect	Opinion	Aspect	Opinion	Opinion
chocolate	good	service	friendly	table	seated	room	small	good
dessert	best	staff	attentive	minutes	asked	dining	nice	well
cake	great	food	great	wait	told	tables	beautiful	nice
cream	delicious	wait	nice	waiter	waited	bar	romantic	great
ice	sweet	waiter	good	reservation	waiting	place	cozy	better
desserts	hot	place	excellent	order	long	decor	great	small
coffee	amazing	waiters	helpful	time	arrived	scene	open	bad
tea	fresh	restaurant	rude	hour	rude	space	warm	worth
bread	tasted	waitress	extremely	manager	sat	area	feel	definitely
cheese	excellent	waitstaff	slow	people	finally	table	comfortable	special

图 9.7　餐馆领域的各主题词汇

Service		Room Condition		Ambience		Meal		General
Aspect	Opinion	Aspect	Opinion	Aspect	Opinion	Aspect	Opinion	Opinion
staff	helpful	room	shower	room	quiet	breakfast	good	great
desk	friendly	bathroom	small	floor	open	coffee	fresh	good
hotel	front	bed	clean	hotel	small	fruit	continental	nice
english	polite	air	comfortable	noise	noisy	buffet	included	well
reception	courteous	tv	hot	street	nice	eggs	hot	excellent
help	pleasant	conditioning	large	view	top	pastries	cold	best
service	asked	water	nice	night	lovely	cheese	nice	small
concierge	good	rooms	safe	breakfast	hear	room	great	lovely
room	excellent	beds	double	room	overlooking	tea	delicious	better
restaurant	rude	bath	well	terrace	beautiful	cereal	adequate	fine

图 9.8　旅馆领域的各主题词汇

9.7　本章小结

本章对与在线口碑相关的文本分析技术进行了介绍。在线口碑的产生依赖于网络购物的市场环境，在线平台的服务模式允许用户基于特定的产品或者服务进行评价。用户的评价包括数值类型的在线打分及文本类型的在线评论。对文本类型的评论数据进行挖掘，可以提取大量有价值的有关产品和市场的信息，从而帮助在线平台上的用户、商家及网站运营者进行更高效的决策。

对在线口碑的文本进行分析时需要明确评价对象，并量化对象的主观评价水平。评价对象分为整体和部分两个层次，从口碑中解析评价对象主要是针对评价对象的部分层次，考虑的是产品的局部属性。具体方法包括基于人工构建词典的方法及语料分析的方法。基于人工构造词典的方法难以适应灵活度较大的在线网络需求；基于语料分析的方法容易产生噪声词汇，需要采取各种规则对评价对象词进行筛选。

在识别评价对象的基础上，需要进一步地对评价水平进行量化分析，相关技术也称为情感分析。结合评价对象的整体和局部的维度划分，在线口碑的评价水平量化可以分为四类基本任务：整体层面的粗粒度情感分析、整体层面的细粒度情感分析、局部层面的粗粒度情感分析、局部层面的细粒度情感分析。在进行情感分析时，最重要的问题在于情感方向和极性的确定。对情感词极性确定的一种常用的方法是计算并分析情感词汇与锚集合中词汇的 PMI 指标。

本章还介绍了基于语言模型的情感分析技术。基于语言模型的方法可以自动地识别词汇及词汇的角色，充分利用语料中词汇的统计特征，提高方法的稳健性、客观性与灵活性。需要强调的是，语言模型的主要工作只是识别文本中的评价对象和情感词，口碑情感极性的量化仍然需要后续的分析。

第 *10* 章

社交网络分析

社交网络是重要的网站形式，具有重要的商业价值和社会战略地位，对社交网络进行文本分析可以得到大量有价值的管理决策信息。在对社交网络进行文本分析时，对文本对象的处理更加复杂，分析者不仅需要关注文本内容本身，还要深入理解文本产生的社会背景和社会影响，强化文本背后的"人"的属性。因此，对社交网络进行文本分析的本质是对用户特征和用户行为进行分析，相关技术的应用门槛更高。

本章将介绍具体的有关社交网络的文本分析技术，其中有些内容在具体应用情景上与前文部分章节具有一定重合，但是在社交背景下，本章介绍的方法仍表现出很多特殊方面。在线社交网络有三个关键要素：用户、关系和内容。社交网络文本分析技术综合了三个关键要素的信息特征，将网络分析与文本内容分析有机结合，在传统的文本分析技术上创造出了更具实践价值的应用。

10.1 社交网络分析的基本概念

从学术上，社交网络被定义为：由许多节点构成的一种社会结构。节点通常指个人或组织，而社交网络可以代表各种社会关系。因此，对社交网络的研究实际上就是对人类社会的研究，更确切地说，社交网络研究的是人与人之间在特定社会结构中的各种行为规律。广义的社交网络包括线下网络和线上网络，线下网络对应传统的人际关系网络，而线上网络对应基于互联网的虚拟空间的网民（用户）间的交互关系。本章主要介绍线上社交网络文本分析。

大多数商业网站都具有十分典型的社交属性，其允许不同网络用户在平台上进行各种形式的互动与交流，并在用户群体中构建不同类型的社交关系。网站的社交属性是一把双刃剑：正确的社交活动可以促进网站活性、提升用户忠诚度、推广产品和服务、对网站进行增值；而错误的社交活动会引起社会恐慌、导致群体焦虑、传播谣言、扩大不良事件的影响。

近年来，网站的社交属性受到业界及学界越来越多的重视，人们不断加强对网络环境中的用户社交行为的研究，并将相关结论有效运用到各种管理决策问题中。图 10.1 展示了 2018 年 1 月世界主流社交网站的活跃度排名，排名的指标为月活跃用户数量。

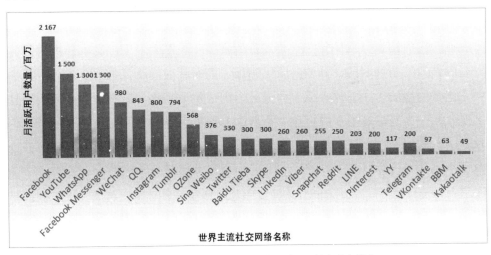

图 10.1　2018 年 1 月世界主流社交网站活跃度排名

对社交网络的研究以网站为物理载体，以用户的社会关系为架构基础，以用户行为产生的信息为主要内容。文本信息是社交网络中占比最大且不可忽略的媒体信息，大多数对社交网络的研究都离不开文本分析技术。因此，对社交网络文本分析技术的探讨几乎可以涵盖社交网络领域的大部分研究领域。对社交网络中的文本进行分析与传统的文本分析有诸多不同，其主要体现在以下几个方面。

❑ **数据关联性高**

在传统的文本分析任务中，所有数据点（文档样本）是扁平的，所有数据点之间不具有结构上的关联。不同的数据点彼此独立，任意数据点的意义只与其自身的文本内容有关，而不与其他文本的意义产生依赖性。相比来说，在社交网络背景下的文本分析任务中，数据点嵌套在天然的复杂网络结构里，每个数据点都对应于复杂网络中的用户节点，其彼此之间的关系受限于网络中点与点之间的连接边的关系及边的权重大小。数据点的意义不仅与文本内容有关，还受整个网络中点的外部关联影响。

如上所述，很多传统的文本分析算法如果直接应用于社交网络中的文本分析任务中，就无法在算法中纳入有关网络结构的重要信息，最终导致数据分析结果出现偏差。因此，社交网络的文本分析算法在本质上有别于传统的文本分析，复杂网络分析算法和传统文本分析算法需要彼此借鉴并结合。

❑ **数据规模大**

在传统的文本分析任务中，文本量的规模一般不会太大，文本分析的任务一般只涉及某个特定的、具体的应用领域；而在社交网络背景的文本分析任务中，组成网络的用户群体规模十分庞大，因此整个网络环境产生的文本数据具有海量特征，其涉及的主题也相对分散、不明确。在社交网络文本分析中，数据量大、数据价值密度低的大数据特征更加明显，对分析算法的技术性能要求也更高。

对于大规模的社交文本的分析，应当事先明确分析任务，以用户为主体对文本集合进行筛选。另外，考虑到社交媒体上的信息具有动态变化的特征，同时其时效性特征也较强，也可以按照时间对其进行筛选，在实践中只提取近期某一时段的内容进行分析。当然，更重要的是，算法在设计上也应当考虑数据规模的因素，使其适用于并行计算及增量计算。

❑ **标准化程度低**

在社交网络的分析任务中，文本内容的数据特征也与传统文本分析任务中的数据特征有所不同，其中明显的一点：社交网络中的文本信息看起来更加杂乱无章。社交网络中的文本数据是网络用户在线活动产生的各种自由信息，在表达形式和呈现格式上几乎没有任何约束。

例如，在文本中通常会夹杂各类语言、字符、图片、表情符、链接等混乱的网页信息，还会出现错别字、误输入字符、标点符号缺失等各式各样的表达错误。虽然源于社交网络的数据在内容上更贴近生活，与现实社会环境更加一致，但是其文本分析的难度更大。社交网络文本分析依赖于更加强大的文本预处理技术手段。

❑　**短文本特征**

在社交网络上，一个网络用户的知识储备容量是有限的，为了拓宽用户知识输出在时间维度上的幅度，保证用户节点在线活性的能量持续地释放，大多数社交网络会要求用户每次发布的文本信息不能超过一定字数阈值。轻量级几乎可以被看作社交网络文本最为重要的基本特征。在社交网络上，用户需要用尽量少的字数最大化地表示其在某一时刻、某一地点的情绪、活动及生活状态。

短文本的信息密度高，对算法精度的要求也高，适用于中长篇文本的分析方法往往不适用于短文本的分析。对于很多传统的文本分析应用，短文本的处理都作为单独的领域进行研究，并需要有针对性地设计特殊的算法。另外，社交网络的文本数据在内容上噪声较多，因此对于信息量本来就很少的用户活动记录，去噪的预处理环节更应当格外谨慎，以防止有用的信息被误删。在具体操作中，对于文本中的错误信息，一般优先考虑恢复策略而非删除策略。

10.2　社交网络分析的应用场景

对在线社交网络的数据分析包括两大基本领域：一个是对社交网络结构的分析，另一个是对社交网络内容的分析。对网络结构的分析由来已久，其背后主要利用与图论有关的复杂网络分析技术；对网络内容的分析，则主要依赖于文本分析技术。在实际应用中，结构分析和内容（文本）分析二者需要有机结合：通过文本分析技术，将社交内容导入社交结构，丰富传统社交网络分析的应用范畴。

当前与文本分析相关的社交网络应用领域主要包括虚拟社区发现、用户影响力分析、情感分析、话题发现与演化、信息检索。下文将针对各类别的应用进行介绍，并在后续小节中分别介绍相关的理论与技术。

10.2.1 虚拟社区发现

虚拟社区是网络环境中用户进行公众讨论、动态交互形成的虚拟的人际社会关系网络，用来描述或者定义某一个网络人群，理解并分析网络上用户的属性与行为。虚拟社区属于相对中观的社交网络结构，采用计算机辅助技术自动地提取社交网络中的虚拟社区，可以有效地对用户群体进行细分，帮助网站运营者进行用户管理、产品营销、信息传播控制，甚至针对特定的群落提供内容服务。虚拟社区挖掘依赖于用户间的相似性，该相似性的计算一方面与社交网络的结构相关，另一方面与网络中用户的个体属性相关。

社交网络的结构依赖于某种具体的用户在线活动，反映用户间通过在线交互产生的具体关联关系。具体来看，社交网络的链接结构可以用来描述用户间"关注"与"被关注"的关系、属于同一社区板块成员的关系、发表内容"转发"与"被转发"的关系、在线留言"回复"与"被回复"的关系等。构成网络链接结构的在线活动如图 10.2 所示，左边对应新浪微博中的"回复"关系，右边对应用户的"关注"关系。

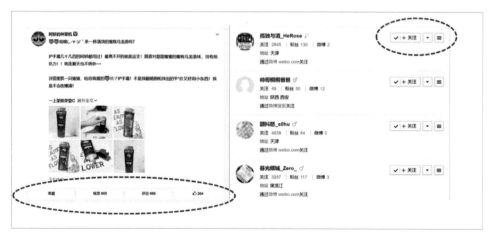

图 10.2　构成网络链接结构的在线活动

用户的个体属性既包括结构化信息也包括文本类型信息，可以采取用户的个体属性信息对用户个体建模，即用一组特征向量表示某个特定的用户，从而计算用户间的相似性，挖掘社交网络中用户的群组关系。在用户的个体属性中，文本类型的信息尤为关键，其包括用户个体的基本介绍描述、用户发表的微博、用户分享的内容等。大多数文本类型信息能反映用户的兴趣偏好、情感状态、生活习惯及内容取向，是用户之间自由组成社交群落的心理基础。

社交网络的链接信息不属于文本信息，一般采用针对结构化信息的数据挖掘方法对其进行分析与处理。用户个体属性蕴含大量不可忽略的文本信息，采用文本分析技术可以对相关信息进行挖掘。综合社交网络的链接信息及用户的属性信息，可以有效地挖掘社交网络中由用户组成的虚拟社区，帮助分析者采取科学的管理决策。

10.2.2 用户影响力分析

在社交网络环境中，每天都活跃着大量的用户，这些用户可以产生很多在线活动，并创造很多有价值的信息。对社交网络上的用户行为进行监控，了解并分析社交网络上的信息动态，具有广泛的社会价值与经济价值。然而，社交网络上的用户具有个体差异，并不是所有用户都同等重要，在现实应用中应当特别关注重要性权重高的用户并进行观察和研究。

社交网络上的用户重要性可以从多个维度进行衡量。其中，一个非常重要的维度就是用户的影响力。用户的影响力是指某个用户在网络上进行信息传播活动时对其他用户的状态及行为产生的影响的强度。影响力越高的用户对信息的控制力越强，越容易引导社会群体对某个话题的态度和舆论。

分析并识别出社交网络上的高影响力用户：一方面，可以有效地对信息的传播趋势进行预测；另一方面，可以针对这些用户节点采取针对性的在线管理策略。对关键用户可以采取的管理类应用有：对用户节点进行内容运营、采取病毒式营销、控制这些节点的负面消息与行为、向其他用户进行好友推荐等。

10.2.3 情感分析

文本情感分析在第 9 章口碑分析中已提及，相关技术在社交网络分析中更具重要的应用价值。在社交网络中，用户经常会就某一社会事件、某一产品或服务、某一人物进行评价与互动，其中包含大量与用户个体主观情感态度有关的文本信息。这些信息有利于某一话题的利益相关者了解社会群体整体的主观态度，并帮助其采取针对性的管理措施。

具体来看，社交网络情感分析在产品营销、舆情分析与检测、突发事件公关、口碑管理、市场行情预测（金融业、零售业）等诸多领域都具有深入、广泛的应用。图 10.3 展示了基于社交网络（Twitter）情感分析在 2012 年美国总统大选中的应用。

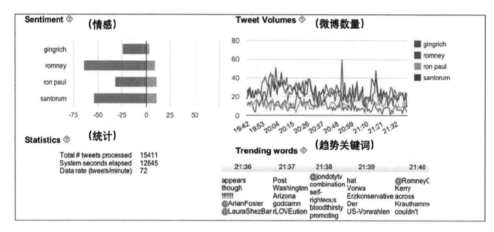

图 10.3 社交网络（Twitter）情感分析在 2012 年美国总统大选中的应用

此外，情感信息可看作用户的个体标签。网络用户可以利用社交网络发布个人日常动态，宣泄情感与想法。用户短期的或中长期的情感状态是对用户个体特征进行描述及个体行为进行预测的重要信息，该信息影响用户的偏好和用户的交友行为。基于社交网络的文本分析技术，可以更好地掌握用户的情感状态，帮助网络运营者进行好友推荐和精准营销，同时提升用户的线上体验。

10.2.4 话题发现与演化

在社交网络中，话题是指一个有影响力的事件或活动。对社交网络上话题的发现与演化进行分析是重要的在线文本分析任务。在线虚拟社区中，每天都有许多新闻和报道通过网络进行传播，并引起社会普遍的关注，从而形成大众交流与讨论的热点。在社交网络上，话题是用户活动的基础，用户的信息创造、传播、组织必须依赖于话题，因此，对话题的研究是对社交网络的信息进行研究的重要课题。

在文本挖掘领域，与话题的发现与演化相关的文本分析任务也称为话题发现与监控（Topic Detection and Tracking，TDT），该项目最早由美国国防部高级研究计划局（Defense Advanced Research Projects Agency，DARPA）发起，其原始作用是监控负面恶意信息的传播，并及时控制可能引起社会恐慌或暴动事件的不良舆论。当前，TDT 已经不是最初属于情报学领域的高级技术了，其被赋予了被越来越多的商业用途。

首先，通过 TDT 可以帮助互联网媒体人在第一时间掌握社会上的热点内容，帮助其进行内容的创造与推送，有针对性地进行内容营销。其次，TDT 可以用于网络页面信息优化，将大众感兴趣的热点内容合理布局在有限的网页空间，提升用户对内容的点击率和整体的网站使用体验。此外，TDT 可以动态地监控某一内容的推送效果或营销活动效果，帮助网站运营者合理地控制信息的运营成本。最后，特别地，TDT 可以通过社交媒体挖掘社会热点，能为时尚产品与服务的设计与策划提供灵感。

10.2.5　信息检索

信息检索是在线文本分析的重要领域。因此，前文专门以独立的专题对其进行讨论与分析。信息检索与社交网络的有机结合，给传统的信息检索技术创新带来了全新的机遇与挑战。当前，随着社交网络的迅速普及与发展，从社交网络这种新型的数据资源中高效地获取信息，已经逐渐引起工业界和学术界的广泛关注。针对新浪微博的搜索引擎如图 10.4 所示。

与传统的面向网站的信息检索相比对社交网络进行信息检索具有显著差异，因此，对社交网络的信息检索经常被看作独立的应用研究领域。当前随着自媒体时代浪潮的到来，很多第一手的信息、新闻、知识已经不是来自专业的媒体机构或出版机构，更有可能最先被披露在社交网络的环境中。微信朋友圈、新浪微博、腾讯微博等大型社交网络已经成为重要的网民信息来源，专门针对社交网络的信息渠道来构造信息检索系统，更加符合用户的网络使用习惯与需求。

图 10.4　针对新浪微博的搜索引擎

由于社交网络上文本信息的非规范特征和短文本特征对相应的技术实现带来了很大的发展阻力，未来可行的改进方向主要在于，通过引入社会网络结构化信息来弥补数据源低质量的缺陷。

10.3　社交网络的虚拟社区发现

10.3.1　社区发现的信息基础

虚拟社区是在线社交网络环境中相似用户构成的社会团体，识别社交网络中的虚拟社区有利于理解用户行为并采取有效的管理决策。挖掘在线虚拟社区的关键是要定义用户的相似性，如上文所述，用户的相似性度量依赖于两大类信息：①社交网络结构信息；②用户基本属性信息。

在考虑社交网络结构信息时，虚拟社区的分析主要采用复杂网络的分析方法。根据网络中的节点与边的关系，提取网络中的簇结构，每个簇结构对应包含特定用户群体的虚拟社区；在考虑用户基本属性信息时，每个用户可以用一系列属性特征值表示，并对应成一个数值向量。在高维空间中可以直接对数值向量进行聚类，每个聚类子集最终被对应到特定的虚拟社区上。

综上所述，利用社交网络结构信息和用户基本属性信息，在技术上分别对应不同的社区发现策略，也会产生截然不同的分析结果。在实际应用中，无论是依赖网络结构进行分析，还是应用用户属性进行分析，都缺乏足够的客观性与可靠性。因此，更加合理的方案是采用统一的模型将网络结构信息和用户基本属性信息结合，重新定义用户之间的相似度，并发现网络中的社区结构。

10.3.2　基于隐性位置的聚类模型

本小节介绍一种基于隐性位置的聚类模型，该模型可以完成社交网络的虚拟社区发现任务。Handcock 等在 2007 年 *Model-based Clustering for Social Networks* 一文中对该模型进行了详细介绍。在该模型中，假设社交网络上的每个用户都具有一个特定的隐性位置，这个位置不可通过用户的个体属性直接观测，但与用户的网络结构及用户的个体属性具有密切关系。通过某个预定义的模型，可以将用户的隐性位置信息与用户的可观测信息相结合。基于对模型进行参数估计，可以得到用户的隐性位置信息。之后，基于隐性位置信息对用户对象聚类，整个聚类过程综合了用户的网络结构信息和用户的基本属性信息，模型发现的虚拟社区结果与实际情况更相符。

在模型中，对于任意给定用户 $i(i=1,\cdots,n)$，其隐性位置由向量 z_i 表示。另外规定，存在一个相关性矩阵 $X=\{x_{ij}\}$ 来描述用户 i、j 之间的相似性水平，该矩阵中的指标与用户的可观测个体属性相关。用户之间的网络链接关系由基于二元变量的矩阵 $Y=\{y_{ij}\}$ 表示，其中数值 1 表示用户间存在链接关系，数值 0 表示用户间不存在链接关系。

基于隐性位置的模型假设，任意两个用户 i、j 间是否存在链接关系的概率仅与两个用户的隐性位置及各自的属性相似度有关，与其他任意节点的基本信息无关，于是有

$$P(Y\mid Z,X,\beta)=\prod_{i\neq j}P(y_{ij}\mid z_i,z_j,x_{ij},\beta)$$

上式是整个网络链接结构的似然函数，其中，Y 和 X 是可观测变量；Z 是隐变量；β 是模型中的参数。特别地，可以假设 $P(y_{ij}\mid z_i,z_j,x_{ij},\beta)$ 满足 Logistic 回归的形式，于是有

$$\log\frac{P(y_{ij}\mid z_i,z_j,x_{ij},\beta)}{1-P(y_{ij}\mid z_i,z_j,x_{ij},\beta)}=\beta_0 x_{ij}-\beta_1\mid z_i-z_j\mid$$

基于该模型，可以认为，两个用户间存在链接的可能性与属性相似度 x_{ij} 成正比，与隐性位置距离 $|z_i - z_j|$ 成反比。为了对变量进行标准化，规定：

$$\sqrt{\frac{1}{n}\sum_i |z_i|^2} = 1$$

在对用户对象 z_i 进行聚类时，采用基于模型的方法，假设样本均来自混合高斯分布，有

$$z_i \sim \sum_{g=1}^{G} \lambda_{i,g} MVN_d(\boldsymbol{\mu}_d, \sigma_d^2 \boldsymbol{I}_d)$$

基于模型的聚类方法是一种软聚类策略，其中：G 是聚类个数；$\boldsymbol{I}_d$ 是 $d \times d$ 的单位对角矩阵；d 是隐性位置的向量维度；$\lambda_{i,g}$ 对应为样本对各个聚类子集的隶属度，即最终的聚类结果。

模型的参数估计有两种策略：①先对用户样本的隐性位置进行估计，再采用 E-M 算法估算混合高斯模型中的关键参数；②同时估计样本的隐性位置信息和聚类信息，参数的估计采用基于 MCMC 的贝叶斯估计方法。

需要指出，用户属性的相似度需要考虑用户在多个维度的属性特征，包括数值类型属性和文本类型属性。数值类型属性包括用户的性别、年龄、地理位置、所在群组标签等信息；文本类型属性则主要涉及用户感兴趣的话题信息，需要采用文本分析技术来对文本内容进行量化。常用的文本分析策略是：采用 LDA 主题模型对用户发表的微博信息进行建模，然后计算用户发表内容的主题分布向量的相似性。

对于社交网络的虚拟社区发现问题，应当同时考虑用户的社交结构信息及用户的基本属性信息，并在用户的基本属性信息中特别关注文本类型信息。采用基于隐性位置的聚类模型，可以将文本分析问题与社交网络结构分析问题统一处理。

10.4　社交网络的用户影响力分析

10.4.1　网络结构与用户影响力

在社交网络中，用户影响力分析任务的本质是探究信息的传播过程，识别其

中对信息传播作用较大的用户个体。其中,具有影响力的用户是关键的信息节点,包含重要的社会价值与经济价值,是社交网络应用中的重要元素。用户影响力分析依赖于用户的个体特征、在线传播的文本内容,以及社交网络的结构。其中,社交网络结构需要定义为有向网络结构,对应信息的传播路径与传播方向。

在社交网络中,常见的有向网络结构包括用户间的关注关系,用户可以通过关注另外一个用户来了解该用户的动态,以及基于该用户在线行为产生的特定话题内容。同时,被关注的用户行为产生的信息会对当前用户产生影响。在对基于关注活动的社交网络进行分析时,可以在网络环境中挖掘出对其他用户产生重要影响的用户对象(高影响力用户)。

10.4.2　TwitterRank 算法

Weng 等于 2010 年发表了 *TwitterRank: Finding Topic-sensitive Influential Twitterers* 一文,介绍了一种基于 PageRank 算法的用户影响力分析算法,该算法适用于对类似于关注活动的有向社交网络进行分析。该算法被提出时主要用于分析 Twitter 上的用户关注关系,因此,该方法也被称为 TwitterRank 算法。

在 PageRank 算法中,将某个网站或网页看作网络的节点,网站之间的超链接可看作网络中的边。在计算某个网站的影响力时,存在某个网站访问者,沿着网络中的边随机访问各个节点。从长期看,某个节点被访问的概率对应网站整体影响力的大小。该指标考虑了网络中的整体结构信息。

类似地,在 TwitterRank 算法中,将用户看作网络的节点,用户之间的关注关系可看作网络的边。考虑到 PageRank 算法中超链接的指向关系指代某个网站对某个网站的影响力,可以将 TwitterRank 算法中用户间的关注关系定义为某个用户对某个用户的影响力。此时,影响力的大小可以看作用户间的信息传播强度,等价于网络中链接的权重大小。可以认为,在 TwitterRank 算法中存在对用户的访问者,沿着社交网络的被关注关系不断地访问各个用户对象。某个节点长期被访问的概率对应用户影响力的大小。

在分析用户影响力时,应当考虑信息的主题特征。在计算某个用户基于被关注关系对其他用户的影响力时,要赋予具体的主题含义——用户在每个主题维度上都对应一个特定的影响力强度。某个用户对其他用户的影响力大小,一方面取决于该用户产生信息量的大小,另一方面取决于该用户与关注他的用户之间的主题相似度。

如图 10.5 所示，用户 C 通过社交网络对用户 A 和用户 B 进行关注。因此，用户 A 和用户 B 的在线活动产生的信息均会对用户 C 产生影响。A 和 B 对 C 影响力的大小取决于 A 和 B 发表的信息量的大小，以及各自与 C 在主题上的相似度。假设 A 发表的 Tweet 个数是 500，B 发表的 Tweet 个数是 1 000，各自在主题 t 上与 C 的相似度是 $\mathrm{Sim}_t(c,a)$ 和 $\mathrm{Sim}_t(c,b)$。可以算出，A 和 B 对 C 的影响力大小为 $\frac{1}{3}\mathrm{Sim}_t(c,a)$ 和 $\frac{2}{3}\mathrm{Sim}_t(c,b)$。

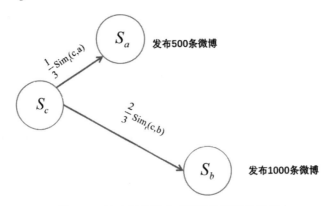

图 10.5 社交网络用户"关注"活动的影响力

在计算用户在主题上的相似度时，需要对每个用户进行主题分析，其过程采用 LDA 主题模型进行处理。首先，将每个用户发表的文本进行合并，并将其看作单个文本。之后，对所有用户文本集合进行主题模型分析。分析完成后，可以得到用户—主题矩阵 **DT**，其中 D 是用户的个数，T 是主题的个数。矩阵的中的每个元素 DT_{ij} 表示用户 i 发表的文本中属于主题 j 的词汇个数。

参考 PageRank 算法，在社交网络的系统均衡时，用户访问者随机访问用户的概率表示为

$$\mathbf{TR}_t = \gamma P_t \times \mathbf{TR}_t + (1-\gamma)E_t$$

其中，参数 γ 可以控制先验概率与条件转移概率之间的相对重要性；各个用户在主题 t 上的影响力（被访问概率）向量是 $\mathbf{TR}_t$；E_t 是用户在主题 t 上被访问的先验概率，有

$$E_t = \mathbf{DT}''_{.t}$$

该向量对应 **DT** 的第 t 列的标准化的结果（元素相加的结果为 1）。

在上述公式中，最核心的变量是 P_t。该变量是条件转移概率，对应访问者从某个用户开始，沿着被关注关系的路径访问特定的其他用户的概率。另外，用户之间在主题上的相似度有许多具体的定义方法，可以规定：

$$\text{Sim}_t(i, j) = 1 - \mid \mathbf{DT}'_{it} - \mathbf{DT}'_{jt} \mid$$

其中，$\mid \mathbf{DT}'_{it} - \mathbf{DT}'_{jt} \mid$ 是用户 i 和用户 j 在主题 t 上分布的绝对差异量。

10.5　社交网络的情感分析

10.5.1　基于表情符号的训练集合构建

情感分析是文本挖掘技术的重要课题，典型的情感分析应用主要是对在线平台上的口碑文本内容的处理。对社交网络来说，用户的日常活动通常伴随着个体特定的情绪与状态，相关的用户特征具有重要的数据分析价值。在社交网络上，微博的多维度属性特征给传统情感分析技术带来了很大的改进空间。本小节主要考虑微博中的表情符号对于情感分析的实践价值。

文本情感分析任务可以采用有监督算法，通过对分类标注过的文本集合进行训练，可以得到情感分类器模型。然而，由于对文本集合进行标注通常需要耗费很高的人力成本，高质量的训练集是构造分类模型的主要技术瓶颈。

有学者发现，社交网络中的文本内容蕴含大量的表情符号（Emoticons），这些表情符号会给情感分类器的构造提供很大的帮助。在社交网络的用户活动中，表情符号通常附带天然的标注信息，积极的表情符号对应正面情感，消极的表情符号对应负面情感。因此，可以从海量的微博记录中挑选足够量的具有积极表情符号或消极表情符号的样本，并分别对其加以正面情感标签和负面情感标签标注。标注后的结果用以构造情感分类训练集合。

在构造训练集合时，对样本的选择应当遵循以下 3 个原则：①表情符号本身直接与分类结果对应，因此，表情符号不能作为训练特征，需要被剔除；②为了避免样本分类标签的歧义，同时包含积极表情符号和消极表情符号的样本不予考虑；③社交网络中存在微博大量转发的情况，需要将文本内容中重复的样本去除。

在实际情况中，只有很少比例的样本满足上述筛选条件，但是由于社交网络中微博信息的数量规模十分庞大，仍然可以构造出相当规模的训练集合。整个训练集合可以采用基于规则的计算机手段迅速构造，几乎不耗费任何人力成本，同时训练集合中的样本数量也得到了有效保障。

对于情感分析任务，一般情况下只将文本对象划分为正面情感和负面情感两个主要类别。事实上，微博中还包括中立情感的文本对象。因此，情感分类本质上是将文本内容分为正面、负面和中立三个基本类别。

处理中立文本对象有两种常见的方案：第一种方案是先识别出中立文本，再采用二元分类器模型将文本分为正面和负面两个主要类别；第二种方案是直接构造一个多元分类来分别识别正面、负面和中立三个类别的样本。情感分类问题中立文本处理方案的差异如图 10.6 所示。

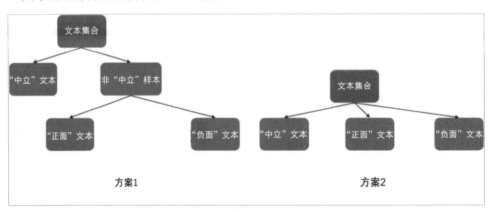

图 10.6　情感分类问题中立文本处理方案的差异

如果采用方案 1 处理中立文本，可以基于经验构造一些规则来筛选中立文本。例如，如果某个微博文本在新闻标题中出现，或在 Wikipedia（或百度百科）词条的句子中出现，就认定该微博内容属于中立的类别。

10.5.2　基于 POSTag 的特征优化

在情感分类问题中立文本处理方案中，如果采用图 10.6 中的方案 2 处理，其对分类器的准确率要求更高，故需要考虑更丰富的文本特征。在 Pak 等 2010 年的

研究论文 *Twitter as a Corpus for Sentiment Analysis and Opinion Mining* 中，除了考虑文本中的 n-gram 特征，还考虑了文本中词汇 POSTag 的分布。

Pak 等通过统计分析观察发现，中立（客观，Objective）文本和非中立（主观，Subjective）文本间的 POSTag 分布不同。对非中立文本来说，正面和负面文本的 POSTag 分布也存在区别。

为了更好地量化 POSTag 分布在两个集合上的差异，规定存在变量 $P_{1,2}^T$，表示 POSTag T 在样本集合 1 和样本集合 2 上的相对量，有

$$P_{1,2}^T = \frac{N_1^T - N_2^T}{N_1^T + N_2^T}$$

其中，N_1^T 和 N_2^T 分别是 Tag T 在集合 1 和集合 2 中的数量。采用 $P_{1,2}^T$ 对 Twitter 上的中立文本和非中立文本集合，以及正面文本和负面文本集合进行对比分析，对应的结果如图 10.7 和图 10.8 所示。

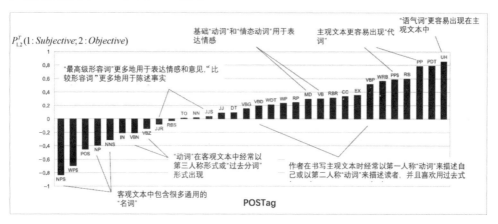

图 10.7　Twitter 上的"非中立"与"中立"文本分布

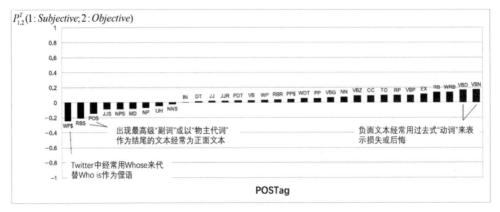

图 10.8　Twitter 上的"负面"文本与"正面"文本分布

10.6　社交网络的话题发现与演化

社交网络承载了大量的用户行为，这些行为每时每刻都会产生很多信息。这些信息种类丰富、内容繁杂，在虚拟的网络环境中不断地传播。通过对这些信息进行分析，可以帮助用户发现感兴趣的话题，为其推荐有价值的内容，也可以对特定的主题内容进行跟踪与监控，帮助管理者进行有效的科学决策。因此，对社交网络上的内容涉及的话题进行发现并挖掘其演化规律，具有重要的实践价值。

对社交网络上的文本内容进行话题分析十分困难，原因主要在于其文本信息分散、种类繁多、传播速度快并且在不断地进行实时动态的更新。许多传统文本挖掘方法可以用于社交网络话题分析的应用中，但仍然需要结合社交网络文本的特征对已有算法进行改进与创新。

当前，最需要关注的文本特征包括数据规模庞大、数据内容简短、数据噪声大、数据多维度。其中，数据多维度的特征主要指在线社交网络上的微博信息，除了包含主体文本内容，还附带很多重要的属性信息，如文本作者、文本发布时间、文本标签、文本发布地点、超链接、转发标记等。

10.6.1　话题发现分析

话题发现，是指从给定的文本集合中提取有价值的、用户感兴趣的话题内容。

话题是隐含的且有具体语义内涵的文本信息。对文本话题进行提取在某种意义上等价于对文本内容进行结构化建模,话题内容对应于文本模型中的隐含语义信息。在进行话题分析时,一般的思路是,采用前面提到的文本建模技术对文本对象进行降维,压缩后的每个文本特征上的信息可看作一个有趣的话题。

常用的话题发现技术包括典型的文本模型,如 LSI 模型、NMF 模型、pLSI 模型及 LDA 主题模型。

很多研究采用 LDA 主题模型对社交网络上的微博信息进行建模,但是早期的研究工作并未获得较好的效果,其主要原因在于微博文本一般在长度上有所限制。因此,被分析的文本对象通常为短文本。传统的 LDA 主题模型在处理短文本上得到的结果精度十分有限,解决 LDA 主题模型短文本缺陷常用的技术方案是聚合策略。

聚合策略,是指把内容相关的短文本合并成较长的新文本,直接对较长的新文本进行建模,并提取其中相关的话题内容。新文本的话题内容可以直接用来代替原先短文本的话题内容,或作为参考信息辅助于短文本话题的判断。典型的聚合策略有用户聚合策略(User-oriented)和词汇聚合策略(Term-oriented)。从字面含义可知,用户聚合策略,是指将同一个用户产生的短文本进行合并来训练建模;词汇聚合策略,是指将包含同一个词汇的短文本进行合并处理。

在用户聚合策略中,考虑到用户感兴趣或者擅长的话题可能随时间发生变化,可以对用户发表的短文本预先按照时间片段进行划分,之后对每个时间片段内的文本进行聚合;在词汇聚合策略中,主要选择具有较强语义内涵的词汇,可以参考前文有关特征筛选的基本技术方案。另外,对于社交网络中的微博内容,可以考虑选择微博附带的标签选项作为聚合词汇,通过建模分析可以获得每一个标签上的话题分布。

除了聚合策略,还可以根据短文本的特征,采用一些改良的 LDA 主题模型来对短文本进行主题建模,并获得隐含的话题内容。本书第 3 章介绍的 sent-LDA 模型对社交网络的短文本处理任务具有较强适用性,基于其建模思路,可以假定每个用户发表的内容符合多项分布,但用户发的每一条微博信息都属于同一个隐含主题。

10.6.2 Twitter-LDA

Zhao 等在 2011 年提出了面向 Twitter 中的短文本进行建模分析的语言模型——Twitter-LDA 模型。该模型的方法被详细地记录在 *Comparing Twitter and Traditional Media Using Topic Models* 一文中。该模型考虑了文本中的背景信息，Twitter-LDA 的图模型表示如图 10.9 所示。

对于 Twitter-LDA，在生成文档集合时，先按照给定的超参数 β 生成背景词汇概率分布 ϕ^B，同时生成每一个主题的词汇概率分布 $\phi^t (t = 1, \cdots, T)$；另外，根据超参数 γ 生成词汇角色为背景词的概率分布 π；在生成每一个用户 u 的微博文档集合时，首先根据超参数 α 生成主题的概率分布 θ^u；对于每一条具体的微博信息 i，根据多项分布 $\mathrm{Multi}(\theta^u)$ 产生一个具体的主题 $Z_{u,i}$，之后再根据该主题产生具体的词汇。

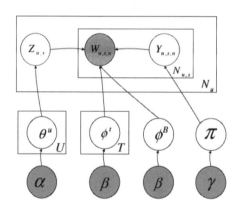

图 10.9 Twitter-LDA 的图模型表示

每当生成一个具体的词汇 n 时，需要基于控制变量 $Y_{u,i,n} \sim \mathrm{Multi}(\pi)$ 来决定该词汇是主题词汇还是背景词汇。如果 $Y_{u,i,n}=1$，则进行词汇采样 $W_{u,s,n} \sim \mathrm{Multi}(\phi^B)$；如果 $Y_{u,i,n}=0$，则进行词汇采样 $W_{u,s,n} \sim \mathrm{Multi}(\phi^{z_{u,i}})$。

10.6.3 基于文档聚类的话题发现

根据前面章节的讨论，LDA 主题模型从某种角度看也可以作为一种针对文本集合的软聚类技术。因此，还可以从文本聚类的视角来设计方法进行文本话题分析。基于聚类的话题分析技术有两大类基本方案：第一种方案是以文档为基本要素的聚类，第二种方案是以词汇为基本要素的聚类。

对于以文档为基本要素的聚类方法，可以用向量空间模型将文档转化为高维空间中的点，然后采用常规的聚类技术处理文档集合。在将文档转化为数值向量时，可以将 TF-IDF 指标作为文本特征的权重，同时可以预先对文本特征进行过滤来提升聚类效果。

需要注意的是，在对社交网络中的微博进行聚类时，由于文本长度较短，如果仅考虑微博的主体文本内容，则聚类效果较差。所以，可以考虑微博的多维度属性来增加聚类效果。在实践应用中，量化微博的相似度时，一方面需要考虑文本内容的相似度，另一方面需要考虑微博其他属性的相似度。

❑　用户社交关系相似度

$$\mathrm{Sim}^{\mathrm{Social}}(i,j)=\frac{|\ \mathrm{Neighbor}(u_{(i)})\cap\mathrm{Neighbor}(u_{(j)})\ |}{|\ \mathrm{Neighbor}(u_{(i)})\cup\mathrm{Neighbor}(u_{(j)})\ |}$$

其中，$\mathrm{Neighbor}(u_{(i)})$ 和 $\mathrm{Neighbor}(u_{(j)})$ 分别表示进行比较的微博 i 和 j 对应的用户的社交好友的集合。

❑　时间日期相似度

$$\mathrm{Sim}^{\mathrm{Time}}(i,j)=1-\frac{|\ t_i-t_j\ |}{y}$$

其中，t_i 和 t_j 分别对应微博 i 和 j 的发布时间；y 表示 1 年的分钟数，当超过 1 年的时间时，微博的相似度定义为 0。

❑　地理特征相似度

$$\mathrm{Sim}^{\mathrm{Loc}}(i,j)=1-H(L_i-L_j)$$

其中，L_i 和 L_j 分别表示微博 i 和 j 发表时的经纬度信息；$H(\cdot)$ 为基于地理坐标的 Haversine 距离。

综上所述，最终的微博距离可以表示为

$$\mathrm{Sim}(i,j)=\alpha^{\mathrm{Text}}\mathrm{Sim}^{\mathrm{Text}}(i,j)+\alpha^{\mathrm{Social}}\mathrm{Sim}^{\mathrm{Social}}(i,j)+\alpha^{\mathrm{Time}}\mathrm{Sim}^{\mathrm{Time}}(i,j)$$
$$+\alpha^{\mathrm{Loc}}\mathrm{Sim}^{\mathrm{Loc}}(i,j)+\cdots$$

10.6.4　基于词汇聚类的话题发现

以词汇为基本要素的聚类方法打破了所有文档的边界，对整个文档集合构建词汇共现网络。网络中的点对应文档集合中的词汇，网络中的边描述词汇的共现关系。基于词汇共现网络，可以采用社区发现算法将复杂网络分割成若干子图结构。每个子图包含若干在内容上密切相关的词汇，并对应于特定的社交话题。社区发现算法有以下两种常见的形式。

❏　**标签传播算法**

在标签传播算法（Label Propagation Algorithm，LPA）中，每个节点初始化为不同的类别标签。之后，类别标签沿着网络中的边不断传播。在每个时间节点，所有节点对应的类别标签都会进行更新，更新后的节点类别标签取决于更新前节点的所有邻接节点的类别标签，以及对应链接权重的大小。当网络中所有节点的类别标签趋于稳定时，整个网络中的节点可以按照类别标签被划分为若干子集，每个子集对应一个话题社区，并被输出。

❏　**断边法**

断边法的基本思路是，通过不断地从复杂网络中切断特定的边来分割复杂网络结构。在切断复杂网络中的边时，一方面要确定被切断的边的选择规则，另一方面要预先设定分割过程的终止条件。

介数中心度是常用的边筛选指标。对于连接两个社区的边，在两个不同社区中的节点计算最短路径时必然通过该边，因此，这一类的边的介数中心度指标通常较高。具有较高介数中心度的边应当优先在算法中被移除。

另外指出，在构建词汇共现网络图模型时，不必对所有词汇都予以考虑，而应当选择文档中重要性较高的词汇：

（1）对于普通的文档，可以按照 TF-IDF 指标进行特征筛选。

（2）对于微博内容，可以选择微博自带的标签。

（3）对于结构化较强的科研文献，可以选择论文中自带的关键词或摘要中包含的词汇。

10.6.5　话题演化分析

在分析社交网络中的文本话题时，应当考虑文本内容的时间特性，捕捉话题的动态变化特征。有很多应用需要对话题进行监控，实时了解话题的强弱变化，并及时发现社交网络系统中出现的新的热门话题。因此，话题演化分析是近年来十分重要的社交网络研究课题，也是话题发现技术应用的重要补充。

在社交网络的话题演化分析中，最常见的方法是朴素话题演化分析。该技术的本质是将文本集合按照时间轴切分，对每个时间区间内的文档集合分别进行话题发现处理。朴素话题演化分析技术在原理上比较简单直观，但其缺点也是显而易见的。该技术无法保证不同时间区间内的话题内容是连贯的。从现实角度看，社交网络上的话题变化过程应当是平滑过渡的，如果完全独立地分析各个时间区间内的文本集合，则无法有效保证邻近时间区间上话题分布的连续性。

因此，更加有效的话题演化分析解决方案仍然是对所有时间区间的文本集合统一进行建模分析。第 3 章提及的动态主题模型是更合适的建模方法。在动态主题模型中，文档的主题分布及主题的词汇分布都以前一个阶段的分布结果为先验概率，这样可以避免估计参数的跳跃性变化。此外，在估计某一个时间区间的模型参数时，还可以采用滑动窗口的策略，将当前时间区间的数据与前 $\omega-1$ 个时间区间的数据一起进行分析。

动态主题模型的优点是，其对话题分析的平滑效果显著，但是对话题个数的限制比较强，即在整个分析周期内，话题的个数相对比较固定。动态主题模型无法剔除旧的、无用的话题，也无法在模型中实时添加新产生的话题。更有效的话题演化分析模型应当能够有效地根据实际情况对话题个数进行动态的调整。

10.6.6　基于 NMF 的主题建模

Ankan 等在 2012 年的研究论文 *Learning Evolving and Emerging Topics in Social Media: A Dynamic NMF Approach with Temporal Regularization* 中，提出了一种基于 NMF 的文本主题建模的方法。在该研究中，作者采用了一个宽度为 ω 的滑动窗口来确定分析的文档集合。在每个离散时间区间 t，对窗口内所有的文档进行建模分析。

NMF 在矩阵分解技术上添加了结果的非负性质约束，可以保证分解后的矩阵中的所有元素都大于 0。因此，对"词汇—文档"矩阵进行 NMF，可以获得"文档—主题"矩阵和"主题—词汇"矩阵。

在 Ankan 等的研究中，用 $X(t)$ 表示时间区间 t 的"词汇—文档"矩阵。在对 $X(t)$ 的内容进行 NMF 时，同时考虑整个时间窗口 ω 中的内容，记为 $X(t-\omega+1,t)$。分解后的矩阵分别记为 W^*（"文档—主题"矩阵）和 $H(t)$（"主题—词汇"矩阵）。其中，W^* 矩阵 $N(t)$ 列的内容对应时间区间 t 的文档主题向量。基于滑动窗口的话题演化分析框架如图 10.10 所示。

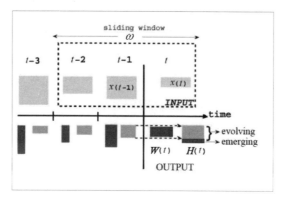

图 10.10　基于滑动窗口的话题演化分析框架

对于每个滑动窗口位置 t，模型得到的 $H(t)$ 都不一样，这反映了社交网络中话题的动态变化特征。由于话题的变化是平滑的，所以 $H(t)$ 的前 $K(t-1)$ 项应当是 $H(t-1)$ 项的平滑变化结果。其中，时间 t 区间中的话题矩阵 $H(t)$ 包含两个主要部分：变化的话题集合 H^{ev} [$K(t-1)$ 个话题]，以及新产生的话题集合 H^{em}（K^{em} 个话题）。每个时间区间都有新的话题产生，因此 H^{ev} 是一个递增的集合。话题的个数存在关系：

$$K(t) = K(t-1) + K^{em}$$

其中，K^{em} 一般由人工设定，以保证每个时间区间都有新的在线话题被模型识别。

综上所述，基于 NMF 的话题演化分析模型可以表示为

$$\left[W^*, H(t) \right] = \underset{W,H}{\arg\min} \parallel X(t-\omega+1,t) - WH \parallel^2_{\mathrm{fro}} + \mu\Omega(W)$$

为了保证矩阵中元素的非负特征和标准化特征，有 W 和 H 中的数都大于或

等于 0，且 $\sum\limits_{j=1}^{D} H_{ij} = 1, \ \forall i \in [K(t-1)+K^{\text{em}}]$。

考虑到话题的变化过程是平滑的，可以添加约束条件：

$$\min\left[H_{ij}(t-1) - \delta\right] \leqslant H_{ij} \leqslant \max\left[H_{ij}(t-1) + \delta, 1\right] \quad \forall i \in [K(t-1)]; \ \forall j \in D$$

其中，正则项的 $\mu\Omega(W)$ 的目的是保证模型能够有效地捕捉新产生的话题。当话题变化不显著时，需要对优化目标函数进行惩罚，对应的正则项表示为

$$\mu\Omega(W) = \mu \sum_{w_i \in W^{\text{em}}} L(Sw_i)$$

其中，S 表示时间标记矩阵。当第 i 个文档在 j 时间出现时，$S(i,j)$ 取值为 1。Sw_i 是新产生话题的变化强度的序列。

$$L(y) = \sum_{i=1}^{T-1} c_i \max\left[0, v - (DFy)_i\right]^2$$

其中，y 是某一序列向量；Fy 是向量的平滑结果；矩阵 D 用来描述序列向量的变化趋势，D 中的元素 $D_{i,i} = -1$，同时 $D_{i,i+1} = 1$。如果 $z = Dx$，那么有 $z_i = x_{i+1} - x_i$。从公式可知，当话题内容的变化趋势不满足阈值 v 时，则存在正惩罚项。

10.7 社交网络的信息检索

在社交网络上，用户需要根据自身需求检索特定话题的有用文本信息，这对设计社交网络上的文本内容信息检索系统具有重要的实践价值。社交网络上的信息具有很多特征，最典型的就是短文本特征和高噪声特征。由于文本的长度通常比较短，所以在进行信息检索时对文本特征的匹配十分困难。另外，由于文本中混杂了大量无用或错误的信息，提升了信息查找的难度。

在传统信息检索技术的基础上，对社交网络上的文本进行检索的技术策略主要包括文本内容拓展和综合排序两种策略。其中，内容拓展，是指利用内外部资源对原始查询信息进行拓展或修正，提升相关反馈文档被匹配的机会；综合排序，是指在对文档按照内容相关性进行打分的同时，考虑微博其他特征的属性值，对微博记录进行综合排序。下文分别对两种策略进行详细介绍。

10.7.1 信息检索的内容拓展策略

社交网络上的微博信息是多维度信息，除了主体文本内容，还有很多附加信息可以提升微博内容的表达能力。基于微博的附加信息，可以对查询信息需求进行拓展与改进，增加信息检索系统的功能。微博中的作者、HashTag、URL 等信息都可以作为查询拓展的主要利用对象。

首先介绍一种基于 HashTag 的内容拓展方法。首先，将微博集合中所有的 HashTag 进行提取，获得所有 HashTag 集合；其次，利用包含每个 HashTag 的微博集合来构建各 HashTag 所对应的一元语言模型；最后，通过计算各 HashTag 语言模型与查询语言模型的 KL 距离，选择最好的 k 个 HashTag 对查询语言模型进行改进。

HashTag 相关性的计算指标如下：

$$r(t_i,q) = -KL(\Theta_q \| \Theta_i)$$

其中，Θ_q 和 Θ_i 分别是查询文本 q 和 HashTag 标签 t_i 所对应的语言模型。

在得到前 k 个 HashTag 时，基于其对应的语言模型对查询语言模型进行插值修正，有

$$\Theta_{fb} = (1-\lambda)\Theta_q^{ML} + \lambda\Theta_r$$

其中，Θ_r 是基于 HashTag 的混合语言模型。该语言模型的词汇分布有两种估计方式：一种方式是以 t_i 的均匀分布进行估计，另一种方式是以 $\mathrm{IDF}(t_i) / \max \mathrm{IDF}$ 的比例进行估计。

在判断语言模型的相关性时，可以参考 HashTag 间的关联度来对排序结果进行修正，上述的相关性指标计算公式可以改进为

$$r_a(t_i,q) = r(t_i,q) + \log a(t_i,r_k)$$

其中

$$a(t_i,r_k) = \sum_{j}^{k} x_{ij}$$

x_{ij} 是衡量两个 HashTag 标签的共现关系的统计指标，如 PMI 指标等。两个 HashTag 的共现关系是指两个标签在同一条微博中出现的事件。

　　除了基于 HashTag 对查询信息进行拓展，还可以在检索过程中考虑微博的时间信息。通过交叉关联函数（Cross Correlation Function，CCF）可以量化两个时间序列的相关性：

$$\rho_{xy}(\tau) = \frac{E[(x_t - \mu_x)(y_{t+\tau} - \mu_y)]}{\sigma_x \sigma_y}$$

　　通过对初始的查询反馈文本和实际的查询反馈文本的 CCF 函数值进行计算，可以发现二者之间在时间维度上具有较强的关联关系。因此，可以从初始的查询反馈结果中选择峰值时期的文档作为伪相关文档，将其他时间的文档作为不相关文档，同时使用 Rocchio 算法来对查询结果进行反馈，具体公式如下：

$$q_{\mathrm{m}} = \alpha q_0 + \beta \frac{1}{|D_{\mathrm{r}}|} \sum_{d_j \in D_{\mathrm{r}}} d_j - \gamma \frac{1}{|D_{\mathrm{nr}}|} \sum_{d_j \in D_{\mathrm{nr}}} d_j$$

其中，$|D_{\mathrm{r}}|$ 是伪相关文档的集合；$|D_{\mathrm{nr}}|$ 是非相关文档的集合；q_0 是初始的查询需求文本；q_{m} 是调整后的查询需求文本。在初始查询需求文本上，添加反馈文档中时间密度高的文档集合的重心，并减掉时间密度低的文档集合的重心，可以得到更加准确的查询需求。

10.7.2　信息检索的综合排序策略

　　传统的信息检索技术只对候选文档的匹配程度进行排序。然而，在社交网络上，微博内容具有多维度特征，因此，对所查询文档进行相关性查询排序时，除了考虑微博主体文本内容的匹配度，还可以对微博其他维度信息的匹配度进行打分排序。最后，基于多个维度的信息对微博进行综合排序和反馈。除了对微博文本进行匹配打分，还可以对以下属性进行评估打分。

　　❑　HashTag 标签

　　微博的 HashTag 标签数量越多，包含的信息越丰富，越有可能满足检索者的信息需求。可以采用微博附带的 HashTag 的个数衡量微博的内容匹配度。

❏ 超链接

由于微博文本内容长度具有局限性，过多的文字内容无法在微博中充分表示。因此，当微博蕴含比较丰富的信息时，通常会用 URL 超链接来引入其他网页或文件地址。可以认为，包含 URL 超链接的微博所对应的信息更加丰富，因此，可以用描述微博是否包含超链接的布尔变量衡量微博的重要程度。

❏ 发表时间

社交网络上传播的信息变化速度通常较快，在很多场景下用户往往需要第一时刻的微博内容来跟踪热点话题的动态。因此，系统反馈的微博内容的时效性非常重要。距离检索时间较近的微博内容从时效性的角度看，具有更大的信息价值。可以基于微博发表的时间来衡量其内容匹配度，并在最终的结果排序中加以考虑。

❏ 用户的重要性

在社交网络上，每条微博都由不同的用户主体创建。不同用户主体发表的微博信息在重要性、真实度、权威性上存在差异，因此，考虑用户主体的基本特征，可以有效地提升系统反馈微博内容的质量。

从用户的局部属性来看，可以将用户的粉丝个数、微博被转发次数、微博被评论次数、用户活跃度、用户等级及用户的认证情况作为主要的评估依据。其中，在计算具体属性值时，可以选取近一段时间内的用户活动记录进行计算，以保证结果的时效性。

从用户的全局属性来看，可以基于用户在整个社交网络上的社交关系来衡量用户的重要性指标。之后，将用户的网络重要性指标作为微博排序的参考。计算用户在社交网络上的重要性时，需要提取社交网络上的结构信息，基于该有向网络图可以定义每个节点的度、聚集系数、选择性指标、介数中心度指标、HITS 指标、PageRank 指标等统计变量。节点的重要性结果可作为用户的在线社交价值评估指标。

最终，以用户的局部属性和全局属性来在用户的层级评估微博的价值，与微博文本内容匹配度指标相结合，可以得到微博的综合排序。在面向社交网络的信息检索系统中，候选微博的匹配度打分可以表示为

$$\text{score}(q,i) = \text{score}^{\text{Text}}(q,i) + \text{score}^{\text{HashTag}}(i) + \text{score}^{\text{URL}}(i) + \text{score}^{\text{Time}}(i) + \text{score}^{\text{Social}}(u_i)$$

10.8　本章小结

本章对社交网络上的文本分析技术进行了介绍。列出了社交网络上重要的文本分析应用场景，其包括虚拟社区发现、用户影响力分析、情感分析、话题发现与演化、信息检索五个主要类别。然后，对每一类别的主要技术进行了详细介绍与讨论。

虚拟社区发现技术可以根据社交网络上用户的相似性水平对用户对象进行划分，将相似度高的用户对象划分到同一个社区中。分析每个虚拟社区中的用户共享特征和兴趣，有利于网站运营者针对特定的用户群体采取有效的管理措施。本章指出，基于隐性位置的聚类模型可以同时考虑用户的社交网络信息和用户基本属性信息。分析用户的基本属性信息时，需要考虑文本类型信息，因此，应当采取特定的文本建模方法对文本内容进行量化。

用户影响力分析技术可以通过用户的社交关系及在线活动找到对信息传播影响力较大的用户对象。该技术有利于跟踪并控制重要信息的传播过程，具有重要的社会价值和经济价值。本章的方法是将用户看作网络节点，将用户的关注关系作为节点之间的有向边。对用户的有向社交图结构采取 PageRank 算法，可以发掘信息传播能力较强的用户节点。特别指出，用户的信息传播活动具有主题特征，在使用 PageRank 算法前，应当确定用户在各主题上的兴趣分布。

情感分析技术可以对网络环境中用户的情感状态进行描述，也可以整体地判断社会舆论对于某一特定话题的情感态度倾向。社交网络情感分析的基本单元是微博，除了主体文本信息，微博还带有表情符号。通过表情符号可以快速便捷地构造大量的有监督训练集合，其会对文本情感分类器模型的构建带来很大帮助。

话题发现与演化技术可以有效地监控社交网络上的话题分布及话题随时间的变化过程，该技术的本质是对文本集合进行建模。对于话题发现分析技术，可以采取聚合策略改善微博短文本建模的固有缺陷；对于话题演化分析技术，应当考虑话题随时间变化的连续性，同时要关注对在线环境中产生的新话题的及时捕捉。

信息检索技术可以帮助用户快速地在社交网络中发现自己感兴趣的文本内容。

考虑到微博的短文本特征，需要对传统信息检索技术进行改进。信息检索技术的改进方法主要依赖于微博的多维度属性，其包括两个基本策略：

（1）基于其他属性获得伪相关反馈，并对原始查询需求进行拓展。

（2）以多属性的匹配度为基础，对查询结果进行综合打分和排序。

第 *11* 章

深度学习与 NLP

本书中，介绍了很多有关文本分析的统计建模技术。其中，很多方法都用到了机器学习的相关理论。提到机器学习，就不得不讨论其升级版技术——深度学习。深度学习以神经网络为基础数学模型，是近年热门的研究和应用领域。

深度学习与一般机器学习的主要区别在于：其不对模型结构做过多理论假设，而是充分利用数据来构建统计模型。在大数据时代的背景下，在数据的可获得性和可处理性都大幅提高的情况下，深度学习十分受数据分析专家的青睐，也是未来重要的研究发展方向。

尽管深度学习方法在客观性、科学性、理论性等方面都有较大优势，但是由于该技术过度依赖于数据，容易产生过拟合问题。同时，过于泛化的模型结构假设也会给计算资源带来很大负担。笔者认为，深度学习仍然无法完全替代传统的机器学习，在很多应用场合下，只有二者互相补充完善，才能带来更好的分析效果。

深度学习并非本书的介绍重点，但是为保证内容理论体系的完整，本书仍会做技术方面的简要介绍，让读者快速地对深度学习处理文本的相关方法、思路、理论具有初步认知与了解，以便其在科研或工作中对相关理论进行针对性、系统性的学习。

11.1　基 本 原 理

很多文本分析技术依赖于数学模型。基于数学模型，可以在给定条件下预测出用户感兴趣的变量取值。在实际应用中，可以选取的进行模型训练的文本特征很丰富，用户需要对这些特征进行精巧地构造与挑选，只有这样才能有效地保证最终训练出的模型的准确性、稳定性和可靠性。

在传统的机器学习任务中，用户观察到的内容是原始的文本数据，最开始接收到的是初级的文本信息，而用户基于原始文本构造的进行文本分析的特征是高级的文本信息。文本特征的构造就是初级文本信息到高级文本信息的转化，这一部分任务，需要可靠的数据分析者来完成。数据分析者需要有丰富的领域知识，也要对特定文本分析任务具有较强的实践经验，整个分析过程对数据分析者的要求是较高的。

与机器学习相比，深度学习绕开了由分析师构造文本特征的困难环节，可以通过数据自动地对特征进行学习。深度学习与机器学习的区别如图 11.1 所示。

图 11.1　深度学习与机器学习的区别

根据本书第 2 章介绍的内容，深度学习的基本模型结构是多层的神经网络。在每一个网络层，特征向量与一个矩阵相乘，然后进行一些特征的缩放操作，从而构造出新的特征向量。因此，在神经网络中每加入一个隐含网络层，就实现了一次有效的特征转化。可以通过不断地加入隐含网络层来对原始特征进行精益提炼，直到获得有价值且直观地对目标变量进行预测的特征为止。

需要强调的是，深度学习与机器学习的本质区别不在于是否采用了神经网络模型，也不在于是否在网络中添加了很多隐含层，而在于是否对特征自动地学习、组合与提取。传统的机器学习主要解决基于特征进行目标值预测的任务，而深度学习不仅预测了目标值，还解决了特征学习的任务。神经网络是深度学习方法的具体数学体现,神经网络的隐含层负责学习特征,输出层则负责解决预测的问题。

深度学习的核心思想成功地借鉴了人脑的认知方式,按照层级递进的方式对事物进行理解、分析、判断,逐渐地对分析的文本特征进行抽象。例如,读者在对一篇文章进行分类时,首先基于词汇理解句子,其次基于句子理解段落,最后再基于段落理解整篇文章。类似地,在计算机对文章进行分类时,其读入的初始信息也是词汇,但机器可以自动地学习并提取比词汇的抽象程度更高级的语言特征,最终,计算机基于高级语言特征对文本进行分类。基于三层 MLP 的文本分类模型如图 11.2 所示。

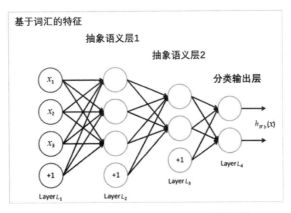

图 11.2　基于三层 MLP 的文本分类模型

在隐含网络层中,每当原始特征向量乘以一个矩阵时,向量的维度就会发生改变。向量的维度数量既有可能增加,也有可能减少。但是,加入隐含层不是为了降维,而是为了获得新的特征。尽管如此,特征的变化不局限于维度的变化,而在于新特征的构造与提取。其中,真正改变特征所表示的内容的关键在于,维度发生变化后各维度取值的缩放操作。

缩放操作对神经网络的计算节点加入了非线性条件,具体通过激活函数实现。激活函数可以放大或削弱一些特征的重要性,也可对信息价值低的特征予以过滤。当前,常用的激活函数包括 Sigmoid、ReLU 等。如若没有激活函数,仅不停地进行矩阵乘积转化是没有意义的,任意次的线性特征转化并不会给预测任务本身带来新的判断信息。

如图 11.3 所示,输入特征向量的维度为 2,网络隐含层的向量维度也为

2，维度个数没有发生变化。但由于引入了 Sigmoid 激活函数，可看出隐含层的变量与输入层的变量的数据值分布明显不同。这说明激活函数实现了新特征的构建。

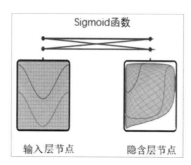

图 11.3　基于 Sigmoid 激活函数的特征变化

在文本分析任务中，只要是涉及基于多特征进行预测的情况，就可以采用深度学习的方法进行建模。其中，最常规的深度学习模型就是 MLP。MLP 是最基本的神经网络模型，基于 MLP 可以实现大多数文本分析任务从机器学习到深度学习的模型拓展。基于 MLP 的文本分析解决方案是十分直观的。

MLP 的模型结构非常清晰，该模型是基于多个隐含层简单堆叠的单向（前馈）神经网络。MLP 可以用于和分类任务相关的任意文本分析任务，包括情感分析、垃圾信息识别、信息检索、关键内容提取、中文分词等基础文本处理任务。

MLP 在预测时通常只需要用户输入简单的统计指标。MLP 中的隐含层一方面减少了用户设计复杂统计指标的人工负担，另一方面拓展了模型的表达能力。通过加入隐含层，复杂指标自动根据数据学习，隐含层也可以实现特征筛选的类似功能。对于 MLP，分析者需要做的工作仅仅是将所有能想到的可见分析指标一并代入网络模型的输入层。

在实际应用中，在 MLP 中适当地加入隐含层可以进一步丰富文本特征，提升模型的表达能力和分析效果。但在一般情况下，为避免因增加模型的复杂性而产生过拟合问题，不应采用过多的隐含层。

11.2　词嵌入模型

11.2.1　词汇的分布式表示

除了通过 MLP 模型创建更丰富文本特征,深度学习还可以用于词汇向量的建模。词汇向量的建模在第 3 章中有所提及,将词汇转化为数值向量,可以在词汇的粒度上进行更精益的文本分析。该方法对短文本的建模分析或信息检索具有较好的效果。

词汇的向量表示有两种基本形式:One-hot-Representation(离散化表示)和 Distributed-Representation(分布式表示)。

One-hot-Representation 是一种离散的表示词汇的向量形式,向量的长度是词典的规模,每个词汇占据向量一个维度。在表示一个词汇时,向量中与词汇对应的维度取值为 1,其他维度取值均为 0。

One-hot-Representation 的形式非常简单,可以直接通过简单相加的方法来构造文档在向量空间模型下的向量表示。尽管如此,One-hot-Representation 仍有一些固有缺陷,包括如下几种。

(1)该形式存在向量稀疏性问题。其中,每个词汇都占据很大的数值空间,但只在一个维度上有取值,形成了大量的资源浪费(计算资源、存储资源)。

(2)该形式假设所有向量维度都是正交的,各个维度取值之间没有相关性,即词汇在语义或语法上彼此没有关联。这点假设显然不符合客观情况。

(3)基于该形式无法计算词汇之间的相似性。在这种情况下,词汇的向量形式表示所提供的有效信息则十分有限。

(4)该形式默认所有的维度信息都同等重要。而在显示情况中,每个词汇是否存在对整个文档的意义都是不同的。

(5)该形式是一种离散化的向量表示形式。文档的表示只能离散地发生变化,不利于对语言模型的参数进行求解。

基于以上考虑,需要用一种在紧密数值空间中定义的数值向量来表示词汇向量,即 Distributed-Representation。在该表示中,词汇的数值向量的维度与词典本身的规模是不相关的。确切地说,其维度通常是远小于词典规模的。

Distributed-Representation 条件下的词汇向量可以看作 One-hot-Representation 的

降维结果，该表示形式可以解决 One-hot-Representation 大部分的缺陷，可以实现词汇之间的比较。基于该形式，相应的文档表示也是平滑的，文档可以实现任意维度上的连续变化。

11.2.2　神经概率语言模型

基于 Distributed-Representation 的词的表示，在 NLP 中通常也称为词嵌入模型。词嵌入模型有很多具体的表现形式，本章介绍神经概率语言模型（Neural Probabilistic Language Model）。该模型由 Bengio 等在 2003 年的文章 *A Neural Probabilistic Language Model* 中提出，这是较早利用神经网络实现词汇向量表示的模型。

神经概率语言模型在判断词汇的向量表示时，主要依据词汇与其上下文信息的关联来进行分析。从模型的命名看，该模型是语言模型的一种，其核心作用在于判断在给定可观测（上下文）文本信息的情况下，某个特定词汇出现的概率。图 11.4 展示了神经概率语言模型结构。

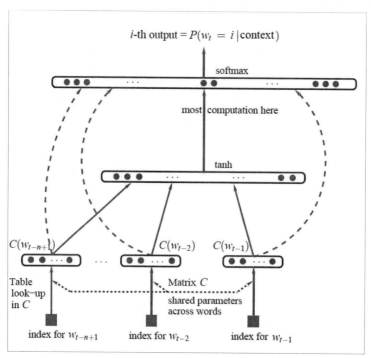

图 11.4　神经概率语言模型结构

在神经概率语言模型中，输入内容是词汇的上下文信息，输出结果是词汇的多项分布，即每个词汇在给定上下文时出现的概率。词典规模较大，因此，要获得每个词汇的准确向量表示，就需要相当大的语料集合。上下文信息是指词汇周边在给定宽度的窗口中的词汇集合。

在该神经网络中，有 k 个输入，每个输入是上下文中一个位置上的词汇。输入的词汇由维度为 V 的向量表示，是词汇的 One-hot-Representation 表示。其中，V 是词典的规模。每个词汇分别先与 $V \times h$ 的矩阵 C 相乘，再彼此首尾相连。之后，通过 tanh 的激活函数进行特征转化，形成对应上下文信息的隐变量特征。最后，在隐变量特征后面添加一个基于 Softmax 激活函数的输出层，即可获得词典中词汇的概率分布。

输出层内所乘的矩阵 M 的维度为 $(h \times k) \times V$。矩阵 M 中需要估计的参数规模非常大，这也是神经概率语言模型的主要训练学习瓶颈。另外，Softmax 激活函数的作用是对任意数值向量进行标准化，将其按照大小比例转化为具有概率意义的数值。假设 v_i 为向量 v 中的第 i 个维度的取值，那么其对应的概率取值为

$$P(i) = \frac{\exp(v_i)}{\sum_j \exp(v_j)}$$

从形式上看，Softmax 激活函数与离散选择模型几乎是一致的。因此，输出层中某一特征的取值可理解为对网络最终输出内容进行判断的选择效用。

矩阵 M 的价值主要在于对语言模型中词汇的条件概率进行预测，而模型的另外一个副产品矩阵 C 实现了词汇从 One-hot-Representation 到 Distributed-Representation 的具体转化。矩阵 C 中每一列的权重信息都可以对应于特定的词汇向量表示。

11.2.3　词嵌入模型概述

近几年，在神经概率语言模型上有许多具体的拓展与改进。其中，最典型的应用就是 Google 的 Word2Vec 项目。该项目有两种具体的神经网络技术实现：分别为 CBOW（Continuous Bag-of-Words）模型和 Skip-Gram 模型。基于 CBOW 的词嵌入模型和基于 Skip-Gram 的词嵌入模型分别如图 11.5 和图 11.6 所示。

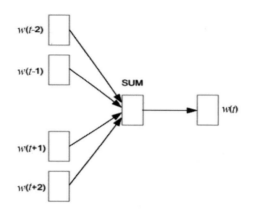

图 11.5　基于 CBOW 的词嵌入模型

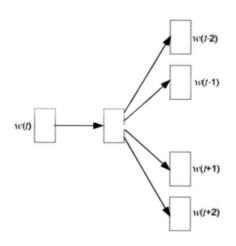

图 11.6　基于 Skip-Gram 的词嵌入模型

CBOW 模型的结构与神经概率语言模型比较类似。在本质上，该模型描述了文本上下文信息与词汇之间的联系。CBOW 模型的输入内容是词汇的上下文信息，输出内容是词汇的概率分布。在 CBOW 模型中，先将 k 个上下文词汇的 One-hot-Representation 形式的数值向量合并相加（直接相加向量，不改变向量维度），之后将相加后的文本特征向量进行特征转化。

特征转化后的向量是网络的隐含层，其输出值作为新的文本特征向量。新的文本特征向量在数值空间内具有平滑特征，数值分布紧密。基于新的文本特征，在后面添加输出层，通过 Softmax 激活函数将输出结果转化为词典上的概率分布。

很多深度学习的初学者容易混淆 CBOW 模型与神经概率语言模型，二者主要的区别是：神经概率语言模型先对输入词汇进行映射转化，再基于转化后的内容构建上下文信息；而 CBOW 模型则先构建上下文信息，再对上下文信息进行特征的映射转化。

通过 CBOW 模型的训练结果，很容易获得词汇的向量表示，只需要将上下文信息中某一个特定的词汇的 One-hot-Representation 作为输入，其他上下文输入的 One-hot-Representation 为空，同时计算该上下文在隐含层的映射向量。

Skip-Gram 是 CBOW 模型的反向映射模型，该模型输入的是某个特定词汇的 One-hot-Representation，输出结果是 k 个上下文信息的词汇的联合概率分布。在 Skip-Gram 模型中，首先基于离散输入获得隐含层的特征表示。因此，完成模型训练后，任意输入词汇的 One-hot-Representation 对应的隐含层内容即该词汇的数值向量表示。CBOW 模型和 Skip-Gram 模型的参数都可以采用随机梯度下降法来迭代计算。

图 11.7 为基于 Skip-Gram 的词向量的空间展示（词向量的维度很高，为了可视化，采用 PCA 进行降维并绘图）。为了验证得到的词向量的合理性，研究人员有意选择了具有同样逻辑关系的词汇对进行可视化（国家—首都关系）。从图 11.7 中可知，具有国家—首都关系的词汇对在二维空间上具有类似的位置关系。

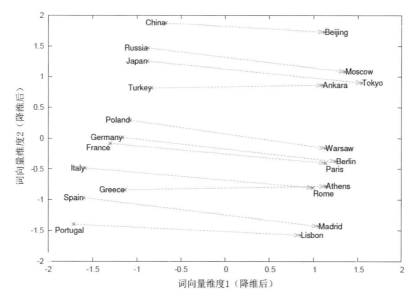

图 11.7 基于 Skip-Gram 的词向量的空间展示

11.3 RNN 与 NLP

11.3.1 RNN

RNN 是一种典型的具有深度特征的神经网结构。该类神经网络与传统的 MLP 不同，其网络结构中每一个隐含层的输出都会作为输入再次传导到网络中，参与下一阶段的运算。RNN 可以看作一个典型的反馈系统。RNN 非常适用于文本类型数据建模，可以实现词汇序列的判断，也可以自动地生成给定条件的词汇序列。

与词嵌入模型一样，RNN 被提出的初衷是构造语言模型。而语言模型解决的最主要的基本问题，是在给定上下文信息的情况下对特定位置上词汇出现的概率进行预测，即计算词典中词汇的条件概率：

$$P(w_n \mid w_1, w_2, \cdots, w_{n-1})$$

对于词嵌入模型，上下文信息的宽度是固定的，即模型仅可以在确定长度的词序列上进行预测。当上下文宽度变大时，模型会变得非常复杂，因此需要设置合理的宽度值。尽管如此，在实际应用中文本内容可以在非常大的跨度上彼此关联，仅依靠局部的上下文信息进行预测往往很难得到比较可观的预测结果。

RNN 可以很好地解决上述上下文信息有限的问题。该模型可以将所有前面位置的历史信息都考虑到模型中进行词汇的预测，而不是将参考信息局限在非常有限的词汇序列空间中。

RNN 在结构上与 MLP 的经典结构具有本质的差异。对于整个序列的词汇信息，RNN 每次仅依次地将一个词汇的表示投入输入端，通过隐含层产生输出。隐含层的结果一方面会进一步产生概率分布的输出，另一方面会被记忆，传播到下一个阶段的隐含层。在输出层，需要估计的是词汇的概率分布，因此，在输出层添加一个 Softmax 激活函数。MLP 与 RNN 的结构差异如图 11.8 所示。

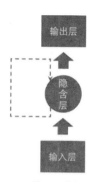

标准的MLP：输入——输出　　　　　RNN：输入——输出——输入

图 11.8　MLP 与 RNN 的结构差异

从图 11.8 中可知，MLP 只有简单的信息前馈结构，而在 RNN 中，除了正常的信息前馈结构，还具有信息反馈结构。图 11.8 右边为 RNN 形式，网络隐含层在每个阶段都会记录所有的文本信息。MLP 的深度学习特征体现在网络的空间结构上，通过隐含层的个数来表现，当增加更多的隐含层时，可以提取更复杂、抽象的文本结构信息；RNN 的深度学习特征体现在数据的时间结构上，随着文本序列的增加，RNN 的深度也逐渐增加。

在每一个时间节点，RNN 的隐含层个数可以是多个，但随着时间的推进会导致模型过于复杂。因此，RNN 在大多数情况下仅考虑一个到两个隐含层结构。RNN 在空间结构和时间结构上同时展开的形式如图 11.9 所示。

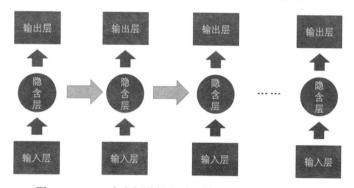

图 11.9　RNN 在空间结构和时间结构上同时展开的形式

11.3.2　基于 RNN 的机器翻译

RNN 在文本挖掘中的应用十分广泛，其中最典型的应用就是用于解决机器翻译问题。在进行机器翻译时有两种常规思路，即逐词翻译法和整体翻译法。

对于逐词翻译法，将被翻译语言的每一个词汇依次进行翻译，在翻译的过程中应考虑到所有词汇的对应关系和所有词汇的顺序。之后，分别计算每一种候选翻译结果的概率，并选择概率最大的翻译序列输出。对于整体翻译法，不采用对被翻译语言的每个词汇进行直译的策略，而针对特定语言模型，在给定被翻译语言的情况下，对目标语言的词汇序列进行词汇序列抽样。

逐词翻译法的关键在于计算词汇序列出现的概率值。例如，需要计算概率的词汇序列为 $P(w_1, w_2, \cdots, w_{n-1}, w_n)$，那么就有

$$P(w_1, w_2, \cdots, w_{n-1}, w_n) = P(w_1)P(w_2 \mid w_1)P(w_3 \mid w_1, w_2)\cdots P(w_n \mid w_1, w_2, \cdots, w_{n-1})$$

RNN 可以对组成词汇序列的所有条件概率进行计算。在预测概率时，考虑所有被预测词汇之前出现的词汇内容。在给定 RNN 模型及对应参数时，RNN 对词汇概率进行预测的过程如图 11.10 所示。

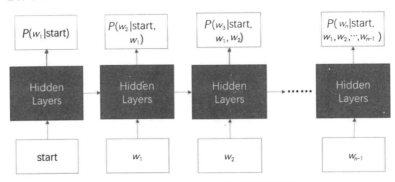

图 11.10　RNN 对词汇进行预测的过程

RNN 的输入内容用具体的词汇向量表示，如 One-hot-Representation，输出结果为词汇产生的条件概率。根据 RNN 的结构，在判断每一个词汇的概率时，都需要给定一个输入内容。因此，在计算第一个词汇 w_1 的概率时，也需要考虑其输入的内容。在技术实现中，需要设置一个初始词汇 start，并为其定义一个 One-hot-Representation 表示。

采用逐词翻译法基于 RNN 进行翻译时，首先，将 start 作为输入内容，计算条件概率 $P(w_1 \mid \text{start})$；其次，保留隐含层内容，并将其与下一阶段的输入内容结合，形成新的隐层输出，从而判断下一个阶段的词汇，即在给定 start 和 w_1

的情况下计算条件概率 $P(w_2 | \text{start}, w_1)$；再次，新的隐含层内容继续被保留、传播，在给定新的输入内容 w_2 的情况下，基于 start、w_1 和 w_2 计算条件概率 $P(w_3 | \text{start}, w_1, w_2)$，依次类推，直到获得所有计算给定词汇序列概率所需条件概率值 $P(w_k | \text{start}, w_1, \cdots, w_{k-1})$ 为止。

在 RNN 的循环结构中，新的隐含层输出与旧的隐含层输出的关系如下式：

$$h_t = \sigma(W^{(\text{hh})} h_{t-1} + W^{(\text{hx})} \boldsymbol{x}_t)$$

其中，h_t 是序列位置 t 的隐含层内容；h_{t-1} 是前一个序列位置 $t-1$ 的隐含层内容；$\boldsymbol{x}_t$ 是位置 t 的输入词汇向量；$W^{(\text{hh})}$ 是连接两个隐含层的权重参数；$W^{(\text{hx})}$ 是连接当前输入与隐含层的权重参数；σ 是激活函数。

在训练模型时，需要通过大量文本词汇序列来估计模型参数。从理论上，对于训练样本，输入内容为真实的词汇序列，输出内容为词汇的概率分布。但是，词汇的真实概率分布是不可观测的，因此，将 One-hot-Representation 作为词汇概率分布的近似。

在 One-hot-Representation 中，词汇对应的维度位置取值为 1，其他位置取值为 0。那么可以认为，近似的概率分布中当前特定词汇的概率为 1，词典中其他词汇的概率均为 0。在模型的训练过程中，损失函数定义为交叉熵（Cross Entropy），有

$$H(p, q) = -\sum_x p(x) \log q(x)$$

其中，p 和 q 是两个给定的离散概率分布。交叉熵描述了两个概率分布的距离，该值越大，说明两个概率分布的差异越大。

对于整体翻译法，不需要预先给定所有可能的候选翻译结果，并从候选结果中进行翻译结果挑选。该方法是将被翻译语言用文本特征向量表示，作为 RNN 的输入内容，并根据 RNN 的输入内容从语言模型中进行词汇抽样，并将抽样结果作为翻译结果。基于 RNN 的整体翻译框架如图 11.11 所示。

首先，通过一个 RNN 将被翻译语言的词汇序列 $z_1, z_2, \cdots, z_m$ 压缩到一个隐含层中；其次，将最后一个隐含层中的内容依次传入用于预测目标语言的词汇序列的 RNN；再次，在获得目标语言的词汇序列时，与 RNN 在逐词翻译中的应用一样，先输入 start，获得词汇概率分布，同时基于该概率分布对第一个位置的词汇进行

抽样；最后，将该词汇作为输入再传入下一个阶段的 RNN，形成下一个位置的新的词汇，以此类推。被翻译语言的最后一个隐含层内容对每个词汇位置来说都是有监督的输入变量。

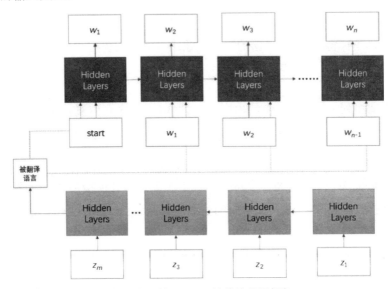

图 11.11　基于 RNN 的整体翻译框架

此处需要注意两点：①被翻译语言的隐含层和产生目标语言的隐含层作用不同，其分别扮演信息的"编码"和"解码"的作用，因此，二者隐含层的模型参数一般是不同的，图 11.11 中以不同的深度阴影进行区分；②产生目标语言的 RNN 的词汇抽样不能无限进行，需要定义一个停止词汇 stop，当该词汇被 RNN 模型抽样抽到时，翻译的过程停止。

11.3.3　RNN 的其他应用

RNN 除了用于机器翻译，还有很多其他应用类型。相关应用的灵感主要受到 RNN 的整体翻译框架的启发。对于 RNN 的整体翻译，RNN 扮演了文本生成的过程，在整个过程中所有词汇的抽样都受被翻译文本内容的监督。因此，RNN 在本质上可以实现各种类型的文本生成技术，该类技术是当前大多数和 NLP 相关的智能系统的核心。

首先，RNN 是一种语言模型，可以实现自动的文本生成。例如，RNN 可以根据某种特定的文学风格，产生任意多个的文本对象，在某种程度上代替人来完成写作任务。RNN 可以学习唐诗、宋词、小说、剧本等各种写作风格的语言模型，随机地产生类似的语言样本，产生有趣、生动的创作小样。

此外，RNN 可以用来实现图片的自动文本标注。利用深度学习模型，可以先将图片压缩成某一特征向量；之后将该特征向量在各序列位置作为模型输入，进而指导词汇的生成过程。可以将图片量化成向量的技术很多，一般来说，可以将图片看作基于多颜色通道的数值矩阵，根据矩阵中数值的大小代替特定颜色的深浅；之后，采用卷积神经网络 CNN 捕捉图片中的重要特征。

RNN 另一种重要的应用是问答系统（Q&A System）。问答系统根据用户特定的输入语言给予对话反馈，既可以完成机器与用户日常的交流互动，也可以检索并反馈给用户一些重要的查询信息结果。在问答系统中，可以将问题语言作为被翻译语言，同时将答案语言作为翻译目标语言。问答系统需要基于大量的问题反馈样本对模型进行训练，实现系统对知识的学习。当前，基于问答系统已经可以构造出用户界面非常友好的聊天机器人（Chat-bot）应用了。

11.4　本章小结

本章介绍了深度学习在文本分析中的应用。深度学习是机器学习的特殊形式，其主要特点在于模型中的特征是基于数据自动学习，尽可能地避免了人为对特征的主观设定。其中，神经网络是深度学习模型的具体形式，通过增加隐含层可以不断地学习新的特征，增加模型的表示能力和预测能力。

当前最典型的神经网络结构是 MLP。MLP 具有一个输入层、多个隐含层和一个输出层。大多数能够抽象成预测问题的文本分析问题，都可以采用 MLP 解决，如文本分类、情感分析、关键词提取等。

MLP 输入的内容是文本原始的、初级的统计指标，同时其输出内容是分类结果的概率分布。基于 MLP 解决文本分类问题，一方面可以有效规避构造复杂指标涉及的技术问题；另一方面可以利用模型的学习特性提取数据中复杂、抽象的分类特征，尽可能地提升模型的表达能力和预测能力。

另外一种在文本分析中有重要价值的深度学习模型为 RNN。RNN 是一个自反馈预测模型，具有天然的记忆功能。当模型观测到一个词汇时，就会将其特征信息压缩到隐含层中予以存储。RNN 对词汇序列分析的长度没有限制，在预测一个词汇出现的概率时，可以充分考虑之前任意长的词汇序列。

RNN 是一种具有强大表示功能的深度学习语言模型，基于 RNN 可以构造丰富多样的智能系统。RNN 可以计算给定词汇序列出现的概率水平，从词汇序列集合中挑选最可靠的备选项解决机器翻译问题；同时，基于 RNN 可以生成满足用户条件的文本对象，实现高性能的各种人机交互智能语言系统。

第 *12* 章

实 证 研 究

网站的在线运营应用包括管理类应用和内容类应用。在线文本分析技术转化为内容类应用的思路比较直观，一般来说，只需要针对特定用户需求将文本分析算法嵌入信息系统模块进行实现即可。在线文本分析技术转化为管理类应用较为复杂，在技术转化过程中，分析者需要有效设计科学的研究框架，将文本挖掘算法精准地嵌入整个管理学建模任务。

本章将提供一个相对完整的实践分析案例，实现文本分析技术在管理问题中的应用，并详细阐述基于文本分析技术如何有效实现管理研究与科学决策。在该案例中，笔者对国内在线医疗平台上的用户决策行为进行了系统的实证研究：通过计量经济学建模，结合网站上真实的运营数据，得出严谨、客观的研究结论，并根据网站上的用户的行为规律提出相应的管理建议。该研究为国内在线医疗网站的运营提供了客观的、有价值的发展建议与思路。

12.1 研究框架

12.1.1 研究问题背景

随着现代信息技术的迅速发展，在线医疗行业在我国得到了很大程度的普及，传统的医疗服务模式发生了巨大改变。越来越多的患者开始通过网络平台获得有价值的医疗信息、接受远程医疗服务、贡献自身的医疗经验并参与健康主题的社交活动。在线医疗行业一方面有效提高了医疗服务的业务效率，在一定程度上缓解了"看病难"的社会问题；另一方面给整个医疗市场的发展带来了更多的机遇与挑战。

与其他传统行业在互联网技术上的探索相比，我国的在线医疗行业虽然起步较晚，但发展迅速。几年内，医疗主题的在线互联网应用层出不穷。当前，国内已经有很多有影响力的医疗服务网站，如好大夫在线、丁香园、有问必答网、寻医问药网、春雨医生、名医在线等。这些网站的综合性强、规模庞大，具有不可估量的发展潜力和社会价值。整个医疗行业在互联网时代的浪潮下，面临着巨大的产业变革。

然而，在现实情况中大多数新兴事物的发展会遇到诸多阻力与困惑，我国在线医疗行业在经历了快速而迅猛的发展阶段后，很快就遇到了成长问题。医疗主题的服务网站在运营过程中困难重重，许多网站没有形成标准且成熟的运营模式。在线医疗行业的相关从业者在经营中对网站的经济价值缺乏有效挖掘，面对繁重的资本投入需求，有些网站面临着资金断裂的风险。

为了改善当前我国在线医疗行业发展的基本现状，需要系统地探究在在线医疗的关键活动中用户的决策行为机制，针对医疗网站的运营问题提供科学有效的管理建议。

本章将国内具有代表性的综合医疗服务网站好大夫在线（www.haodf.com）作为在线医疗行业的典型范例，以此来研究在线平台上的用户决策问题。当前，大多数在线医疗平台的发展困境主要来自两个方面：一是医生对在线医疗市场的参与度不够；二是患者通过平台接受医疗服务并产生相关购买行为的比例不高。本案例的根本目的是解决患者对在线服务接受率低的问题，详细研究患者购买医生在线服务的决策行为。好大夫在线网站功能界面如图12.1所示。

图 12.1 好大夫在线网站功能界面

患者购买医生服务的过程包括三个主要决策阶段：医生选择阶段、就医咨询阶段、服务购买阶段。在医生选择阶段，患者从候选医生集合中选择一个医生并进入其服务页面浏览相关信息；在就医咨询阶段，患者决定是否接受该医生服务（包括免费服务和付费服务）；在服务购买阶段，患者决定是否选择该医生的付费服务。对医生来说，患者在医生选择阶段的决策行为尤为重要，医生需要更多的用户访问其服务页面，从而保证获得更多潜在患者服务对象，以提升其在线业务量。本案例主要研究患者在医生选择阶段的就医决策行为。

患者在医生选择阶段，先根据自己病症及平台上医生的专业背景确定可以提供医疗服务的候选医生集合；然后在特定的候选医生集合中，患者通过浏览医生信息可以实现对医生服务质量的初步判断，并形成对各医生的预期服务效用；患者通过比较每个医生的预期服务效用选择符合自身最偏好的医生对象，进入其服务页面，并与医生进一步交互。本案例研究的目的在于：通过实证分析了解在线平台展示的各种医生基本属性信息对于患者选择决策的影响。

12.1.2　问题分析

如上文所述，患者的选择决策密切依赖于在线平台上展示的医生信息。通过观察可知平台上有关医生对象的信息包括两类：数值类型数据和文本类型数据。在本例中，需要构造计量模型，利用网站上实际的运营数据进行回归分析，观察各信息对应的变量在模型中是否具有统计意义上的显著性。如果实证结果中的某个变量在统计意义上显著，则平台上相应的信息具有重要的用户决策价值，管理（运营）者在决策上应当特别重视该信息。

对于数值类型数据可以直接代入计量模型的变量进行研究，而对于文本类型数据需要通过文本分析技术，将其转化为客观的、等价的数值类型数据，才可以对研究问题进行恰当的计量分析。由此可知，在管理类应用中，文本分析的核心作用就是：将文本类型数据转化为数值类型数据，实现变量信息的结构化，满足计量分析的变量格式需求。在患者的医生选择阶段，计量研究涉及的文本类型数据包括医生的在线咨询文本和医生的在线口碑文本。本案例将详细展示对两种数据的分析与处理过程。

12.2　理论与模型

12.2.1　相关理论与假设

患者在在线医疗平台上可以观察到的信息包括两类：医生的基本信息和用户的线上活动信息。用户的线上活动信息，是指医生和患者以各种形式使用网站而在平台上产生的业务记录。线上活动信息中比较重要的内容是在线口碑信息，许多电子商务领域的研究证实了社交媒体的在线口碑会影响用户对产品和服务的购买行为。

当前，有关在线口碑的研究在 C2C 购物平台、电影购票平台、外卖订餐平台、AppStore 等在线场景下，都积累了丰富的结论与经验。对于在线医疗领域，当在线平台上的患者对医生的服务缺乏了解时，也会依赖他人提供的口碑信息对医生的服务质量进行判断，从而更好地进行就医决策。本案例将重点对医生在线口碑的相关信息对患者行为产生的影响进行详细讨论。

有关在线平台上用户购买行为的实证研究指出，基于在线打分的各种统计指标会对产品（或服务）的销量产生影响，其中包括在线打分的均值、在线打分的方差、在线评论的数量三方面。也有学者提出上述三个变量的交互项也可能会对用户的购买行为产生影响。

从理论上看，在线口碑对用户在线购买行为的影响主要包括说服效应和提示效应。说服效应主要考虑口碑中的情感强度对决策者的影响，即口碑通过影响决策者对产品或服务的质量态度来影响决策者的购买行为，说服效应的常用指标是在线打分的均值和方差。提示效应主要考虑在线口碑的显示量对决策者的影响，即口碑通过增加决策者对产品或服务的关注度来提高决策者选择某一产品或服务的可能性，提示效应的常用指标是在线打分的数量。

在线医疗平台上，患者提供的在线口碑信息既包括在线打分，也包括文本评价，"好大夫在线"的在线口碑如图 12.2 所示。

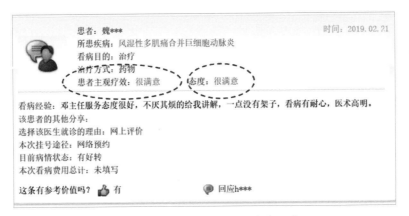

图 12.2　"好大夫在线"的在线口碑

患者可以为医生在"患者主观疗效"和"态度"两个指标上进行在线打分。虽然平台上显示的可能是"一般""很满意"等文本形式的标签,但基于文本标签可以获得对应的具体打分分值。

患者可以对自身的就医经历进行详细的语言描述,即图 12.2 中"看病经验:邓主任服务态度很好……医术高明"部分内容。在传统的实证研究中通常直接以用户对产品的打分分值作为口碑的量化指标对用户在线购买行为进行研究,却经常忽略口碑中用户评论的文本内容对用户决策的影响。

本案例在计算在线打分指标时,将采用文本分析技术对口碑中的文本信息进行解析,以解析后的信息对原始的打分指标进行调整。基于在线口碑的医生选择决策如图 12.3 所示。

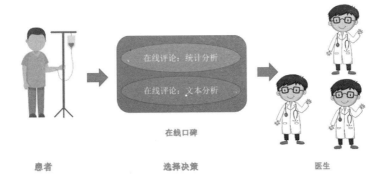

图 12.3　基于在线口碑的医生选择决策

在服务质量理论中,Grönroos 在 1984 年发表的 *A Service Quality Model and Its*

Marketing Implications 中提出了十分经典的服务质量理论，该理论对服务质量进行了二元划分的定义，并指出服务质量可以进一步划分为技术质量和功能质量。用户接受的服务在这两个维度的评价可以充分地反映综合质量水平。本案例的实证研究将根据技术质量和功能质量展开，二者具体定义如下。

技术质量：反映服务提供者在服务之后被评估的水平。

功能质量：反映服务过程中该服务流程被评估的水平。

在本案例中，技术质量对应医疗服务的效果，称为医生的"能力"指标；功能质量对应服务过程，称为医生的"努力"指标。在线医疗平台允许患者对医生的服务质量和服务态度进行打分，医生在这两个方面的分值可以很好地对应于医生的"能力"和"努力"两个方面的质量水平。本案例中的研究假设均按照医生的"能力"和"努力"两个维度展开。医生的属性与模型对应变量的关系如图 12.4 所示。

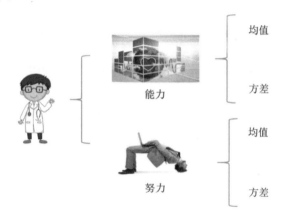

图 12.4　医生的属性与模型对应变量的关系

根据在线口碑的说服效应可知，在线打分的均值通常对产品（或服务）的销量起到正面的促进作用，从而增加某个医生被选择的可能性。考虑在线口碑的打分均值在"能力"维度的水平和"努力"维度的水平的作用，提出如下假设。

假设 12.1：医生"能力"维度的打分均值对患者的医生选择行为存在正面影响。

假设 12.2：医生"努力"维度的打分均值对患者的医生选择行为存在正面影响。

除了口碑的打分均值，方差也可能对患者的就医决策产生影响。打分均值通常表示用户所购买产品的期望水平，而方差代表购买产品（接受服务）时决策者承担的风险。容易推知，打分的方差水平越大，患者对选择医生的选择效用越小，从而降低了对医生的选择可能性。可以提出如下假设。

假设 12.3：医生"能力"维度的打分方差对患者的医生选择行为存在负面影响。

假设 12.4：医生"努力"维度的打分方差对患者的医生选择行为存在负面影响。

关于在线口碑的研究，除了考虑打分的基本水平，还特别关注口碑的数量。很多实证研究都指出，口碑数量可以通过提示效应对用户的购买行为发挥显著作用。例如，Liu 等在 2006 年发表的 *Word of Mouth for Movies: Its Dynamics and Impact on Box Office Revenue* 一文中指出，电影的在线口碑量与其票房收益具有密切的关系。对于在线医疗领域，类似地有如下假设。

假设 12.5：医生的在线口碑数量对患者的医生选择行为存在正面影响。

除了在线口碑信息，平台上还存在很多其他影响患者对医生的选择过程的信息，其中包括医生在平台上的整体打分、医生业务职称、医生学术职称等。这些信息都应当充分地在计量模型中体现，以保证模型分析结果的客观性与准确性。相关的理论假设与常识一致，此处不再赘述。

12.2.2 模型构建

患者对医生的选择是指者在给定医生对象集合中根据自身的偏好选择一个最优的医生选项的决策行为。可以将患者的选择决策行为抽象为离散选择模型（Discrete Choice Model）进行研究，该模型在经济学和社会学的许多问题研究中都具有广泛应用。

在离散选择模型中，决策者需要从备选方案中选择出对其最有利的方案来执行。在进行决策时，决策者将面对一个给定的候选集合，并基于候选集合中各候选方案的基本属性形成每个方案的期望效用，最终选择期望效用最大的行为方案来执行。

在离散选择模型中，某个备选项被用户选择的概率与其自身的期望效用成正比，与所有备选项的期望效用的总和成反比。基于某个选项在个体层面被选择的记录或者该选项整体被选择比例可以对每个属性的对应参数进行估计。离散选择模型的决策公式如下：

$$P_{ij}^{\text{choice}} = \frac{\exp(U_{ij}^{\text{choice}})}{\sum_r \exp(U_{ir}^{\text{choice}})} = \frac{\exp\left(\beta_0 + \sum_k \beta_k x_{ijk}\right)}{\sum_r \exp\left(\beta_0 + \sum_k \beta_k x_{irk}\right)}$$

其中，P_{ij}^{choice} 是患者 E_i 选择医生 D_j 的理论概率，取决于该医生对于患者的预期效用 U_{ij}^{choice} 和对进行决策的患者来说所有候选医生的预期效用 U_{ir}^{choice}，有 $D_r \in S_i$，S_i 是患者 E_i 的候选医生集合。

为了对在线口碑的影响进行分析，进一步展开患者对医生的预期效用，并将其看作医生在平台上的信息属性的线性组合。其中，x_{ijk} 是患者 E_i 对医生 D_j 的第 k 个属性的观察值，包括与医生在线口碑有关的若干统计指标。本案例有关在线口碑的指标包括口碑打分均值、口碑打分方差和口碑个数。用网站上的真实的业务数据求解模型中与在线口碑统计变量相关的 β_k，可挖掘在线口碑对用户决策行为的影响。

理论上，若可观测到每个患者的选择结果记录，则可以采用极大似然估计来估计模型中的未知参数 β_0 和 β_k。在现实情况中，通常很难获得每个患者选择决策结果的数据，因此通常要求基于整体的市场份额观察值对各属性对应的参数进行估计。这种情况下，需要对原始的计量模型进行修正，把变量 x_{ijk} 重新定义为用户观察值的平均。于是有

$$P_j^{\text{choice}} = \frac{\exp\left[\beta_0 + \sum_k \beta_k E_i\left(x_{ijk}\right)\right]}{\sum_r \exp\left[\beta_0 + \sum_k \beta_k E_i\left(x_{irk}\right)\right]}$$

其中，P_j^{choice} 是医生被选择的边缘概率，理论上应等于医生的实际市场份额（用户点击频率占比）；$E_i\left(x_{ijk}\right)$ 是 x_{ijk} 的平均值。

模型的参数估计结果应当使得每个医生的实际市场份额尽可能接近其理论市场份额，即医生被选择的边缘概率。于是，可以构建标准的多元线性回归模型，有

$$\log(\text{MarketShare}_j) - \log(\text{MarketShare}_0) = \beta_0^* + \sum_{k'} \beta_{k'} E_i\left(x_{ijk'}\right) \quad j=1,\cdots,N_h$$

其中，MarketShare_j 是医生 D_j 的实际市场份额；MarketShare_0 是候选医生集合中份额较低的医生的市场份额综合（用来降低模型参数估计的复杂性）。采用最小二乘法可以对模型的进行参数估计，并验证相关的研究假设。

12.3　文本数据处理

根据理论假设，需要构建在线口碑打分的均值和方差的相关变量。以在线口碑的"能力"维度为例，在线打分的均值变量为（只有口碑发布时间在决策时间之前时才可以被观察到，决策时间以决策者的咨询记录时间为准）

$$\text{CapMean}_{ij} = \frac{\sum_u \text{Sim}(t_i^{\text{cons}}, t_{j,u}^{\text{wom}}) r_{j,u}^{C*}}{\sum_u \text{Sim}(t_i^{\text{cons}}, t_{j,u}^{\text{wom}})} \qquad T_u < T_{\text{now}}$$

同时，在线打分的方差变量为

$$\text{CapVar}_{ij} = \frac{\sum_u \text{Sim}(t_i^{\text{cons}}, t_{j,u}^{\text{wom}}) (r_{j,u}^{C*} - \text{CapMean}_{ij})^2}{\sum_u \text{Sim}(t_i^{\text{cons}}, t_{j,u}^{\text{wom}})} \qquad T_u < T_{\text{now}}$$

其中，$\text{Sim}(t_i^{\text{cons}}, t_{j,u}^{\text{wom}})$ 是患者对其观察的口碑记录感知的信息价值权重；$r_{j,u}^{C*}$ 是通过在线口碑的文本内容对在线医生"能力"维度的在线打分 $r_{j,u}^C$ 调整得到的分值。均值和方差的权重对应于患者 E_i 的医疗背景信息 t_i^{cons} 和口碑发布者 E_u 的医疗背景信息 $t_{j,u}^{\text{wom}}$ 的文本相似性，其蕴含的基本思想是：某条口碑记录的发布者的就医背景与进行决策的用户的就医需求越接近，该条口碑对决策者的信息价值越大。口碑发布者的就医背景可以直接从在线口碑的文本评论中提取，进行决策的患者的就医背景可以从该用户的咨询记录文本中提取。

12.3.1　基于文本分析的口碑打分调整

本案例需要基于文本情感分析技术对在线打分的分值进行调整。对口碑文本进行情感分析时，需要构造对医疗平台进行分析的领域专用情感词词表。平台上对医生的评价分为"能力"和"努力"两个维度，因此，应当对在线评论中的文本分别按照"能力"和"努力"两个维度提取情感词。

首先，抓取平台上所有医生的在线口碑信息构建在线口碑集合；其次，用中科院 ICTCLAS 的通用模块对所有口碑信息进行分词处理，提取其中形容词和副词词性的词汇，并进行对应的词频统计；再次，对已提取的所有词频大于 20 的词汇进行人工鉴别，将其分为"能力"维度、"努力"维度和"其他"三个主要类别；最后，属于"能力"维度和"努力"维度的词汇构成情感词词表。

图 12.5 为各类词汇在在线口碑中占比。

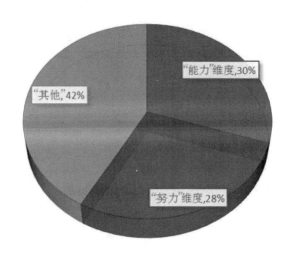

图 12.5　各类词汇在在线口碑中占比

表 12.1 和表 12.2 分别为医生"能力"维度和"努力"维度的情感词列表。

表 12.1　医生"能力"维度情感词列表

精湛	有名	果断	精确	确切
高超	熟练	有效	聪明	完整
顺利	著名	明确	渊博	娴熟
详细	客观	严谨	透彻	合适
细致	过硬	清晰	安全	系统
良好	中肯	经济	精细	规范
清楚	可贵	知名	利落	可靠
优秀	通俗	便宜	利索	明智

续表

准确	周密	宝贵	高级	
高明	出色	先进	麻利	

表 12.2　医生"努力"维度情感词列表

认真	舒服	实在	用心	好心
仔细	热心	真挚	诚恳	
高尚	温和	温馨	准时	
亲切	温柔	和谐	友好	
细心	周到	客气	慈祥	
和蔼	谦和	辛勤	可敬	
精心	和善	谨慎	真切	
热情	尽心	详尽	谦虚	
真诚	诚挚	正直	和气	
善良	负责	仁爱	专心	

本案例不直接用文本的情感分析结果对医生的属性进行评价水平量化，而将相关信息与口碑中的医生打分内容相结合来对打分分值进行调整，具体如下：

$$
r_{j,u}^{C/E^*} = \begin{cases} r_{j,u}^{C/E} & r_{j,u}^{C/E}=0,1,2 \\ r_{j,u}^{C/E} + \dfrac{1}{2} - \dfrac{1}{\dfrac{n_{j,u}^{C/E}}{Z^{C/E}}+1} & r_{j,u}^{C/E}=3,4 \end{cases}
$$

其中，$r_{j,u}^{C/E^*}$ 是调整后的打分；$r_{j,u}^{C/E}$ 是原始打分；$n_{j,u}^{C/E}$ 是对应类别的情感词在口碑文本中的出现频数，该频数用于分值的调整；$Z^{C/E}$ 是分值调整的标准化系数。假定对整个平台来说，调整后的结果仍然收敛于调整前的在线打分结果，标准化系数应当满足：

$$
Z^{C/E} = \min_{Z^{C/E}} \left| \sum_j \sum_u [r_{j,u}^{C/E} - r_{j,u}^{C/E^*}] \right|
$$

图 12.6 展示了分值调整前后医生打分平均值的分布。从图 12.6 中可知：在分值调整前，大多数医生的均值分值在 4 附近，彼此差异不大，患者仅从在线打分很难挖掘医生服务表现之间的差异；在分值调整后，医生平均表现更加分散，分布更加接近正态总体的形式，患者通过在线评论的文本内容可以更好地区分不同医生候选项的服务水平。

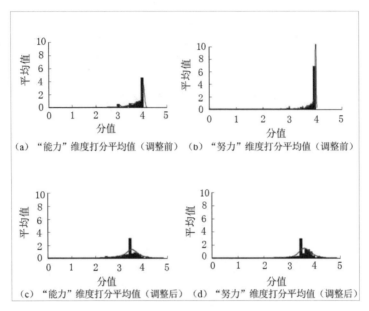

图12.6　分值调整前后医生打分平均值的分布

图12.7展示了分值调整前后医生打分方差的分布。从图12.7中可知：通过打分调整，医生表现的整体方差变大了，同时分布更加均匀。通过分值调整可以有效反映口碑评价者的个体差异及医生服务质量的随机变动。

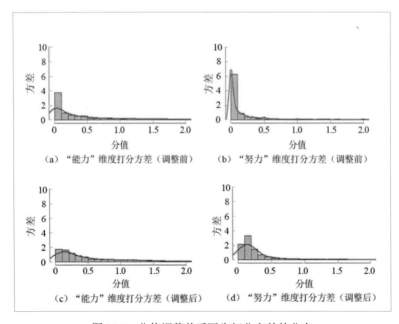

图12.7　分值调整前后医生打分方差的分布

12.3.2　基于文本分析的口碑权重计算

本案例需要计算口碑发布者的在线口碑文本记录和决策用户的咨询文本记录的相似性。由于相似性计算涉及的文本对象主要为短文本，本案例推荐采用基于词的相似性的文本相似性计算方法（参考第 3 章）。在计算短文本相似性时，逐对计算词汇之间的相似性，并对相似性结果进行加权求和。

在基于词汇的文本建模方法中，需要知道文档中可能出现的每一个词汇的向量表示。在分析用户就医需求背景时，一般主要关注和医疗主题相关的词汇。这些词汇在文本的分词阶段可以基于《医疗主题词表》进行筛选。当前对中文语料来说，没有标准的《医疗主题词表》可供使用（实际上大多数领域都缺少专用的词典）。因此，本案例将基于搜狗输入法的若干医疗主题词库作为基础词典，对其进行人工筛选构造。

对词典中所有词汇的向量化结果采用 Java 语言的 Word2Vec 模块进行计算。Word2Vec 模块的核心为基于深度学习的词嵌入语言模型，该语言模型为分布式的语言模型（参考第 11 章）。

医疗主题词向量的相似度表示如表 12.3 所示。在词汇测试中，规定向量的维度为 100。表 12.3 的相似项的反馈与实际情况比较一致，这间接地验证了词汇模型在结果上的准确性。

表 12.3　医疗主题词向量的相似度表示

相似项		相似度	相似项		相似度	相似项		相似度	相似项		相似度
感冒	发烧	0.710 9	感冒	胸闷	0.533 0	骨折	压缩骨折	0.726 3	骨折	骨质疏松	0.654 5
	咳嗽	0.673 5		乏力	0.532 4		胸椎骨折	0.681 8		爆裂骨折	0.634 8
	病毒性心肌炎	0.612 1		感冒药	0.526 8		腰椎骨折	0.672 5		上关节突	0.621 9
	心肌炎	0.553 4		呼吸	0.522 1		第一腰椎	0.663 6		横突	0.606 5
	前段	0.541 6		疲劳	0.516 1		爆裂性骨折	0.658 3		椎骨	0.578 9

续表

相似项		相似度	相似项		相似度	相似项		相似度	相似项		相似度
糖尿病	血糖	0.7547	糖尿病	胰岛素	0.5816	胃炎	慢性胃炎	0.8536	胃炎	十二指肠炎	0.8183
	高血压	0.7218		降糖药	0.5628		胃病	0.8456		胃窦炎	0.8075
	冠心病	0.6450		心血管	0.5617		胃镜检查	0.8332		胃药	0.8063
	心脏病	0.6310		临界性高血压	0.5377		慢性浅表性胃炎	0.8273		十二指肠球部炎	0.7861
	高血糖	0.6118		降糖	0.5366		萎缩性胃炎	0.8195		糜烂性胃炎	0.7818

12.3.3　基于文本分析的候选集合构建

本案例考虑患者的医生选择决策，因此需要了解患者在进行选择时面对的医生获选集合。对于在线医疗平台，患者的就医选择决策与传统医疗服务模式中的决策具有很大差异，具体如图12.8和图12.9所示。

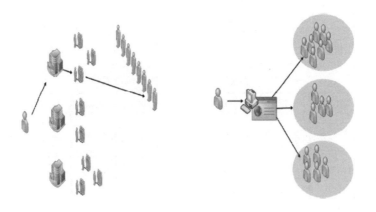

图 12.8　传统环境医生选择模式　　　图 12.9　基于在线平台的医生选择模式

传统环境医生选择模式下，患者的选择对象受限于物理空间。患者先确定一家医院及科室，然后在某个特定的科室内部选择医生对象进行治疗。在该模式下，患者对医生的选择范围较小，难以找到专业匹配度较高的医生对象。基于在线平台的医生选择模式，患者可以便利地获取所有在网站注册的医生信息，基于医生能力和专业背景再进行严格筛选。患者可以选择所有医疗背景与其就医需求相似的医生，患者的选择面更大、针对性更强。

本案例假定医疗平台上的医生按照背景相似度被划分为多个互不交叉的类别。患者在就医时，挑选某一个类别的医生作为候选集合进行医生选择。本案例对医生候选集合的构建等价于医生基于专业背景相似性的聚类问题。尽管本案例构建的医生候选集与实际情况仍有一定差异，但有效反映了平台上各医疗市场的内部组成结构，在一定程度上可以代表现实的应用场景。

在进行医生聚类前，要对其专业背景信息进行量化，将每个医生转化为高维空间中的数值点。医生的专业背景信息可源于其在平台上发布的自我介绍，以及医生的在线咨询业务记录。由于医生发布的自我介绍的主观性太强且包含文本特征较少，本案例采用医生的在线咨询业务记录描述专业背景。医生在线咨询记录的文本信息量大、数据更客观，可以有效反映在线医疗市场的真实专业定位。

在对某个特定的医生的专业背景进行量化时：首先，将医生所有咨询记录融合成一个单独的文本，即咨询文档；其次，采用 LDA 主题模型对咨询文档进行建模，建模得到的数值向量与医生对象一一对应；再次，采用 K-means 聚类算法进行聚类，尝试所有聚类个数，并在每个聚类个数设置下对聚类结果进行评估；最后，用拐点法找到最合适的聚类结果，如图 12.10 所示。

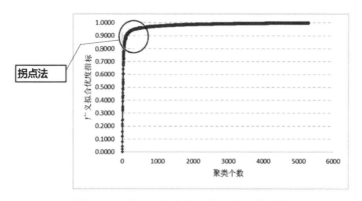

图 12.10　基于"拐点法"的聚类个数确定

本案例聚类对象共 5 290 个医生，对其进行建模与聚类，最终产生 162 个聚类子集。部分聚类子集示例如表 12.4 和表 12.5 所示。

表 12.4　部分聚类子集示例（一）

医　生　ID	医　院　名　称	科室名称
DE4r0eJWGqZNZYiOlhaICVKBSmlvNl4j	上海第九人民医院	胸心外科
DE4r0eJWGqZNSNfjuwMR1THKon0GqPtk	上海第九人民医院北部院区	心胸外科
DE4r0Fy0C9LuSMGMxaLiEMQ4z9ZEju-cx	上海第九人民医院北部院区	心胸外科
DE4r0Fy0C9LuSYxaXCqtU1PTs3BGmMGOc	上海第九人民医院北部院区	心胸外科
DE4r0BCkuHzduKpLDHhbpNCqpa7rv	上海公共卫生中心	胸外科
DE4r0BCkuHzdexoRTNQVy3s6uiTQK	上海市肺科医院	胸外科
DE4r0eJWGqZNKMwMwYygScsGElip2trg	上海市肺科医院	胸外科
DE4r0eJWGqZNZWwmjctJYnyZYjeZpcO4	上海市肺科医院	胸外科
DE4r08xQdKSLBDluQfCGGbOLh9BQ	上海市肺科医院	胸外科

表 12.5　聚类子集示例（二）

医　生　ID	医　院　名　称	科室名称
DE4r0Fy0C9LuwlCYk9BR7VYwBFNKaEMw4	上海第九人民医院	儿童口腔科
DE4r08xQdKSLBfNe-eSdpUn-8HdJ	上海第九人民医院	康复医学科
DE4r0BCkuHzdeGIkfJVkFGpEHP0h6	上海第九人民医院	康复医学科
DE4r0BCkuHzduKaHPTqr5q33q1fJD	上海第九人民医院	口腔正畸科
DE4r0BCkuHzduKaHBwr4uSXys8lfo	上海第九人民医院	口腔正畸科
DE4r0Fy0C9LuwNwWHqqt4fIQH5Fy7BKbP	上海市口腔医院	口腔修复科
DE4r0Fy0C9LuwRxNj3cTwp7rGNzFx56fU	上海市口腔医院	口腔修复科
DE4r08xQdKSLvGIkTmKSvlgzgq2c	杨浦区中心医院	口腔科
DE4r0BCkuHzduGXys9hbpNCqpa7rv	上海金山医院	口腔内科

12.4　研究结论

12.4.1　实证结果

　　将每个市场的医生份额按照从大到小排序，提取累计份额为 80% 的医生对象为研究样本（最后包含 1 416 名医生的信息），根据上文变量的计算方法对其进行计算。医生选择行为的变量统计描述如表 12.6 所示。

表 12.6　医生选择行为的变量统计描述

变 量 名 称	变 量 描 述	Min	Max	Mean	Std
业务职称	如主任医师、副主任医生、住院医师等	1.000	3.000	2.291	0.750

续表

变 量 名 称	变 量 描 述	Min	Max	Mean	Std
学术职称	如教授、副教授、讲师、助教等	1.000	3.000	1.944	0.862
综合打分	平台基于医生综合表现的整体评分	0.000	5.000	4.118	0.422
口碑"能力"均值	在线口碑中医生"能力"维度的评价的均值	0.500	4.283	3.447	0.333
口碑"努力"均值	在线口碑中医生"努力"维度的评价的均值	2.315	4.365	3.637	0.209
口碑"能力"方差	在线口碑中医生"能力"维度的评价的方差	0.000	3.500	0.709	0.654
口碑"努力"方差	在线口碑中医生"努力"维度的评价的方差	0.000	3.500	0.401	0.631
在线口碑数量	在线口碑的数量（基于时间标准化）	0.000	0.922	0.047	0.078
市场份额	医生个人服务页面被访问的比例	0.009	0.967	0.094	0.112
分组个数	互相独立的在线医疗市场的个数	162			
总样本个数	带入模型中进行计量分析的样本总数	1 416			

　　在对数据进行提取与标准化的基础上，可以将其带入离散选择模型进行回归分析。采用最小二乘法，估计对应的多元线性回归模型中各变量的相关系数。医生选择行为的实证结果如表 12.7 所示。

表 12.7　医生选择行为的实证结果

变 量 名 称	Estimation	Std	P.Value
Intercept	−0.912***	0.214	0.000
Professional	0.047**	0.017	0.007
Academic	−0.030*	0.015	0.043
Rating	0.118***	0.025	0.000
CapMean	0.032	0.044	0.461
EffMean	0.015	0.061	0.812
CapVar	0.185***	0.036	0.000
EffVar	−0.204***	0.036	0.000
WomVol	1.947***	0.379	0.000
Alternative	−0.012***	0.001	0.000
R2	0.267		
Adjusted R2	0.262		

　　从口碑的说服效应看，本案例考虑了在线口碑打分的均值和方差两个主要统计指标。结果显示，医生"能力"维度的打分均值和医生"努力"维度的打分均值与患者的医生选择行为均没有显著相关性。与此同时，医生"能力"维度的打分方差对患者的医生选择行为存在正面影响；医生"努力"维度的打分方差对患者的医生选择行为存在负面影响。由此可知，口碑中的打分方差比打

分均值更容易影响患者的医生选择行为，患者对平台上医生的在线口碑信息的一致性更加敏感。

对实证结果进一步观察可知，口碑在"能力"维度和"努力"维度对医生选择行为的影响表现出方向上的不一致。其中，在"努力"维度，打分方差的负面影响反映出患者对医疗服务的功能质量采取风险规避态度。比较有趣的是，打分在"能力"维度的方差与医生选择行为呈现出正相关的关系。

对于该结果比较可信的解释是，患者在进行选择决策时对"能力"维度的口碑差异的接受程度较高，会在主观上将口碑差异归因于医疗服务中受众个体的差异，以及医疗服务过程中的诸多干扰因素。因此，当患者发现医生的"能力"维度表现出不确定性时，会认为口碑内容更加真实，从而提升对口碑信息的信任度，增加对医生的选择偏好。

从在线口碑的提示效应看，医生的在线口碑数量对患者的医生选择行为存在正面影响。可以认为，在患者的医生选择阶段，口碑的提示效应发挥显著的作用。口碑数量较多的医生更容易被用户关注并选择，从而争取到与患者进一步交互的机会。

除了考虑在线口碑相关的统计信息，平台上的其他信息也会影响医生被患者选择的概率。其中，医生的整体打分分值对患者的医生选择行为存在正面影响，表现出患者对于医生服务质量水平的感知主要来自平台对医生的评价。另外，业务职称对患者的医生选择行为存在正面影响，但学术职称对患者的医生选择行为存在负面影响。患者在医生选择阶段对医生业务职称的偏好大于学术职称的偏好，表现出患者更加重视医生的实际操作能力。

12.4.2　管理建议

基于该实证分析，我们可以有针对性地提出对所研究的在线医疗平台（目标网站：好大夫在线）的管理学建议。

（1）网站运营者应当引导患者更多地访问咨询转化率或购买转化率较高的医生对象的个人网页，增加患者对医生服务页面的有效访问。

考虑到患者在选择医生时会受平台对医生整体打分的影响，在线平台可以将医生的咨询转化率指标或购买转化率指标融合到整体打分机制中，帮助患者选择更有价值的医生服务对象；由于患者偏好口碑数量多的医生对象，运营者还可以考虑将具有口碑热点的医生对象自动推送给患者。

（2）实证结果显示，口碑的均值信息对患者的决策几乎没有影响，其原因有两个主要方面：①在线口碑信息面向的是线下服务，而患者基于平台主要接受在线服务；②未进行调整的打分分值对用户来说感知水平不高。因此，应当进一步发挥在线口碑的信息价值，帮助患者更好地进行就医决策。

在线平台应当利用媒体渠道更好地发挥在线口碑的优势，设立专业的功能模块让患者专门对医生的线上服务表现进行评价。平台可以采用文本挖掘技术为患者提供情感分析调整后的分值，同时自动地计算口碑的打分均值和方差，以帮助患者更直观地了解医生口碑评价的重要统计特征。

（3）患者选择在方差上的偏好为运营者及医生提供了很好的指导思路。对于医生，应当引导患者提供"努力"维度一致性高、"能力"维度差异化大的在线口碑信息。对于运营者，应当注意对具有相应特征的医生对象进行关注、管理与推送。

12.5　本章小结

本章介绍了文本分析技术在管理类应用中的一个典型范例。本章选择了国内主流的在线医疗平台"好大夫在线"对我国在线医疗行业的用户决策行为进行了研究。其中，重点关注了平台上各种信息对患者选择医生行为的影响。本案例充分考虑了平台上的文本类型数据的作用，采用各种具体的文本分析技术从文本内容中提取有价值的医生信息，并用其进行模型中核心变量的计算。

本章涉及了 3 类文本分析的技术应用：①对医生的在线口碑信息进行情感分析，设立专业的情感词表，挖掘情感词的词频信息，并通过词频信息对在线打分进行自动调整；②采用基于词向量的短文本相似性算法对口碑文本和决策者咨询记录文本的相似性指标进行计算，将相似性值作为均值和方差变量的加权指标；③对医生对象进行聚类，将医生的咨询记录合并成长文本，并进行 LDA 主题模型建模，聚类算法为 K-means，聚类对象为主题向量。

基于文本分析算法，本章通过客观、准确地计算，得到了计量模型中必要的参数信息。根据计量模型的实证分析结果，本章提出了若干重要的管理建议，为在线医疗平台的互联网运营提供了宝贵的管理决策建议。

第 *13* 章

总　结

本书对在线环境的文本分析技术进行了相对详尽而系统的介绍。实际上，网络运营与管理只是文本分析的一个比较广泛、典型的应用场景。在日常生活中，文字信息几乎贯穿人类生产与生活所有活动，因此，文本类型的数据可以说是无处不在的。对文本数据进行分析，从微观上可以了解人类的行为决策；从中观上可以了解产品、服务和市场；从宏观上可以深入地理解整个社会系统的体系结构与变化机制。

回顾全书，文本分析是一门综合应用学科，与复杂的数据处理技术对应。本书篇幅有限，并没有大而全地介绍所有相关的知识要点，而是通过典型的技术实例来帮助读者理解处理文本类型数据的一般思路与方法框架。需要强调的是，文本分析并不只是简答的统计建模，还依赖于对领域知识、决策任务，甚至对用户心理及决策行为的深刻认知与理解。唯有如此，才能够设计出更加符合客观应用需求的分析算法，从而更好地满足实践需求。

最后，结合全文内容，总结出如下 4 点与文本分析有关的重要经验。

（1）不应该对文本分析感到困难或陌生。在本质上，所有文本分析方法都是典型的数据挖掘方法，其关键是如何从抽象的视角来看待文本信息。高质量的文本分析技术需要巧妙地实现文本的结构化与规范化，合理地获得数值形式的问题转化。

（2）重视语料集合的构建。语料集合对任务、领域的依赖程度较大，必要时该环节需要人工参与。好的语料集合可以高效地弥补算法与模型不足，我们除了重视数据的数量，还要重视数据的质量。

（3）重视数据的多维特征。很多文本外的信息可以对文本内容本身的分析与判断予以重要的补充、提示作用。避免陷入纯粹的文本分析求解问题，要以全局的、关联的思想看待文本分析任务。

（4）要特别关注文本数据的多样性与变化性特征。面对文本数据的多样性，数据预处理在文本分析任务中尤为关键，科学的预处理方法可极大降低后续建模的困难；面对文本数据的变化性，需要关注新词的识别与补充、主题的变化，以及语料集合的更新。

反侵权盗版声明

电子工业出版社依法对本作品享有专有出版权。任何未经权利人书面许可，复制、销售或通过信息网络传播本作品的行为；歪曲、篡改、剽窃本作品的行为，均违反《中华人民共和国著作权法》，其行为人应承担相应的民事责任和行政责任，构成犯罪的，将被依法追究刑事责任。

为了维护市场秩序，保护权利人的合法权益，我社将依法查处和打击侵权盗版的单位和个人。欢迎社会各界人士积极举报侵权盗版行为，本社将奖励举报有功人员，并保证举报人的信息不被泄露。

举报电话：（010）88254396；（010）88258888

传　　真：（010）88254397

E－ｍａｉｌ：　dbqq@phei.com.cn

通信地址：北京市万寿路173信箱　电子工业出版社总编办公室

邮　　编：100036